新华三数字化技术人才培养系列丛书

1+X 证书系列教材

大数据平台运维（初级）

新华三技术有限公司　主　编

李　涛　刘小兵　于　鹏
肖李晨　陈永波　梁同乐
廖大强　郑海清　肖　伟
温　武　杨雪峰　熊　建
曹炯清　王佳祥

参　编
（排名不分先后）

電子工業出版社

Publishing House of Electronics Industry

北京 · BEIJING

内 容 简 介

本书为“1+X”职业技能等级证书配套教材，按国家“1+X”大数据平台运维职业技能等级标准编写。本书属于大数据平台运维初级教材，从大数据平台运维工程师角度由浅入深、全方位地介绍大数据平台运维的相关基础知识和基本实操。本书共分 6 个部分 18 章，第一部分为大数据平台安装，涉及平台操作系统的使用、Hadoop 平台安装、平台基础环境配置；第二部分为大数据平台配置，涉及 Hadoop 文件参数配置、Hadoop 集群运行；第三部分为大数据平台组件的安装与配置，涉及 Hive、HBase、ZooKeeper、Sqoop 和 Flume 组件的安装与配置；第四部分为大数据平台实施，涉及大数据平台实施方案、培训方案；第五部分为大数据平台监控，涉及基于大数据平台的监控命令、监控界面和报表、日志和告警信息监控；第六部分为大数据运维综合实战案例，以实际项目为例介绍从平台部署、数据业务采集、数据分析到数据可视化的整体基础实施过程，并介绍了大数据平台运维的常见故障及处理流程。

本书可作为中高职院校大数据及计算机类相关专业的教材，也可作为大数据平台运维人员的参考用书。

图书在版编目（CIP）数据

大数据平台运维 ：初级 / 新华三技术有限公司主编. —北京：电子工业出版社，2020.10

ISBN 978-7-121-39745-5

Ⅰ. ①大… Ⅱ. ①新… Ⅲ. ①数据处理－高等职业教育－教材 Ⅳ. ①TP274

中国版本图书馆 CIP 数据核字（2020）第 194134 号

责任编辑：胡辛征
印　　刷：三河市鑫金马印装有限公司
装　　订：三河市鑫金马印装有限公司
出版发行：电子工业出版社
　　　　　北京市海淀区万寿路 173 信箱　　邮编：100036
开　　本：787×1092　1/16　印张：19　字数：486.4 千字
版　　次：2020 年 10 月第 1 版
印　　次：2025 年 8 月第 14 次印刷
定　　价：59.00 元

凡所购买电子工业出版社图书有缺损问题，请向购买书店调换。若书店售缺，请与本社发行部联系，联系及邮购电话：（010）88254888，88258888。

质量投诉请发邮件至 zlts@phei.com.cn，盗版侵权举报请发邮件至 dbqq@phei.com.cn。

本书咨询联系方式：（010）88254361，hxz@phei.com.cn。

前　言

移动互联网、云计算、物联网等信息技术产业的发展日新月异，信息传输、存储、处理能力快速上升，每天的数据量都在以指数级递增。数据的生产模式带来了数据处理方式的革命，传统的数据采集、加工、处理方式已无法满足当下对数据时效性、海量性、精确性的需求。大数据和人工智能的广泛应用，导致数据来源广泛、数据结构多元异构、数据处理技术日益复杂，这些都给数据运维带来了挑战。数据运维不同于传统的IT运维，运维工程师不仅要掌握大数据平台维护管理的技巧，利用监控分析工具掌握大数据系统的运行状态，还要具备分析运维日志、通过运维数据挖掘客户价值的能力。

随着各行各业向数字化应用的转型，大数据运维人才不仅需求量大，而且相应的要求也高，高、中、低层次的运维人才都呈现供不应求的状况。同时，职业教育的发展对教材的内容提出了更高的要求，特别是在《国家职业教育改革实施方案》中提出要落实好立德树人的根本任务，深化专业、课程、教材改革，提升实习实训水平，努力实现职业技能和职业精神培养高度融合的要求，教材的内容既要符合教师对知识要点讲解的要求，又要能够适应学徒制、双师型等人才培养模式的要求，同时还要满足“1+X”认证的特点。在这样的背景下，特别是在国家“新基建”战略的推动下，新华三（H3C）大学结合一线专业教师，共同编撰了本系列教材。

本系列教材紧跟大数据行业的发展，根据国家对高职院校大数据技术与应用专业的教学要求，按照“以岗位能力为课程目标，以工作过程为课程模块，以实训项目为课程内容，以最新技术为课程视野，以职业能力为课程核心”的要求，对接职业资格标准，重新对课程进行分析定位，进而制定有效、合理的课程标准。通过学习本系列教材，读者可以熟悉Hadoop核心组件的功能配置及工作原理，熟悉常用系统性能诊断工具及集群监控管理工具，掌握大数据平台安装与配置及大数据平台优化策略与方法。

本系列教材均以培养大数据平台运维能力为中心，将职业认证资源课程化，构建一系列资格认证等级标准，分为初级、中级、高级3个难度级别。读者可以根据学习进度，选择对应难度级别并完成认证，实现技术技能的阶梯式成长。

教师可发电子邮件至邮箱pub.xqhz@h3c.com索取教学基本资源。

由于编者水平有限，书中疏漏和不妥之处在所难免，希望广大读者提出宝贵意见。

目　录

第一部分

大数据平台安装

第 1 章 平台操作系统的使用

学习目标

- 掌握 Linux 的基本概念
- 掌握 Linux 常用命令的使用
- 掌握 Linux 操作系统的用户配置

Linux 是一套开源、免费、自由传播的类似 UNIX 的操作系统，支持多用户、多任务、多线程，在服务器操作系统方面保持着绝对领先地位。本章主要介绍 Linux 的基本概念及常用命令，详细说明 Linux 操作系统的用户及文件访问权限的概念。

1.1 Linux 操作系统概述

Hadoop 可以运行在 Linux、Windows 和一些类 UNIX 操作系统上，但 Hadoop 官方真正支持的操作系统是 Linux。这就导致在其他操作系统上运行 Hadoop 会很麻烦，因此，在 Linux 操作系统上安装运行 Hadoop 是首选方案。

1.1.1 Linux 操作系统的起源

Linux 的真正名称应该是 GNU/Linux。它的真正起源有两个：一个最早源自 UNIX，另一个就是 GNU 项目。

1. UNIX 操作系统

UNIX 操作系统是 1969 年由 Ken Thompson 在美国 AT&T 公司的贝尔实验室开发的一种操作系统。1973 年由 Ken Thompson 和 Dennis Ritchie 合作用 C 语言重新改写与编译后正式推出，命名为 UNIX。UNIX 的高度可移植性与强大的功能，再加上当时并没有版权的纠纷，使很多商业公司加入 UNIX 操作系统的开发，如 AT&T 自家的 System V、IBM 的 AIX 及 HP 与 DEC 等公司。这几家公司都推出自家的主机搭配自己的 UNIX 操作系统。同时 UNIX 的源代码公开、免费，使得 UNIX 成为大学进行操作系统教学的热门选项。

但到 1979 年，AT&T 公司出于商业考虑，要求将 UNIX 的版权收回去，并特别提出“不可对学生提供原始代码”的严格限制。这对学校操作系统相关课程的教学造成严重影响，催生了 Minix 操作系统的诞生。

2．Minix 操作系统

Minix 操作系统是一种基于微内核架构的类 UNIX 计算机操作系统，由荷兰的 Andrew S. Tanenbaum 教授开发。Tanenbaum 教授在大学教授操作系统课程，为进行自己的教学，他花 3 年的时间在 Intel 的 x86 架构上写出 Minix 这个类 UNIX 的核心程序。Minix 最初发布于 1987 年，和 UNIX 兼容，开放全部源代码给大学教学和研究工作。可以说 Minix 是一个用于操作系统教学的简单易懂的小型 UNIX 克隆。

Minix 操作系统的开发者仅有 Tanenbaum 教授，Tanenbaum 教授始终认为 Minix 的主要用途是教育，再加上个人精力有限，所以对用户的改进要求始终没有回应，从而引出 Linus Torvalds 开发 Linux。

3．GNU 项目

GNU 项目是由 Richard Stallman 于 1984 年提出的，目的是开发一个完全自由的、与 UNIX 类似但功能更强大的操作系统，以便为所有的计算机使用者提供一个功能齐全、性能良好的基本系统，它的标志是角马，如图 1-1 所示。GNU 是“GNU’s Not UNIX”的递归缩写。

图 1-1　GNU 的 Logo

Richard Stallman 在 1985 年建立了自由软件基金会（Free Software Foundation，FSF），用于实现 GNU 计划。

GNU 计划已经开发出许多高质量的免费软件，其中包括有名的 Emacs 编辑系统、BashShell 程序、GCC 系列编译程序、GDB 调试程序等。这些软件是 Linux 能够诞生的基础之一。

4．GPL 授权

GPL（General Public License，通用性公开许可证）是由自由软件基金会发行的用于计算机软件的协议证书，使用证书的软件被称为自由软件，后来改名为开放源代码软件（open source software）。

GPL 的内容主要是保持软件的免费使用和传播，要求必须以源代码的形式发布软件，并且任何使用者都可以以源代码的形式复制或传播软件给任何人。

5．Linux 的诞生

1991 年芬兰赫尔辛基大学学生 Linus Torvalds 在 Internet 上发布了他编写的一个开放的与 Minix 系统兼容的操作系统，这标志着 Linux 系统的诞生。

1993 年 Linus Torvalds 将 Linux 系统转向 GPL，并加入了 GNU，从而最终使自由软件有了发展根基，即基于 Linux 系统的 GNU（GNU/Linux）。Linux 的 Logo 是一只企鹅，如图 1-2 所示。

图 1-2　Linux 的 Logo

1.1.2　Linux 操作系统的特点

1．Linux 操作系统的组成

Linux 操作系统的核心为 Linus Tarvalds 开发的内核（Kernel），Linux 内核之上的组成分为以下 3 个部分：

（1）GNU 组件，如 Emacs、GCC、Bash、Gawk 等。

（2）来自加利福尼亚大学 Berkeley 分校的 BSD UNIX 项目和麻省理工学院的 X Windows 操作系统项目。

（3）成千上万的程序员开发的应用程序等。

Linux 内核与 GNU 项目、BSD UNIX 和 MIT 的 X11 的结合使得整个 Linux 操作系统得以快速形成，并得到了发展，进而组成了今天优秀的 Linux 操作系统。

Linux 操作系统 = Linux 内核 + GNU 软件及系统软件 + 必要的应用程序

2. Linux 操作系统的特点

Linux 操作系统之所以如此流行，是因为它具有以下一些特点：

（1）开放源代码的程序软件，可自由修改。

（2）与 UNIX 操作系统兼容，具备几乎所有 UNIX 操作系统的优秀特性。

（3）可自由传播、免费使用，无任何商业化版权制约。

（4）适合 Intel 等 x86 CPU（central processing unit，中央处理器）系列架构的计算机。

（5）相比 Windows 操作系统，Linux 操作系统更加安全稳定、占用资源少，而且开源、免费。

1.1.3 Linux 操作系统的应用场景

Linux 操作系统具有开放性、多任务、多用户、良好的用户界面、设备独立性、丰富的网络功能、可靠的安全性和良好的可移植性，再加上免费和源代码开放，因而随着信息技术的快速发展，Linux 操作系统的应用领域已趋于广泛，目前主要应用在以下 3 个场景。

1. IT 服务器

如今的 IT 服务器领域是 Linux、UNIX、Windows 操作系统三分天下，Linux 操作系统可谓是后起之秀，尤其是近几年，Linux 操作系统在服务器端不断扩大市场份额，每年增长势头迅猛，并对 Windows 及 UNIX 操作系统服务器市场的地位构成严重的威胁。

Linux 操作系统作为企业级服务器的应用十分广泛，利用 Linux 操作系统可以为企业构架 WWW 服务器、数据库服务器、负载均衡服务器、邮件服务器、域名服务器（Domain Name Server，DNS）、代理服务器（透明网关）、路由器等，不但使企业降低了运营成本，同时还获得了 Linux 操作系统带来的高稳定性和高可靠性。

随着 Linux 操作系统在服务器领域的广泛应用，从近几年的发展来看，该操作系统已经渗透到电信、金融、政府、教育、银行、石油等各个行业，同时各大硬件厂商也相继支持 Linux 操作系统。同时，大型、超大型互联网企业（百度、新浪、淘宝等）都在使用 Linux 操作系统作为其服务器端的程序运行平台，全球及国内排名前十的网站使用的几乎都是 Linux 操作系统。Linux 操作系统已经渗透到各个领域，市场前景十分光明。

2. 嵌入式系统

Linux 操作系统开放源代码，功能强大、可靠、稳定性强、灵活，而且具有极大的伸缩性，再加上它广泛支持大量的微处理器体系结构、硬件设备、图形支持和通信协议，因此，在嵌入式应用的领域里，从因特网设备（路由器、交换机、防火墙、负载均衡器等）到专用的控制系统［自动售货机、手机、个人数字助理（又称掌上电脑，personal digital assistant，

PDA）、家用电器等]，Linux 操作系统都有很广阔的应用市场。特别是经过近几年的发展，它已经成功地跻身于主流嵌入式开发平台。例如，在智能手机领域，Android Linux 已经在智能手机开发平台牢牢地占据了一席之地。

3. 个人桌面系统

所谓个人桌面系统，其实就是在办公室或家中使用的个人计算机系统，如 Windows 7、Windows 10、Mac 等系统。Linux 操作系统在这方面的支持也非常好，完全可以满足日常的办公及家用需求，如浏览器、办公室软件、电子邮件、实时通信、多媒体应用等。虽然 Linux 个人桌面系统的支持已经很广泛，但是在当前的桌面市场份额还远远无法与 Windows 操作系统竞争，其中的主要障碍在于用户的使用习惯及 Linux 操作系统上的应用软件不如 Windows 操作系统上的丰富。

1.1.4 Linux 版本

Linux 版本分为两类：内核（Kernel）版本和发行（Distribution）版本。

1. 内核版本

计算机系统是硬件和软件的共生体，它们互相依赖，不可分割。计算机的硬件含有外围设备、处理器、内存、硬盘和其他的电子设备，它们共同组成计算机的硬件系统。但是没有软件来操作和控制它，其自身是不能工作的。完成这个控制工作的软件就称为操作系统，在 Linux 的术语中被称为"内核"。

Linux 内核的主要模块分以下几个部分：存储管理、CPU 和进程管理、文件系统、设备管理和驱动、网络通信，以及系统的初始化（引导）、系统调用等。Linux 内核版本是由 Linus Torvalds 领导下的开发小组开发出来的系统内核版本号。

2. 发行版本

Linux Kernel 并不负责提供用户所需的应用程序，没有编译器、系统管理工具、网络工具、Office 套件、多媒体、绘图软件等，用户无法利用这个系统工作。一些组织或公司将 Linux 内核与应用软件和文档组合起来，并提供一些安装界面和系统设置与管理工具，这样就构成了发行版本。

Linux 的发行版本包括 Slackware、Redhat、Debian、Fedora、TurboLinux、USE、CentOS（Community Enterprise Operating System）、Ubuntu 和国产的中科红旗、麒麟等。

3. 如何选择 Linux 操作系统

如果是个人使用的桌面系统，可以选用 Ubuntu，它操作方便，界面美观。

企业服务器端 Linux 操作系统一般选择 CentOS 或 Red Hat，这两个操作系统稳定性高，Red Hat 服务要收费；CentOS 源自 Red Hat，免费，所以首选 CentOS。

特别痴迷新技术体验和追求最新软件版本的使用者可以选择 Fedora，但要容忍 Fedora 潜在的新技术软件的 Bug 和系统的稳定性问题。

需要更好的中文环境支持，并且支持国货，可以选择麒麟 Linux。

本教材是在 Linux 服务器上安装 Hadoop 大数据开发环境，因此选择 CentOS 作为 Hadoop 的系统平台。

CentOS 是 Red Hat 的一个重要分支，以 Red Hat 所发布的源代码重建符合 GPL 许可协议的 Linux 操作系统，即将 Red Hat Linux 源代码的商标 Logo 及非自由软件部分去除后再编译而成的版本。目前 CentOS 已被 Red Hat 公司收购，但仍开源、免费。CentOS 是目前国内互联网公司使用最多的 Linux 操作系统版本。

1.2　Linux 常用命令

在学习 Hadoop 的安装与使用之前，读者应该具备基本的 Linux 知识和操作技能，掌握常用的 Linux 命令。为了确保后面的学习顺利进行，有必要再次复习一下常用的 Linux 命令。

1.2.1　文件与目录操作

1．pwd 命令

格式：pwd

功能：显示当前所在目录（即工作目录）。

2．ls 命令

格式：ls [选项] [文件|目录]

功能：显示指定目录中的文件或子目录信息。当不指定文件或目录时，显示当前工作目录中的文件或子目录信息。

命令常用选项如下。

-a：全部的档案，连同隐藏档（开头为“.”的档案）一起列出来。

-l：长格式显示，包含文件和目录的详细信息。

-R：连同子目录内容一起列出来。

说明：命令“ll－l”设置了别名 ll，即输入 ll 命令，执行的是 ll－l 命令。

3．cd 命令

格式：cd　<路径>

功能：用于切换当前用户所在的工作目录，其中路径可以是绝对路径，也可以是相对路径。

示例：

```
cd /system/bin  #表示切换到/system/bin 路径下
cd ../          #表示切换到上一层路径
```

4．mkdir 命令

格式：mkdir [选项] 目录

功能：用于创建目录。创建目录前需保证当前用户对当前路径有修改的权限。参数-p 用于创建多级文件夹。

示例：

```
mkdir /data/path     #在/data 路径下创建 path 文件夹
mkdir -p a/b/c
    #在当前路径下创建文件夹 a， 而 a 文件夹包含子文件夹 b，b 文件夹下又包含子文件夹 c
```

5．rm 命令

格式：rm　[选项] <文件>

功能：用于删除文件或目录，常用选项-r 和-f。-r 表示删除目录，也可以用于删除文件；-f 表示强制删除，不需要确认。删除文件前需保证当前用户对当前路径有修改的权限。

示例：

```
rm -rf path  #删除 path
rm test.txt  #删除 test.txt
```

6. cp 命令

格式：cp [选项] <文件> <目标文件>

功能：复制文件或目录。

示例：

```
cp /data/logs /data/local/tmp/logs
                      #复制/data 路径下的 logs 到/data/local/tmp 路径下
cp 1.sh /sdcard/      #复制当前路径下的 1.sh 到/sdcard 下
```

7. mv

格式：mv [选项] <文件> <目标文件>

功能：移动文件或对其改名，常用选项-i、-f 和-b。-i 表示若存在同名文件，则向用户询问是否覆盖；-f 直接覆盖已有文件，不进行任何提示；-b 表示当文件存在时，覆盖前为其创建一个备份。

示例：

```
mv file_1 file_2        #将文件 file_1 重命名为 file_2
mv file /dir            #将文件 file 移动到目录 dir 中
mv /dir1 /dir2          #将目录 dir1 移动到目录 dir2 中（前提是目录 dir2 已存在，若不存在则改名）
```

8. cat

格式：cat [选项] [文件]

功能：查看文件内容，常用选项-n，显示行号（空行也编号）。

9. tar 命令

格式：tar [选项] [档案名] [文件或目录]

功能：为文件和目录创建档案。利用 tar 命令，可以把一大堆文件和目录全部打包成一个文件，这对于备份文件或将几个文件组合成为一个文件以便于网络传输是非常有用的。该命令还可以反过来，将档案文件中的文件和目录释放出来。

命令常用选项如下。

-c：建立新的备份文件。

-C <目录>：切换工作目录，先进入指定目录再执行压缩/解压缩操作，可用于仅压缩特定目录中的内容或解压缩到特定目录。

-x：从归档文件中提取文件。

-z：通过 gzip 指令压缩/解压缩文件，文件名为*.tar.gz。

-f<备份文件>：指定备份文件。

-v：显示命令执行过程。

示例：

```
tar -cvf all.tar *.jpg #将所有的.jpg 文件打成一个名为 all.tar 的包
tar -zcvf log.tar.gz linuxcool.log #打包文件以后，以 gzip 压缩
```

```
tar -zxvf log.tar.gz -C /opt        #将文件 log.tar.gz 解压在/opt 目录中
```

1.2.2 用户操作

关于 Linux 操作系统的用户及用户对文件的访问权限等概念请阅读“1.3 Linux 操作系统用户信息”。

1. useradd 命令

格式：useradd 用户名

功能：创建新用户，该命令只能由 root 用户使用。

示例：

```
useradd teacher      #创建 teacher 用户
```

2. passwd 命令

格式：passwd 用户名

功能：设置或修改指定用户的口令。

示例：

```
passwd teacher  #为 teacher 用户设置初始口令或修改口令
```

3. chown 命令

格式：chown [选项]

功能：将文件或目录的拥有者改为指定的用户或组，用户可以是用户名或者用户 ID，组可以是组名或者组 ID，文件是以空格分开的要改变权限的文件列表，支持通配符。选项-R 表示对目前目录下的所有文件与子目录进行相同的拥有者变更。

示例：

```
chown bin:bin test.txt.bz2  #将 test.txt 文件的所有者与所有者组都改为 bin
chown -R hadoop:hadoop /opt/soft
#将/opt/soft 目录下所有文件和子目录的所有者与所有者组都改为 hadoop
```

4. chmod 命令

格式：chmod [-R] 模式 文件或目录

功能：修改文件或目录的访问权限。选项-R 表示递归设置指定目录下的所有文件和目录的权限。

模式为文件或目录的权限表示，有 3 种表示方法。

1）数字表示

用 3 个数字表示文件或目录的权限，第 1 个数字表示所有者的权限，第 2 个数字表示与所有者同组用户的权限，第 3 个数字表示其他用户的权限。每类用户都有 3 类权限：读、写、执行，对应的数字分别是 4、2、1。一个用户的权限数字表示为 3 类权限的数字之和，如一个用户对 A 文件拥有读写权限，则这个用户的权限数字为 6（4+2=6）。

示例：

```
chmod 764 /usr/file
#文件 file 所有者的权限为读、写、执行，与所有者同组用户的权限为读、写，其他用户的权限为读
```

2）字符赋值

用字符 u 表示所有者，用字符 g 表示与所有者同组的用户，用字符 o 表示其他用户。用字符 r、w、x 分别表示读、写、执行权限。用等号“=”来给用户赋权限。

示例：

```
chmod u=rwx,g=rw,o=r /usr/file #与前一命令的意义相同
```

3）字符加减权限

用字符 u 表示所有者，用字符 g 表示与所有者同组的用户，用字符 o 表示其他用户。用字符 r、w、x 分别表示读、写、执行权限。用加号“+”来给用户加权限，用减号“-”来给用户减权限。

示例：

```
chmod u+x,g+w,o-w /usr/file
```

5. su 命令

格式：su [-] 用户名

功能：将当前操作员的身份切换到指定用户。如果使用选项“-”，则用户切换后使用新用户的环境变量，否则环境变量不变。

示例：

```
su - root
#切换到 root 用户。注意：切换过程要输入 root 用户的密码，并且切换到 root 用户的主目录
```

6. sudo

格式：sudo 命令

功能：让普通用户执行需要特殊权限的命令。

示例：

```
sudo reboot      #让普通用户可以执行重启机器的命令，需要输入用户的密码
```

sudo 是 Linux 操作系统管理指令，是系统管理员让普通用户执行一些或者全部 root 命令的工具，如 halt、reboot、su 等。这样不仅减少了 root 用户的登录和管理时间，同时也提高了安全性。

sudo 使一般用户不需要知道超级用户的密码即可获得权限。首先超级用户将普通用户的名字、可以执行的特定命令、按照哪种用户或用户组的身份执行等信息登记在特殊的文件中（通常是/etc/sudoers），即完成对该用户的授权。一般用户要执行特殊命令时，可在命令前加上“sudo”，此时 sudo 将会询问该用户自己的密码，回答后系统即会将该命令的进程以超级用户的权限运行。之后的一段时间内（默认为 5 分钟，可在/etc/sudoers 下自定义），使用 sudo 不需要再次输入密码。

在 Linux 操作系统中 root 用户为超级管理员，具有全部权限，使用 root 用户在 Linux 操作系统中进行操作，很可能会因为误操作而对 Linux 操作系统造成损害。正常的做法是创建一个普通用户，平时使用普通用户在系统进行操作，当用户需要使用管理员权限时，可以使用两种方法达到目的：一种方法是使用 su 命令，从普通用户切换到 root 用户，这需要知道 root 用户的密码；另一种方法是使用 sudo 命令。用户的 sudo 可以执行的命令由 root 用户事先设置好。

1.2.3 文本操作

文本操作这里只介绍一个 vi 命令，vim 命令的操作与 vi 一样。

格式：vi [文件名]

功能：vi 是 Linux 的常用文本编辑器，vim 是从 vi 发展出来的一个文本编辑器，其在代码补全、编译等方面的功能特别丰富，在程序员中被广泛使用。vi/vim 有以下 3 个工作模式。

1．命令模式

用户刚刚启动 vi/vim，便进入了命令模式。

此状态下敲击键盘的动作会被 vi 识别为命令，而非输入字符。以下是常用的几个命令：

i：切换到输入模式，以输入字符。

x：删除当前光标所在处的字符。

::（第一个“:”为命令，第二个“：”为冒号）切换到末行模式，用于在最底一行输入命令。

2．输入模式

在输入模式下可以对文件执行写操作，编写完成后按 Esc 键即可返回命令模式。

3．末行模式

如果要保存、查找或者替换一些内容等，就需要进入末行模式。以下是常用的几个命令：

Set nu：每一行显示行号。

r 文件名：读取指定的文件。

w 文件名：将编辑内容保存到指定的文件内。

q：退出 vi。

wq：保存文件并退出 vi。

q!：强制退出 vi，不管是否保存文档内容。

1.2.4　系统操作

1．clear 命令

格式：clear

功能：清除屏幕。实质上只是让终端显示页向后翻了一页，如果向上滚动屏幕还可以看到之前的操作信息。

2．hostname 命令

格式：hostname [选项]

功能：用于显示和设置系统的主机名称。在使用 hostname 命令设置主机名后，系统并不会永久保存新的主机名，重新启动机器之后还是原来的主机名。如果需要永久修改主机名，需要同时修改/etc/hostname 的相关内容。常用选项-a 显示主机别名，-i 显示主机的 ip 地址。

3．hostnamectl 命令

格式 1：hostnamectl

功能：显示当前主机的名称和系统版本。

格式 2：hostnamectl set-hostname <host-name>

功能：永久设置当前主机的名称。

示例：

```
hostnamectl set-hostname slave
#将当前主机的名称改为 slave，需要注销用户，重新登录就可以查看新的主机名
```

4．ip 命令

CentOS 7 已不使用 ifconfig 命令，其功能可通过 ip 命令代替。

格式 1：ip link <命令选项> dev <设备名>

功能：对网络设备（网卡）进行操作，选项 add、delete、show、set 分别对应增加、删

除、查看和设置网络设备。

示例：

```
ip link show                 #查看网络设备的状态
ip link set dev ens33 down   #关闭网卡 ens33
```

格式 2：ip address <命令选项> dev <设备名>

功能：对网卡的网络协议地址（IPv4/IPv6）进行操作，选项 add、change、del、show 分别对应增加、修改、删除、查看 IP 地址。

示例：

```
ip addr show                                #这里将 address 缩写为 addr
ip addr add 192.168.19.130/24 dev ens33     #给网卡 ens33 配置一个 IP 地址
```

5. systemctl 命令

格式：systemctl <命令选项> service_name.service

功能：管理系统中的服务，“.service”表示管理的服务均包含了一个以.service 结尾的文件，存放于 /lib/systemd/目录中，可以省略。命令选项有 start、restart、reload、stop、status，分别对应服务的启动、重启、重新加载、停止和显示状态。另外，选项 enable 表示开机时启动，disable 表示撤销开机启动。

示例：

```
systemctl start network      #启动网络服务
systemctl stop firewalld
#关闭防火墙。注意：CentOS 7 的防火墙服务名称改为 firewalld，不是以前的 iptables
systemctl status sshd        #查看 SSH 服务的状态
systemctl enable shd         #设置 SSH 服务开机启动
```

6. nmtui 命令

格式：nmtui

功能：该命令调出一个设置窗口，可以设置主机名称、增加一个网卡、设置 IP 地址等，如图 1-3 所示。

在图 1-3 所示窗口中选择“Edit a connection”选项可以配置网卡的属性，如图 1-4 所示。由图 1-4 可知，这里默认网卡名为“ens33”，选择“<Edit...>”选项配置网卡的 IP 属性，如图 1-5 所示。

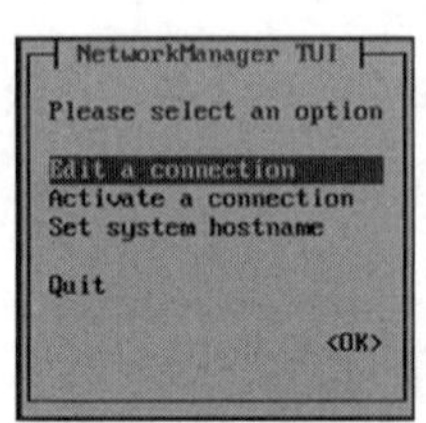

图 1-3　nmtui 执行窗口

图 1-4　网卡配置选项

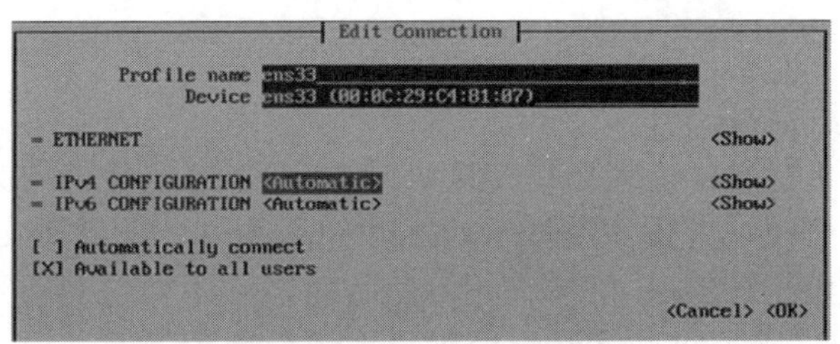

图 1-5　编辑网卡 IP 属性

在图 1-5 所示窗口中选择“IPv4 CONFIGURATION”选项，将“Automatic”（自动）改为“Manual”（手工），选择“IPv4 CONFIGURATION”对应的“<Show>”选项，编辑 IPv4 属性，如图 1-6 所示。选择“Addresses”所对应的“<Add...>”选项，可以设置网卡的 IP 地址；在“Gateway”处填写网关地址；选择“DNS Servers”所对应的“<Add...>”选项，设置域名服务器的 IP 地址。选择“Automatically connect”选项，使 Linux 操作系统启动时启用网卡 ens33。

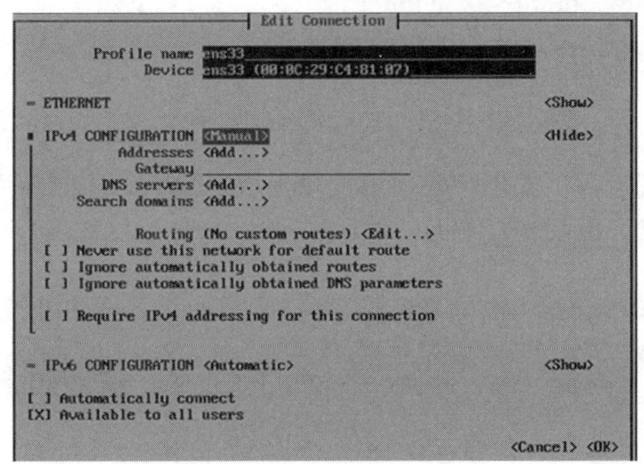

图 1-6　编辑网卡的 IPv4 属性

在图 1-3 所示窗口中选择“Set system hostname”选项设置主机名称，如图 1-7 所示。设置好 IP 地址和主机名后，在图 1-3 所示窗口中选择“Quit”选项退出。

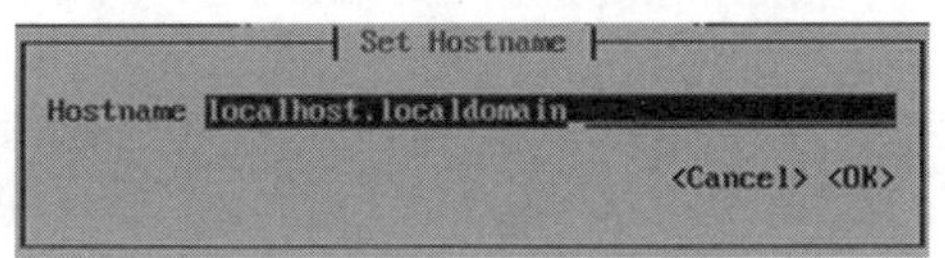

图 1-7　设置主机名

7．reboot 命令

格式：reboot

功能：用于重新启动计算机，但是只有 root 用户才有权限重启计算机。

8．poweroff 命令

格式：poweroff

功能：用来关闭计算机操作系统并且切断系统电源。如果确认系统中已经没有用户存在且所有数据都已保存，需要立即关闭系统，可以使用 poweroff 命令。

9．export 命令

格式：export [选项] [变量名]

功能：用于将 Shell 变量输出为环境变量，或者将 Shell 函数输出为环境变量。一个变量创建时，它不会自动地为在它之后创建的 Shell 进程所知，而命令 export 可以向后面的 Shell 传递变量的值。当一个 Shell 脚本调用并执行时，它不会自动得到父脚本（调用者）里定义的变量的访问权，除非这些变量已经被显式地设置为可用。export 命令可以用于传递一个或多个变量的值到任何子脚本。

命令常用选项如下。

-f：代表[变量名称]中为函数名称。

-n：删除指定的变量。变量实际上并未删除，只是不会输出到后续指令的执行环境中。

-p：列出所有的 Shell 赋予程序的环境变量。

示例：

```
export -p         #列出当前所有的环境变量
export MYENV      #定义环境变量 MYENV
export MYENV=7    #定义环境变量，并赋值 MYENV=7
```

10．echo 命令

格式：echo [字符串]

功能：用于在终端设备上输出字符串或变量提取后的值。一般使用在变量前加上“$”符号的方式提取出变量的值，如$PATH，然后用 echo 命令予以输出。

示例：

```
echo "LinuxCool.com"     #输出一段字符串 LinuxCool.com
echo $PATH               #输出变量 PATH 值
/usr/local/sbin:/usr/local/bin:/usr/sbin:/usr/bin:/root/bin
```

11．source 命令

格式：source [文件]

功能：用于重新执行刚修改的初始化文件，使之立即生效，而不必注销用户、重新登录。

示例：

```
source ~/.bash_profile  #读取和执行~/.bash_profile 文件
```

1.3 Linux 操作系统用户信息

1.3.1 用户和组

Linux 是一个多用户的操作系统，可以让多个用户同时从本机或远程登录到同一台计算机系统。用户登录 Linux 操作系统时，必须输入用户名和密码，只有当该用户名存在，并且密码正确，用户才能进入 Linux 操作系统。用户登录上 Linux 操作系统时，系统会根据用户的默认配置建立用户的工作环境。

1．用户的类型

在 Linux 操作系统中，不同类型的用户具有不同的权限。Linux 操作系统的用户分为 3 种类型：超级用户、系统用户和普通用户。每一个用户都具有一个唯一的用户标识符 UID，通过 UID 可以区分用户的类型。

（1）超级用户：又称 root 用户，拥有系统的最高权限，它可以使用系统的任何命令，访问系统的任何文件。超级用户的 UID 为 0。

（2）系统用户：也称为虚拟用户。这类用户都是系统自身拥有、用来执行特定任务的，不能用来登录 Linux 操作系统，如 bin、daemon、adm 等。系统用户的 UID 为 1～999。

（3）普通用户：由超级用户创建，可以登录 Linux 操作系统。这类用户权限受限，只能操作其拥有权限的文件和目录，只能管理自己启动的进程。普通用户的 UID 从 1000 开始。

2．用户组

为方便管理属于同一组的用户，Linux 操作系统中还引入了用户组的概念。通过使用用户组，可以把多个用户加入同一个组中，从而方便为组中的用户统一规划权限或指定任务。例如，一个公司中有多个部门，每个部门中又有很多员工。如果只想让员工访问本部门内的资源，则可以针对部门而非具体的员工来设置权限。例如，可以通过对技术部门设置权限，使得只有技术部门的员工可以访问公司的数据库信息等。Linux 操作系统的组分为两种类型：系统组和私有组。每一个组都具有一个唯一的组标识符 GID，通过 GID 可以区分组的类型。

（1）系统组：系统自动设置的组，与系统用户相对应，系统组的 GID 为 0～999。

（2）私有组：由超级用户创建的组，超级用户创建普通用户时会默认创建一个同名的私有组。私有组的 GID 从 1000 开始。

在 Linux 操作系统中创建一个用户时，会自动创建一个与其同名的私有组，这个私有组也称为该用户的基本用户组，而且这个基本用户组只有该用户一个人。如果该用户以后被划入其他用户组，则其他用户组称为该用户的扩展用户组。一个用户只有一个基本用户组，但是可以有多个扩展用户组。

3．主目录

主目录也称为用户的 home 目录，相当于 Windows 的 My Documents 目录，用户登录 Linux 操作系统后会默认进入该目录。用户对自己主目录中的文件和子目录拥有全部权限。

创建用户时除非特别指定，默认的普通用户的主目录是/home 下与用户同名的目录，系统会在创建用户的同时生成该目录。例如，用户 hadoop 的主目录默认为/home/hadoop，而超级用户 root 的主目录是/root。

另外，创建用户时系统还会指定用户的 Shell 环境。普通用户默认使用 Bash Shell 环境。

1.3.2　文件类型和权限

Linux 文件系统由文件和目录组成，文件是专门用于存储数据的对象，而目录是一种用来组织文件和子目录的容器。与 Windows 操作系统一样，Linux 操作系统也使用树形目录结构来管理文件，所有的文件采取分层的方式组织在一起，形成一个树形的层次结构。但在 Linux 操作系统中，整个树形结构只有一个根目录，它位于根分区，用“/”表示，其他的目录和文件都以根目录为起点，挂载在根目录的下面。另外，与 Windows 操作系统不同，Linux 操作系统的设备也以文件的方式进行管理。

1．文件类型

Linux 操作系统将文件分为 4 种类型：普通文件、目录文件、链接文件和设备文件。

1）普通文件

普通文件用于存储程序和数据，分为二进制文件和文本文件。二进制文件以二进制数据的形式存储，一般是图像、声音、视频和可执行的程序文件。文本文件则以文本的ASCII码形式存储，如Linux的配置文件和脚本文件等。普通文件的类型标识符为“-”。

2）目录文件

目录用于组织各种文件和子目录，它也是一种特殊的文件，存储一组相关文件的位置、大小等信息。目录文件的类型标识符为“d”。

3）链接文件

链接文件是对一个文件或目录的引用，分为硬链接文件和软链接文件（也称为符号链接文件）两种类型。

硬链接文件保留所链接文件的索引节点（即文件在磁盘中的具体物理位置）信息，即使所链接文件改名、移动或删除，硬链接文件仍然有效。硬链接文件只能用于文件，不能用于目录。硬链接文件的类型标识符与普通文件一样，也为“-”。

软链接文件本身不保存文件内容，只记录所链接文件的路径信息，类似于Windows操作系统中的快捷方式。如果所链接文件改名、移动或删除，则软链接文件就再无任何意义。软链接文件既能用于文件，也能用于目录。软链接文件的类型标识符为“l”。

4）设备文件

Linux将设备虚拟为一个文件，因此在Linux中可以用普通的Linux命令访问设备。这些设备文件主要存放于/dev目录中。设备文件分为字符设备文件和块设备文件两大类型。

字符设备文件对应字符设备。字符设备是以字符为单位进行输入/输出的设备，包括终端（如/dev/tty01）、打印机（如/dev/lp0）等。字符设备文件的类型标识符为“c”。

块设备文件对应块设备。块设备是以数据块为单位进行输入/输出的设备，包括磁盘（如/dev/hda）、光盘（如/dev/cdrom）等。块设备文件的类型标识符为“b”。

2. 文件权限

在Linux的命令提示符下，输入命令“ls -l”，可以显示当前目录下每个文件的属性信息，其显示格式如下。

```
drwxr-xr-x.  20 root root 3220 May 18 05:43 dev
lrwxrwxrwx.   1 root root    7 May  7 05:50 lib -> usr/lib
-rwxr-xr-x.  24 root root  660 May 18 05:43 test.txt
```

各列的含义如下（以第一行为例）。

第1列（d）为文件类型，d表示这个文件为目录文件。

第2～10列（rwxr-xr-x）为文件权限，具体含义下面会介绍。

第11列（20）为文件链接数，20表示有20个链接文件指向该目录。

第12列（root）为文件的拥有者，该目录的拥有者为root。

第13列（root）为文件所属组，该目录的所属组为root。

第14列（3220）为文件的大小，该目录内的文件大小为3220B。

第15列（May 18 05:43）为文件创建或修改的日期和时间，该目录5月18日5点43分被访问过。

第16列（dev）为文件名，目录名为dev。

在Linux中文件的访问权限分为3类，不同的用户对同一文件又拥有不同的权限。

1）访问权限

用户对文件的访问权限分为可读、可写、可执行 3 种，分别用 r、w、x 表示。若用户无某个权限，则在相应权限位置用“-”表示。如“r-x”表示用户拥有对文件的读和执行权限，但没有写的权限。

可读权限（r）：对文件而言，表示可以浏览文件内容，可以复制文件。对目录而言，表示可以浏览目录内容，但不代表可以查看目录中文件的内容。

可写权限（w）：对文件而言，表示可修改文件内容，但不代表可以删除文件。对目录而言，表示可在目录中创建、删除和重命名文件。

可执行权限（x）：对文件而言，表示可以执行的权限（如果是程序，不需要可读权限；如果是 Shell 脚本，则需要同时具有可读权限）。对目录而言，表示可以用 cd 命令进入目录，并可访问目录中的文件。

2）文件的权限

文件的权限与用户和组是联系在一起的，文件的权限就是针对下列 3 类用户的：

文件拥有者（owner）：建立文件或目录的用户。

同组用户（group）：文件拥有者所属组的其他用户。

其他用户（other）：既不是文件拥有者，也不是同组用户的其他所有用户。

前面所示的文件属性中，文件权限用 9 个字符（rwxr-xr-x）来表示，这 9 个字符每 3 个一组分别对应上面 3 类用户。其中，第 1～3 个字符为第 1 组，对应文件拥有者所拥有的权限；第 4～6 个字符为第 2 组，对应同组用户所拥有的权限；第 7～9 个字符为第 3 组，对应其他用户所拥有的权限。

例如，目录 dev 的文件权限为 rwxr-xr-x，拥有者为 root，并属于 root 组。说明 root 用户对该目录拥有可读、可写、可执行的权限（rwx）；同属于 root 组的其他用户对该目录拥有可读、可执行的权限，但不能对目录进行写操作（r-x）；第 3 组权限为 r-x，说明剩余其他用户对该目录拥有可读、可执行的权限，但不能对目录进行写操作。

1.4　本章小结

本章主要介绍 Linux 的基本知识及常用的 Linux 命令，详细说明了 Linux 操作系统的用户及权限的概念。

第 2 章 Hadoop 平台安装

学习目标

- 掌握 Hadoop 的基本概念
- 理解 Hadoop 大数据处理的基本思想
- 掌握 Linux 系统环境配置的方法
- 掌握 Hadoop 软件的安装方法
- 掌握 Hadoop 单机模式的配置与测试方法

Hadoop 是一个由 Apache 基金会所支持的开源分布式系统基础架构，是一个能够对大量数据进行分布式处理的软件框架。本章主要介绍 Hadoop 的基本概念及大数据处理的基本思想，详细说明了 Linux 系统环境、Hadoop 软件、Hadoop 单机模式的安装与配置过程。

2.1 Hadoop 概述

2.1.1 Hadoop 的起源

Hadoop 以一种可靠、高效、可伸缩的方式进行数据处理，主要用于海量数据的高效存储、管理和分析，目前已成为大数据技术领域的事实标准。其核心为 Hadoop 分布式文件系统（Hadoop Distributed File System，HDFS）和 MapReduce，其 Logo 如图 2-1 所示。

图 2-1 Hadoop 的 Logo

Hadoop 起源于 Apache Nutch 项目，Apache Nutch 项目起源于 Apache Lucene 项目，这 3 个项目的创始人都是 Doug Cutting。

Lucene 是一个开源的全文检索引擎工具包，2001 年成为 Apache 基金会的 jakarta 项目组的一个子项目。Lucene 是一个全文检索引擎架构，提供了完整的查询引擎和索引引擎，主要用于有数据源的全文检索和分析。

Nutch 是一个 Java 实现的开源网络搜索引擎，基于 Lucene 开发，2002 年成为 Apache Lucene 的子项目之一。Nutch 的设计目标是构建一个大型的全网搜索引擎，包括网页抓取、索引、查询等功能，但随着抓取网页数量的增加，其遇到严重的扩展性问题——如何解决数十亿网页的存储和索引。

谷歌公司 2003 年发表关于 GFS（Google File System，Google 文件系统）分布式存储系统的论文，2004 年发表关于 MapReduce 分布式计算框架的论文。Doug Cutting 意识到这两篇论文为上述扩展性问题提供了可行的解决方案：分布式文件系统 GFS 可用于处理海量网页的存储，分布式计算框架 MapReduce 可用于处理海量网页的索引计算问题。受此启发的 Doug Cutting 等人用 2 年的业余时间实现了 NDFS（Nutch File System，Nutch 文件系统）和 MapReduce 机制，使 Nutch 的性能飙升。

2006 年 2 月 NDFS 和 MapReduce 从 Nutch 中分离出来，成为独立项目 Hadoop。2008 年 1 月，Hadoop 成为 Apache 的顶级项目，迎来它的快速发展期。

Hadoop 这个名字不是一个缩写，而是一个虚构的名字，是 Hadoop 之父 Doug Cutting 的儿子给自己棕黄色的玩具大象起的名字。

Hadoop 的里程碑如下。

2004 年：Doug Cutting 和 Mike Cafarella 基于 Google 发表的 GFS 论文实现了 Nutch 的分布式文件系统 NDFS。

2005 年：Doug Cutting 和 Mike Cafarella 基于 Google 发表的 MapReduce 论文在 Nutch 上实现了 MapReduce 系统。

2006 年 2 月：MapReduce 和 HDFS（NDFS 重新命名为 HDFS）成为 Lucene 的一个子项目，称为 Hadoop，Apache Hadoop 项目正式启动。

2007 年 4 月：Hadoop 研究集群达到 1000 个节点。

2008 年 1 月：Hadoop 升级成为 Apache 顶级项目。此时，Hadoop 发展到 0.15.3 版本。

2008 年 4 月：Hadoop 赢得世界最快 1TB 数据的排序，在 900 个节点上用时 209 秒。

2011 年 12 月：Hadoop 发布 1.0.0 版本，标志着 Hadoop 技术进入成熟期。

2012 年 5 月：Hadoop 2.×系列的第一个版本 Hadoop 2.0.0 发布，相对 Hadoop 1.×系列新增了 HDFS Federation 机制和 YARN 框架。

2017 年 12 月：Hadoop 3.×系列的第一个稳定版本 Hadoop 3.0.0 发布，相对 Hadoop 2.×系列新增了 HDFS 中的擦除编码机制和 Intra-DataNode 平衡器。

2.1.2 Hadoop 的生态圈

狭义上来说，Hadoop 就是指 Apache Hadoop 项目所包含的软件，目前流行的 Hadoop 2.×系列和 Hadoop 3.×系统包括 HDFS、MapReduce 和 YARN 三大核心组件。这三大核心组件将在 2.2 节介绍。广义上来说，Hadoop 是指大数据的一个生态圈，包括很多其他的软件框架，各框架的相互关系如图 2-2 所示。下面简单介绍各个框架的作用。

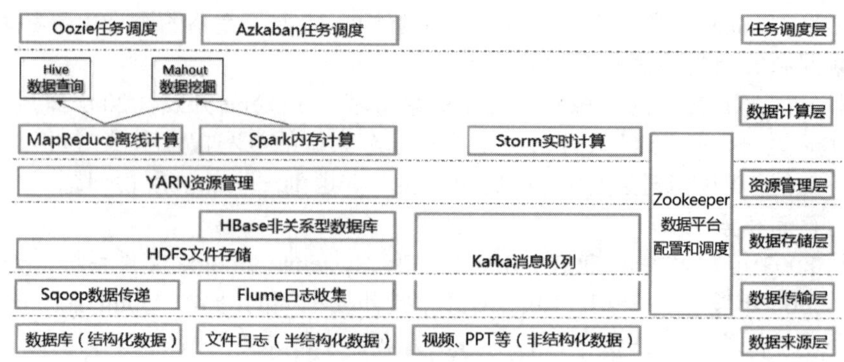

图 2-2　Hadoop 的生态体系

Sqoop 是 SQL-to-Hadoop 的缩写，主要用于传统关系型数据库和 Hadoop 之间传输数据，可以快速从传统关系型数据库中把数据导入 HDFS、HBase、Hive 等 Hadoop 分布式存储环境，等到 MapReduce 等分布式处理工具对数据加工处理过后，再将结果导出到关系型数据库中。

Flume 是 Cloudera 开源的海量日志收集系统，具有分布式、高可靠、高容错、易于定制和扩展的特点，提供对日志数据进行简单处理的能力，如过滤、格式转换等，能够将日志写往各种数据目标。

HDFS 是 Hadoop 体系中数据存储管理的基础，它是一个分布式文件系统，具有高容错性，提供高吞吐率的数据访问，能够有效处理海量数据集。

HBase 是一个建立在 HDFS 之上，面向列的针对结构化和半结构化数据的可伸缩、高可靠、高性能、分布式的动态数据库。HBase 提供了对大规模数据的随机、实时读写访问，HBase 中保存的数据可以使用 MapReduce 来处理，它将数据存储和并行计算完美地结合在一起。

Kafka 是 Linkedin 开源的一种高吞吐量的分布式消息系统，它主要用于处理活跃的流式数据。活跃的流式数据在 Web 网站应用中非常常见，这些数据包括网站的页面浏览量（page view，PV），用户访问了什么内容、搜索了什么内容等。这些数据通常以日志的形式记录下来，然后每隔一段时间进行一次统计处理。

YARN 就是通用资源管理系统，为上层应用提供统一资源管理调度。

MapReduce 是面向大型数据处理的并行计算模型和方法，仅适合离线数据处理。

Spark 是加州大学伯克利分校的 AMP（Algorithms、Machine and People）实验室开源的类 Hadoop MapReduce 的通用并行计算框架。Spark 提供了一个全面、统一的框架用于管理各种有着不同性质（文本数据、图表数据等）的数据集和数据源（批量数据或实时的流数据）的大数据处理需求。Spark 可以将 Hadoop 集群中的应用在内存中运行时速度提升 100 倍，或者在磁盘上运行时速度提升 10 倍。

Hive 由 Facebook 开源，最初用于解决海量结构化的日志数据统计问题。Hive 是一种数据仓库技术，用于查询和管理存储在分布式环境下的大数据集，通常用于离线分析。Hive 定义了一种类似 SQL（Structured Query Language，结构化查询语言）的查询语言（Hive Query Language，HQL），用于查询存储在 Hadoop 集群中的数据，使不熟悉 MapReduce 的开发人员也能编写数据查询语句。

Mahout 是一个开源的数据挖掘算法库，起源于 2008 年，最初是 Apache Lucent 的子项目，现在是 Apache 的顶级项目。其主要目标是实现一些可扩展的机器学习领域经典算法，旨在帮助开发人员更加方便、快捷地创建智能应用程序。

Storm 是 Twitter 开源的一个分布式的、容错的实时处理系统，可被用于“流处理”之中，实时处理消息并更新数据库。Storm 也可被用于“连续计算”，对数据流做连续查询，在计算时就将结果以流的形式输出给用户。

Oozie 是用于 Hadoop 平台的一种工作流调度引擎，用于协调多个 Hadoop 作业的执行。

Azkaban 是 Linkedin 开源的一个批量工作流任务调度器，用于在一个工作流内以一个特定的顺序运行一组工作和流程。

ZooKeeper 是一个分布式数据管理和协调框架，能够保证分布式环境中数据的一致性，是 Hadoop 组件的一个监管系统。

2.1.3 Hadoop 的版本

1. Hadoop 版本的演变

0.×系列版本：Hadoop 当中最早的一个开源版本，在此基础上演变而来的 1.×及 2.×的版本。

1.×版本系列：Hadoop 版本当中的第二代开源版本，是 0.20.×发行版系列的延续。其架构如图 2-3 所示，仅包括 HDFS 和 MapReduce 两大组件。HDFS 是一个分布式文件系统，负责数据的存储管理。MapReduce 既负责数据的处理，又负责资源的调度。

2.×版本系列：架构产生重大变化，引入了 YARN 平台等许多新特性，是 0.23.×发行版系列的延续。其架构如图 2-4 所示，这时 MapReduce 仅负责数据的处理，资源的调度由 YARN 负责。

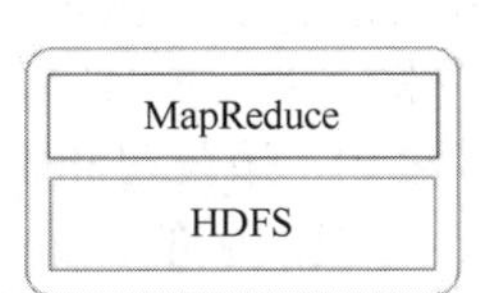

图 2-3 Hadoop 1.×的架构

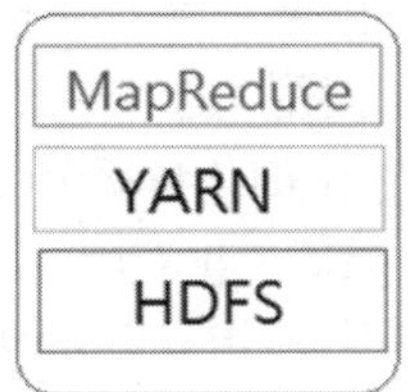

图 2-4 Hadoop 2.×和 3.×的架构

3.×版本系列：与 2.×版本系列相比，基本架构不变，仍然是三大核心组件。但 HDFS 增加了 Erasure 编码处理进行容错和备份，节省大量空间，DataNode 使用内部平衡器进行负载均衡，使用多个 Standby 状态的 NameNode；YARN 支持随机的 Container 和分布式调度；MapReduce 进行了任务优化，性能提升 30%。

2. Hadoop 发行版本

Hadoop 的发行版本除了 Hadoop 社区的 Apache Hadoop 外，还有许多公司提供了自己的商业版本。其中下列 3 个版本最流行：

Apache Hadoop：社区免费开源版本（http://hadoop.apache.org/）。其优点是拥有全世界的开源贡献者，代码更新迭代版本比较快；缺点是版本的升级、维护、兼容性和补丁都考虑不太周到。Apache Hadoop 可以用于学习，实际生产工作环境尽量不要使用。

HDP：Hortonworks 公司发行的免费开源版本（https://hortonworks.com/），提供一整套的 Web 管理界面，方便管理集群状态，提供的帮助文档齐全。

CDH：Cloudera 公司发行的商业收费版（https://www.cloudera.com/）。完全开源，在兼容性、安全性和稳定性都有增强，生产环境推荐使用。

2.1.4 Hadoop 的优点

Hadoop 能够让用户轻松开发和运行处理大数据的应用程序，在大数据领域得到广泛应用。它主要具有以下四大优点：

（1）扩容能力强：Hadoop 是在可用的计算机集群间分配数据并完成计算任务，这些集群可以方便地扩展到数以千计的节点。

（2）成本低：Hadoop 通过普通廉价的计算机组成服务器集群来分发及处理数据，相比使用大型机乃至超级计算机的处理系统，成本低很多。

（3）高效率：通过并发数据，Hadoop 可以在节点之间动态并行处理数据，使得处理速度非常快。

（4）高可靠性：能自动维护数据的多份复制，并且在任务失败后能自动地重新部署计算任务。Hadoop 按位存储和处理数据的能力强，可靠性高。

2.1.5 Hadoop 的应用场景

美国著名科技博客 GigaOM 的专栏作家 Derrick Harris 跟踪云计算和 Hadoop 技术已有多年时间，他总结出以下 10 个 Hadoop 的应用场景：

（1）在线旅游：目前全球范围内 80%的在线旅游网站都在使用 Cloudera 公司提供的 Hadoop 发行版。

（2）移动数据：美国有 70%的智能手机数据服务背后都是由 Hadoop 来支撑的，也就是说，包括数据的存储及无线运营商的数据处理等都是在利用 Hadoop 技术。

（3）电子商务：大型电子商务公司都在使用 Hadoop 处理自己的数据，eBay 就是最大的实践者之一。国内领头的电商企业也在使用 Hadoop 技术。

（4）能源开采：美国 Chevron 公司是全美第二大石油公司，该公司利用 Hadoop 进行数据的收集和处理，其中一些数据是海洋的地震数据，用于寻找油矿的位置。

（5）节能：能源服务商 Opower 使用 Hadoop 为消费者提供节约电费的服务，其中包括对用户电费单进行了预测分析。

（6）IT 基础架构管理：利用 Hadoop 从服务器、交换机及其他的设备中收集并分析数据。

（7）图像处理：创业公司 Skybox Imaging 使用 Hadoop 来存储并处理图片数据，从卫星拍摄的高清图像中探测地理变化。

（8）诈骗检测：金融服务或者政府机构利用 Hadoop 来存储所有的客户交易数据，包括一些非结构化的数据，能够帮助机构发现客户的异常活动，预防欺诈行为。

（9）IT 安全：Hadoop 可以用来处理计算机生成的数据，以便甄别来自恶意软件或者网络中的攻击。

（10）医疗保健：医疗行业也会用到 Hadoop，像 IBM 的 Watson 就会使用 Hadoop 集群作为其服务的基础，其中包括语义分析等高级分析技术。医疗机构可以利用语义分析为患者提供医护服务，并协助医生更好地为患者进行诊断。

2.1.6 Hadoop 的运行模式

Hadoop 可以按下列 3 种模式进行安装和运行。

1．单机模式

单机模式是 Hadoop 的默认模式，安装时不需要修改配置文件。这时 Hadoop 运行在一台计算机上，不需要启动 HDFS 和 YARN，运行时也不用 Hadoop 的守护进程。MapReduce 运行处理数据时只有一个 Java 进程，Map()和 Reduce()任务作为同一个进程的不同部分来执行，同时 MapReduce 使用本地文件系统进行数据的输入/输出，而不是分布式文件系统。这种模式主要用于对 MapReduce 程序的逻辑进行调试，确保程序的正确。

2．伪分布式模式

Hadoop 安装在一台计算机上，安装时需要修改相应的配置文件，用一台计算机模拟多台主机的集群。Hadoop 运行时需要启动 HDFS 和 YARN，NameNode、DataNode、ResourceManager、NodeManager 这些守护进程都在同一台机器上运行，是相互独立的 Java 进程。在这种模式下，Hadoop 使用的是分布式文件系统，各个作业也是由 MRAppMaster 来管理的独立进程。伪分布式模式类似于完全分布式模式，因此，这种模式常用来进行学习和开发测试 Hadoop 程序的执行是否正确。

3．完全分布式模式

在多台计算机上安装 JDK 和 Hadoop，组成相互连通的集群，安装时需要修改相应的配置文件。运行时，Hadoop 的守护进程运行在由多台主机搭建的集群上，是真正的生产环境。

2.2 Hadoop 的核心组件

HDFS、MapReduce 和 YARN 是 Hadoop 软件的三大核心组件。HDFS 用于海量分布式数据的存储；MapReduce 用于对海量数据进行分布式处理；YARN 进行资源调度，为 MapReduce 运算提供计算资源。HDFS 和 YARN 加起来相当于一个分布式操作系统，MapReduce 是运行在这个操作系统上的大数据处理框架。

2.2.1 HDFS

HDFS 是 Hadoop 体系中数据存储管理的基础，它是一个分布式文件系统，具有高容错性，提供高吞吐率的数据访问，能够有效处理海量数据集。HDFS 将大数据文件切分成若干个小的数据块，再把这些数据块分别写入不同的节点，这些负责保存文件数据的节点被称为数据节点（DataNode）。为了保证用户访问数据文件时能读取到每一个数据块，HDFS 使用一个专门保存文件属性信息的节点——名称节点（NameNode）。HDFS 的架构如图 2-5 所示。

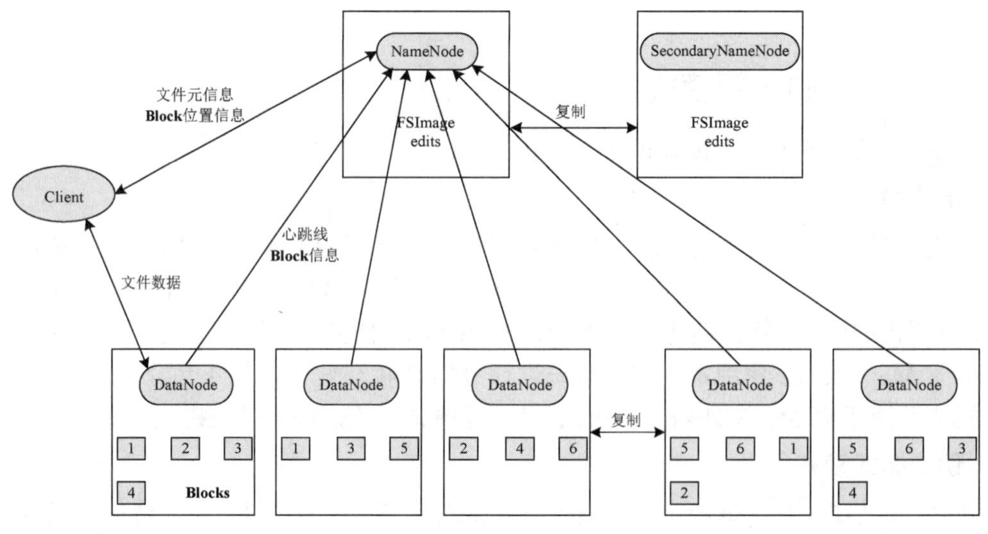

图 2-5　HDFS 架构

HDFS 主要组件有 3 类节点（NameNode、DataNode、SecondaryNameNode）、1 个客户端和 2 个文件（FSImage、edits），下面分别进行介绍。

1．NameNode

NameNode（名称节点）是 HDFS 的管理者，它有 4 个方面的职责：

（1）管理 HDFS 的名字空间：NameNode 维护着文件系统树及文件树中所有文件的元数据。NameNode 用文件 FSImage 存储文件的元数据（MetaData），如文件名、文件目录结构、文件属性（生成时间、副本数、文件权限），以及文件的块所在的 DataNode 等。HDFS 运行时会将这些元数据加载到内存中，任何客户端的写操作都会对内存中的元数据进行修改，同时记录在 edits 文件中，但不会马上对 FSImage 文件进行修改。

（2）管理 DataNode 上的数据块：一个文件存储到 HDFS 时将被分成若干个数据块，这些数据块存储在 DataNode 中，NameNode 管理数据块的所有元数据信息，主要包括“文件名->数据块”的映射、“数据块->DataNode”的映射。NameNode 决定了文件数据块存储到哪个 DataNode。

（3）处理客户端的读写请求：NameNode 需要处理客户端的读写请求。读取文件时，将文件所在的（DataNode，数据块）列表反馈给客户端；写文件时，反馈一组 DataNode 给客户端用于写入操作，当写入成功后，客户端通知 NameNode 操作成功，NameNode 再将写操作记录在 edits 文件中。

（4）配置副本策略：NameNode 按用户确定的副本策略（默认是 3 个副本）管理 HDFS 中数据的副本，当 HDFS 中的某一数据块的副本数少于副本策略指定的数值时，NameNode 会指示数据块所在 DataNode 将数据块复制到另一个 DataNode 中。

2．DataNode

DataNode（数据节点）负责存储数据，把每个 HDFS 数据块（HDFS 数据处理单元，默认大小为 128MB）存储在本地文件系统的单独文件中，以此来存储 HDFS 数据。DataNode 的功能如下。

（1）存储实际的数据块，每个数据块对应一个元数据信息文件，描述这个数据块属于哪个文件、是第几个数据块等。

（2）处理客户端的读写请求，执行数据块的读和写。

（3）向 NameNode 定期汇报数据块信息，并定时向 NameNode 发送心跳信号保持联系。如果 NameNode 10 分钟没有收到 DataNode 心跳信号，则认为其失去联系，会将其上的数据块复制到其他的 DataNode。

3. SecondaryNameNode

SecondaryNameNode（第二名称节点）主要用于合并元数据文件 FSImage。Secondary NameNode 每隔一段时间（默认为 3600 秒）将 NameNode 上的 FSImage 和 edits 文件复制到本地，并将两者合并生成新的 FSImage 文件，再将新的 FSImage 文件复制回 NameNode。所以 SecondaryNameNode 不是 NameNode 的备份，但可以帮助恢复 NameNode，因为其上保存了大部分的元数据信息。

4. FSImage 和 edits 文件

FSImage 文件存储文件的元数据，如文件名、文件目录结构、文件属性（生成时间、副本数、文件权限），以及文件的数据块所在的 DataNode 等。HDFS 运行时会将该文件加载到内存中，任何写操作都会对内存中的元数据进行修改，但不会对 FSImage 文件进行修改，而是将操作记录在 edits 文件中。

5. 客户端

HDFS 的客户端接收用户的读写请求，将这些读写请求处理后转发给 NameNode 和 DataNode。功能如下。

（1）与 NameNode 进行信息交互，由 NameNode 决定是否可以读写。如果可以，NameNode 将文件的位置信息发给客户端。

（2）与 DataNode 进行信息交互，指示 DataNode 执行具体的数据读写。写操作时，客户端会将数据分块发给 DataNode；读操作时，由 DataNode 将读出的数据发给客户端。

（3）向用户提供接口来管理和访问 HDFS。HDFS 的客户端有 3 类：行命令（如 hadoop、hdfs）、Web 客户端和程序调用的 API（Application Program Interface，应用程序接口）。

6. HDFS 的优缺点

HDFS 适合一次写入、多次读取的场景，它具有如下优缺点。

1）优点

（1）适合处理大数据：HDFS 能够处理 TB 级甚至 PB 级的数据，文件数量也可达百万以上。

（2）高容错性：自动保存数据的多个副本，当某一副本丢失，可以自动重备。

（3）低成本运行：HDFS 可以运行在廉价的商用计算机上，通过多副本机制提高可靠性。

2）缺点

（1）不适合处理低延时的数据访问：HDFS 达不到秒级以下的访问反应，它主要处理高数据吞吐量的应用。

（2）不适合处理大量的小文件：HDFS 的 NameNode 将文件系统的元数据存放在内存中，文件系统的容量由 NameNode 的内存大小决定，小文件太多会消耗 NameNode 的内存。同时小文件的寻址时间超过读取时间，也违背了 HDFS 的设计目标。

（3）不支持并发写入和文件随机修改：HDFS 的文件同时只能有一个用户进行写操作，也仅支持文件的数据追加，不支持在文件任意位置进行修改。

2.2.2 MapReduce

MapReduce 是面向大型数据处理的、简化的并行计算模型，其核心功能是将用户编写的业务逻辑代码和自带的默认组件整合成一个完整的分布式运算程序，它使得那些没有多少并行计算经验的开发人员也可以很容易地开发并行计算的应用程序。

MapReduce 把对大数据的操作分发给多个子节点并行处理，然后整合各个子节点的输出结果，得到最终的计算结果。即 MapReduce 处理数据的过程就是一个分散处理，汇总结果的过程如图 2-6 所示。

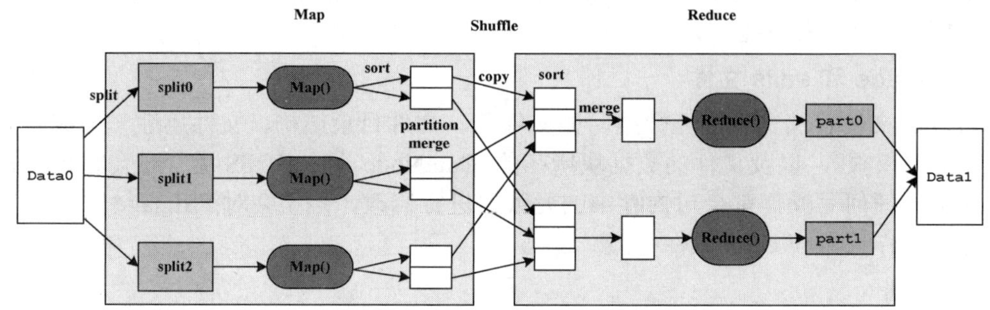

图 2-6　MapReduce 的运行模型

1．MapReduce 的运行模型

MapReduce 将计算过程分为两个阶段：Map 阶段和 Reduce 阶段。Map 阶段并行处理输入的数据，Reduce 阶段对 Map 结果进行汇总。具体的运行流程如图 2-6 所示。

（1）读取数据阶段。从本地的 HDFS 文件系统中读取数据并分片（split），分片大小默认为 128MB，即默认一个数据块（block）就是一个分片。

（2）Map 处理阶段。每个分片会让一个 Map 任务来处理，这时可以运行自定义的 Map 业务方法处理数据。

（3）Shuffle 阶段。Shuffle 阶段分为两步：

① 在单个 Map 任务所在的节点上，将 Map 任务的输出数据进行分区（partition，分区数对应 Reduce 任务数）、排序（sort）、合并（merge）写入磁盘。

② 在 Reduce 任务所在的节点上，将各个 Map 任务节点上对应的分区数据复制（copy）过来，进行排序（sort）、合并（merge）写入磁盘。

（4）Reduce 阶段。Reduce 任务读入 Shuffle 处理后的数据进行汇总，处理后的结果写入磁盘。这时 Reduce 任务可以运行自定义的 Reduce 业务方法来处理数据。Reduce 任务的数量默认为 1，但其值可以由用户设置。

2．WordCount 案例

为了帮助理解 MapReduce 流程，这里以 WordCount 案例来解释 MapReduce 运行模型。WordCount 案例是 MapReduce 的经典案例，已作为官方案例附带在 Hadoop 软件安装包中，它实现的功能就是统计文本文件中每个单词出现的次数。WordCount 运行过程如图 2-7 所示。

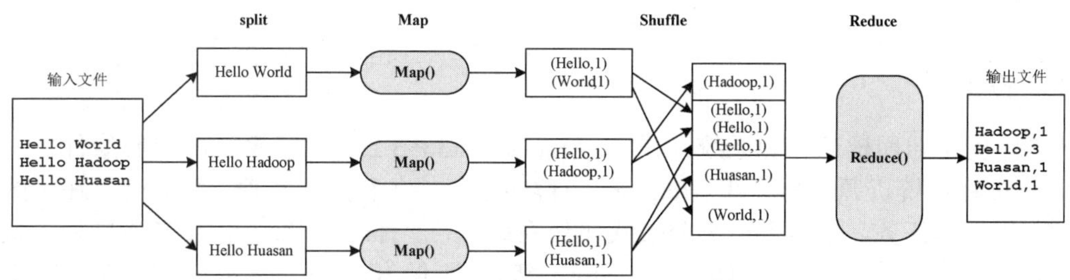

图 2-7　WordCount 运行过程

WordCount 运行过程说明如下。

（1）输入的文本文件按行分片（图 2-7 中被分成了 3 片）。

（2）每一片被一个 Map 任务处理，输出结果为<单词，频度>这样的键值对。

（3）使用 Shuffle 对单个 Map 任务的输出按单词（键）进行排序，然后将数据分区，分区数等于 Reduce 任务数（图 2-7 中只有一个），如果数据量大就会写入磁盘。

（4）将多个 Map 任务的输出结果复制到 Reduce 任务所在的节点。

（5）使用 Shuffle 对这多个 Map 任务的输出按单词（键）进行排序，单词（键）相同的键值对排序到一起。

（6）使用 Reduce()方法统计分区中每个单词的总数，将结果写入磁盘。

3. MapReduce 的优缺点

MapReduce 仅适合离线数据处理，它具有如下优缺点。

1）优点

（1）易于编程：使用它的一些简单接口就可以完成一个分布式程序。这个特点使 MapReduce 编程变得非常流行。引入 MapReduce 框架后，开发人员可以将绝大部分工作集中在业务逻辑的开发上，而将分布式计算中的复杂性交由框架来处理。

（2）良好的拓展性：当计算资源不足时，可以简单地通过增加计算机的数量来扩展它的计算能力。

（3）高容错性：当运算节点出现故障时，MapReduce 的计算任务可以自动转移到另一个节点运行，不需要人工干预。由前面的介绍可知，MapReduce 的作业是在 YARN 的调度下运行的，MapReduce 的 ApplicationMaster 简称 MRAppMaster。MRAppMaster 监控调度 MapReduce 的计算任务，重启失败的任务。因此 MapReduce 具有高容错性，可以部署在廉价的商用计算机上。

（4）适合处理离线大数据：能够处理 PB 级的离线数据。

2）缺点

（1）不适合实时计算：MapReduce 达不到在秒级以内反馈运算结果。

（2）不适合流式计算：流式计算处理的数据是动态的，而 MapReduce 只能处理静态的数据。像天猫“双 11 购物节”要实时反馈交易量就是 MapReduce 做不到的。

（3）不适于有向图计算：多个应用程序存在依赖关系，后一个应用程序的输入是前一个应用程序的输出，被称为有向图计算。对于有向图计算，MapReduce 不是不能做，而是 MapReduce 在处理数据的过程中，每个 MapReduce 任务的输出结果都会写入磁盘，会造成大量的磁盘读写，形成瓶颈，降低系统的性能。

2.2.3 YARN

YARN 就是通用资源管理系统，作为 Apache Hadoop 2.×以后系列的核心组件之一，YARN 负责将系统资源分配给在 Hadoop 集群中运行的各种应用程序，并调度要在不同集群节点上执行的任务，相当于一个分布式操作系统平台。Hadoop 2.×引入 YARN 后，就可以支持其他的分布式运算框架，如 Spark、Storm 等，而不像 Hadoop 1.×只能支持 MapReduce 运算框架。

YARN 的组件有 ResourceManager、NodeManager、ApplicationMaster 和 Container，采用的是 Master/Slave（主/从）结构（ResourceManager 是 Master，NodeManager 是 Slave），其架构如图 2-8 所示。

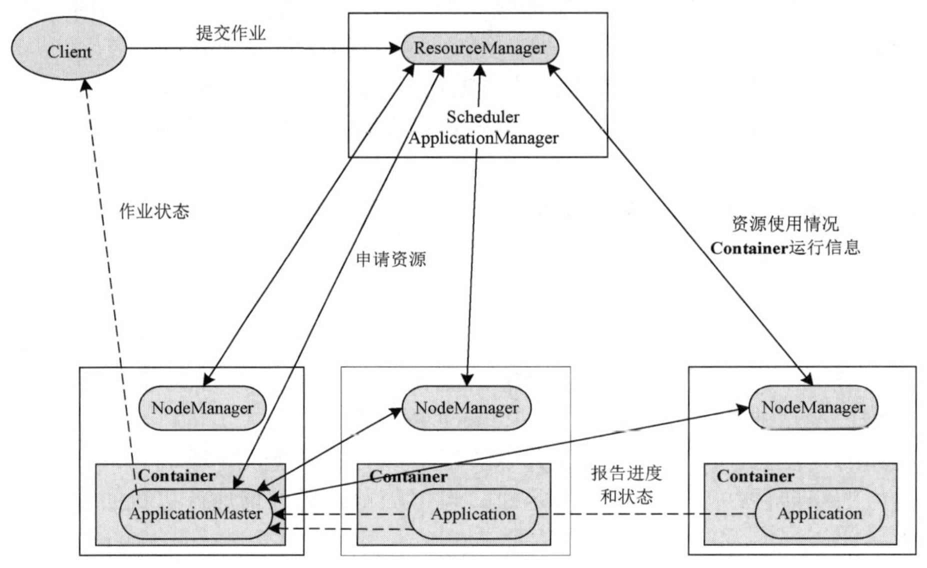

图 2-8　YARN 架构

1．ResourceManager

ResourceManager（资源管理器）负责整个系统的资源管理与分配，监控上层应用（如 MapReduce）的运行情况。整个集群只有一个 ResourceManager，其职责包括处理客户端请求、启动/监控 ApplicationMaster、监控 NodeManager、资源的分配与调度。ResourceManager 主要由两个组件构成：调度器（Scheduler）和应用程序管理器（ApplicationsManager）。

（1）调度器：根据资源情况和预先定义的策略及应用程序的资源需求，将系统中的资源分配给各个正在运行的应用程序。资源分配是以 Container 的方式来进行的。Container 是一个动态资源分配单位，它将内存、CPU、磁盘、网络等资源封装在一起，从而限定每个任务使用的资源量。

（2）应用程序管理器：主要负责管理整个系统中的所有应用程序，接收客户端的作业提交请求，为应用分配第一个 Container 来运行 ApplicationMaster，监控 ApplicationMaster 运行状态并在其失败时重新启动它。

2．NodeManager

NodeManager 管理单个节点上的资源，定时向 ResourceManager 汇报节点的资源使用情况和节点中各 Container 的运行状态；负责接收 ResourceManager 的资源分配要求，分配具体的 Container 给应用的某个任务；处理来自 ApplicationMaster 的 Container 启动或停止请求。

NodeManager 虽然负责管理自身的 Container，但它并不知道运行在 Container 中的任务的具体信息，负责管理任务信息的组件是 ApplicationMaster。

3. ApplicationMaster

用户向 ResourceManager 提交的每一个应用程序（作业）都必须有一个 ApplicationMaster。ApplicationMaster 进程首先启动，它相当于这个应用程序管理者，负责监控、管理这个应用程序的所有任务在集群中各个节点上的运行。

ApplicationMaster 按照“计算移动、数据不移动”的原则，将要处理的数据进行切分，然后为每个切分的数据块在该数据块所在节点启动一个运算任务，由该任务对数据进行处理。ApplicationMaster 为了启动任务需要首先向 ResourceManager 申请资源，然后指示任务所在的 NodeManager 启动 Container（即 ResourceManager 所分配的运算资源）。在任务的运行过程中，ApplicationMaster 会监视任务的运行状态，重新启动失败的任务。当任务运行完毕，ApplicationMaster 负责向 ResourceManager 返还资源。

任务直接向自己的 ApplicationMaster 报告进度和状态，ApplicationMaster 将收集的进度和状态进行统计，汇聚成作业视图，供客户端调取作业状态。

4. Container

Container 是 YARN 中动态创建的资源容器，它封装了某个节点上的多维度资源，如内存、CPU、磁盘、网络等，当 ApplicationMaster 向 ResourceManager 申请资源时，ResourceManager 为 ApplicationMaster 返回的资源便是用 Container 来表示的。YARN 会为每个任务分配一个 Container，该任务只能使用该 Container 中描述的资源。

在 YARN 框架中，ResourceManager 只负责告诉 ApplicationMaster 哪些 Container 可以用，ApplicationMaster 还需要去找 NodeManager 请求分配具体的 Container。

5. YARN 中应用程序的运行过程

客户向 YARN 提交的应用程序（包括 MapReduce 运算程序）的运行过程如下。

（1）客户端向 ResourceManager 提交应用程序并请求运行一个 ApplicationMaster 进程。

（2）ResourceManager 计算所需要的资源，指定某个 NodeManager 初始化 Container，在 NodeManager 的协助下启动第一个 Container，并在 Container 中启动 ApplicationMaster 进程。

（3）ApplicationMaster 向 ResourceManager 注册，为内部要执行的任务申请资源。

（4）ApplicationMaster 拿到资源后，根据资源信息指定相应的 NodeManager 启动 Container，在 Container 中启动对应的任务。

（5）所有任务运行完成后，ApplicationMaster 向 ResourceManager 注销，归还所使用的全部资源，整个应用程序运行结束。

2.3 平台操作系统环境设置

本节设置的 Linux 操作系统的环境会影响后续章节中 Hadoop 环境的安装与运行，为了前后一致，一些基本的环境变量按照表 2-1 的内容设置。

表 2-1 基本的环境变量

主机名称	IP 地址	网　关	用户名	密　码
master	192.168.1.6/24	192.168.1.254	root/hadoop	passwd/passwd

2.3.1 配置 Linux 操作系统基础环境

1. 配置服务器的 IP 地址

如果在安装 Linux 操作系统时，正确设置了网络和主机名，这里就不需要配置服务器的IP地址和修改计算机的主机名称；如果没有设置网络和主机名或设置错误，则需要修改。可以按这里的方法进行设置和修改。

在设置计算机的 IP 地址前要先查看机器的网卡名称，执行如下命令。

```
#ip address show
1: lo: <LOOPBACK,UP,LOWER_UP> mtu 65536 qdisc noqueue state UNKNOWN group default qlen 1000
    link/loopback 00:00:00:00:00:00 brd 00:00:00:00:00:00
    inet 127.0.0.1/8 scope host lo
      valid_lft forever preferred_lft forever
    inet6 ::1/128 scope host
      valid_lft forever preferred_lft forever
2: ens33: <BROADCAST,MULTICAST,UP,LOWER_UP> mtu 1500 qdisc pfifo_fast state UP group default qlen 1000
    link/ether 00:0c:29:48:ae:6a brd ff:ff:ff:ff:ff:ff
```

由命令执行结果可知，计算机的网卡名称为 ens33。对应的网卡配置文件为/etc/sysconfig/network-scripts/ifcfg-ens33，可使用 vi 对该文件进行编辑。

```
#vi /etc/sysconfig/network-scripts/ifcfg-ens33
```

按前面设定的 IP 地址进行设置，具体内容如下所示。

```
TYPE=Ethernet
PROXY_METHOD=none
BROWSER_ONLY=no
BOOTPROTO=none
DEFROUTE=yes
IPV4_FAILURE_FATAL=no
NAME=ens33
UUID=73274c7e-405a-4f8f-b3f7-7ea5b31e85b1
DEVICE=ens33
ONBOOT=yes                 #系统启动时激活网卡
IPADDR=192.168.1.6         #IP 地址
PREFIX=24
GATEWAY=192.168.1.254      #网关地址
```

修改完网卡配置文件后，这些配置并没有立即生效，需要执行下列命令让设置生效。

```
#systemctl restart network
```

再次查看网卡的 IP 地址，发现已经设置好了。

```
#ip address show
1: lo: <LOOPBACK,UP,LOWER_UP> mtu 65536 qdisc noqueue state UNKNOWN group default qlen 1000
    link/loopback 00:00:00:00:00:00 brd 00:00:00:00:00:00
    inet 127.0.0.1/8 scope host lo
       valid_lft forever preferred_lft forever
    inet6 ::1/128 scope host
       valid_lft forever preferred_lft forever
2: ens33: <BROADCAST,MULTICAST,UP,LOWER_UP> mtu 1500 qdisc pfifo_fast state UP group default qlen 1000
    link/ether 00:0c:29:48:ae:6a brd ff:ff:ff:ff:ff:ff
    inet 192.168.1.6/24 brd 192.168.1.255 scope global noprefixroute ens33
       valid_lft forever preferred_lft forever
```

这个结果是删除了 IPv6 设置的，可能与你的结果有一些不同。

2. 设置服务器的主机名称

按前面设定的主机名称进行设置，具体命令如下所示。

```
#hostnamectl set-hostname master
```

设置完后查看当前服务器的名称，结果为 master。

```
#hostname
master
```

这时 root 用户的提示符中主机名仍然是 localhost，其实只要换一下用户或者 root 用户注销后再登录，主机名就会改为 master 了。

另外，也可以用 nmtui 命令直接修改主机的 IP 地址和主机名称，具体的方法见 1.2 节。

3. 绑定主机名与 IP 地址

可以将主机名称与 IP 地址绑定，这样就可以通过主机名来访问主机，方便记忆。同时，在后面的配置文件中也可以用主机名来代替 IP 地址表示主机，当 IP 地址改变时，只要修改主机名与 IP 地址的绑定文件，不用在多个配置文件中去修改。主机名与 IP 地址的绑定文件是本地名字解析文件 hosts，在/etc 目录中，使用 vi 对该文件进行编辑。

```
#vi /etc/hosts
```

在其中增加下面一行内容：

```
192.168.1.6  master
```

4. 查看 SSH 服务状态

SSH 为 Secure Shell 的缩写，是专为远程登录会话和其他网络服务提供安全性的协议。一般的用法是在本地计算机安装 SSH 客户端，在服务器端安装 SSH 服务，然后本地计算机利用 SSH 协议远程登录服务器，对服务器进行管理。这样可以非常方便地对多台服务器进行管理。同时在 Hadoop 分布式环境下，集群中的各个节点之间（节点可以看作一台主机）需要使用 SSH 协议进行通信。因此 Linux 操作系统必须安装并启用 SSH 服务。

CentOS 7 默认安装 SSH 服务，可以使用如下命令查看 SSH 的状态。

```
#systemctl status sshd
sshd.service - OpenSSH server daemon
   Loaded: loaded (/usr/lib/systemd/system/sshd.service; enabled; vendor preset: enabled)
   Active: active (running) since 六 2020-05-02 17:24:51 CST; 30min ago
```

```
…… 省略 ……
```

看到 active (running)就表示 SSH 已经安装并启用。

5. 关闭防火墙

Hadoop 可以使用 Web 页面进行管理，但需要关闭防火墙，否则打不开 Web 页面。另外，不关闭防火墙也会造成 Hadoop 后台运行脚本出现莫名其妙的错误。关闭命令如下。

```
#systemctl stop firewalld
```

关闭防火墙后要通过查看防火墙的状态进行确认。

```
#systemctl status firewalld
● firewalld.service - firewalld - dynamic firewall daemon
   Loaded: loaded (/usr/lib/systemd/system/firewalld.service; enabled; vendor preset: enabled)
   Active: inactive (dead) since 六 2020-05-02 17:58:15 CST; 3s ago
   …… 省略 ……
```

看到 inactive (dead)就表示防火墙已经关闭。这样设置后，如果重启 Linux 操作系统，防火墙仍然会重新启动。执行如下命令可以永久关闭防火墙。

```
#systemctl disable firewalld
```

6. 创建 hadoop 用户

在本教材中使用 root 用户来安装 Hadoop 的运行环境，当 Hadoop 运行环境都安装配置好后，使用 hadoop 用户（这只是一个用户名，也可以使用其他的用户名）来运行 Hadoop，实际工作中也是这样操作的。因此需要创建一个 hadoop 用户来使用 Hadoop。创建命令如下。

```
#useradd hadoop
```

设置用户 hadoop 的密码为 passwd，由于密码太简单需要输入两次。

```
#passwd hadoop
Changing password for user hadoop.
New password:
BAD PASSWORD: The password is shorter than 8 characters
Retype new password:
passwd: all authentication tokens updated successfully.
```

2.3.2 安装 Java 环境

JDK（Java Development Kit）是 Java 语言的软件开发工具包，是整个 Java 开发的核心，它包含了 Java 的运行环境（JVM+Java 系统类库）和 Java 工具。Hadoop 是基于 Java 语言开发的，其环境需要基于 JDK 运行，所以运行 Hadoop 系统需要先进行 JDK 的安装与配置。

1. 下载 JDK 安装包

JDK 安装包需要在 Oracle 官网下载，下载地址为 https://www.oracle.com/java/technologies/javase-jdk8-downloads.html。本教材采用的 Hadoop 2.7.1 所需要的 JDK 版本为 JDK7 以上，这里采用的安装包为 jdk-8u231-linux-x64.tar.gz。

在 H3C 教学与实践管理平台（参见附录）进行 Linux 操作系统环境配置实训时，平台会事先准备好 JDK 安装包和 Hadoop 安装包，不需要读者去下载。但如果在自己的计算机上进行 Linux 操作系统环境配置，且没有安装 Linux 桌面环境，就需要先将安装包下载到一台安装了 Windows 操作系统的计算机的某个目录中，如 D:\software。

2．上传 JDK 安装包到 Linux 操作系统中

从 Windows 操作系统传输文件到 Linux 操作系统，可以使用 FTP 服务或 SFTP（SSH File Transfer Protocol）服务，本教材选择使用 lrzsz 来进行文件传输。lrzsz 是一款在 Linux 里可代替 FTP 上传和下载的程序，程序很小，只有 100 多 KB。

（1）在服务器上安装 lrzsz 软件包。需要服务器能连上 Internet。

```
# yum -y install lrzsz
Loaded plugins: fastestmirror
Loading mirror speeds from cached hostfile
 * base: mirrors.cn99.com
 * extras: mirrors.cn99.com
 * updates: mirrors.cn99.com
…… 省略……
Installed:
  lrzsz.x86_64 0:0.12.20-36.el7
Complete!
```

（2）创建目录。在 Linux 操作系统中创建两个目录/opt/software 和/usr/local/src，/opt/software 目录用于存放安装软件包，/usr/local/src 目录作为软件安装目录。创建命令如下。

```
# mkdir /opt/software /usr/local/src
```

命令执行后，查看结果。

```
[root@master ~]# ll /opt /usr/local
/opt:
total 0
drwxr-xr-x. 2 root root 67 May  7 18:39 software
/usr/local:
total 0
drwxr-xr-x. 2 root root  6 Apr 11  2018 bin
drwxr-xr-x. 2 root root  6 Apr 11  2018 etc
drwxr-xr-x. 2 root root  6 Apr 11  2018 games
drwxr-xr-x. 2 root root  6 Apr 11  2018 include
drwxr-xr-x. 2 root root  6 Apr 11  2018 lib
drwxr-xr-x. 2 root root  6 Apr 11  2018 lib64
drwxr-xr-x. 2 root root  6 Apr 11  2018 libexec
drwxr-xr-x. 2 root root  6 Apr 11  2018 sbin
drwxr-xr-x. 5 root root 49 May  7 05:50 share
drwxr-xr-x. 4 root root 46 May  7 19:20 src
```

由命令结果可知，/opt/software 和/usr/local/src 目录仍然属于 root 用户所有。

（3）将 JDK 安装包上传到 Linux 服务器。要使用 lrzsz 来进行文件传输，需要事先在 Windows 操作系统中使用 SSH 客户端（如 XShell）连接到 Linux 操作系统，在 SSH 客户端界面执行 sz 命令将文件下载到 Windows 操作系统，执行 rz 命令将文件上传到 Linux 操作系统。执行 rz 命令会打开文件浏览窗口，选择本机要上传的文件，将文件上传到 Linux 的当前目录。

```
#cd /opt/software
#rz
```

出现如图 2-9 所示的文件浏览窗口，选择要传输的文件。

图 2-9　选择要传输的文件

上传完成后查看 software 目录。

```
#ll /opt/software
total 395276
-rw-r--r--. 1 root root 210606807 4 月  20 22:55 hadoop-2.7.1.tar.gz
-rw-r--r--. 1 root root 194151339 4 月  27 18:03 jdk-8u231-linux-x64.tar.gz
```

这里上传了两个文件：一个是 JDK 安装包 jdk-8u231-linux-x64.tar.gz，另一个是 Hadoop 安装包 hadoop-2.7.1.tar.gz。

3．安装 JDK

Hadoop 2.7.1 要求 JDK 的版本为 1.7 以上，这里安装的是 JDK1.8 版（即 Java 8）。

安装命令如下，将安装包解压到/usr/local/src 目录下。

```
#tar -zxvf /opt/software/jdk-8u231-linux-x64.tar.gz -C /usr/local/src
```

解压完成后，查看目录确认一下。可以看出 JDK 安装在/usr/local/src/jdk1.8.0_231 目录下。

```
#ll /usr/local/src
total 0
drwxr-xr-x. 7 root root 245 Oct  5 2019 jdk1.8.0_231
```

4．设置 Java 环境变量

在 Linux 操作系统中设置环境变量的方法比较多，较常见的有两种：一是配置/etc/profile 文件，配置结果对整个系统有效，系统所有用户都可以使用；二是配置~/bashrc 文件，配置结果仅对当前用户有效。这里使用第一种方法。

```
#vi /etc/profile
```

在文件的最后增加如下两行：

```
export JAVA_HOME=/usr/local/src/jdk1.8.0_231     #JAVA_HOME 指向 Java 安装目录
export PATH=$PATH:$JAVA_HOOME/bin                 #将 Java 安装目录加入 PATH 路径
```

执行 source 使设置生效：

```
#source /etc/profile
```

检查 Java 是否可用。

```
#echo $JAVA_HOME
/usr/local/src/jdk1.8.0_231/
```

说明 JAVA_HOME 已指向 Java 安装目录。

```
#java -version
java version "1.8.0_231"
Java(TM) SE Runtime Environment (build 1.8.0_231-b11)
Java HotSpot(TM) 64-Bit Server VM (build 25.231-b11, mixed mode)
```

能够正常显示 Java 版本则说明 JDK 安装并配置成功。

2.4　安装 Hadoop 软件

2.4.1　获取 Hadoop 安装包

Apache Hadoop 各个版本的下载网址：https://archive.apache.org/dist/hadoop/common/。本教材选用的是 Hadoop 2.7.1 版本，安装包为 hadoop-2.7.1.tar.gz。

在 H3C 教学与实践管理平台（参见附录）进行 Hadoop 安装实训时，平台会事先准备好相关安装包，不需要读者去下载。但如果在自己的计算机上进行 Hadoop 实训，就需要先下载 Hadoop 安装包，再上传到 Linux 操作系统的/opt/software 目录下。具体的方法见“2.3 平台操作系统环境设置”，这里不再赘述。

2.4.2　安装 Hadoop 软件

将 Hadoop 安装到/usr/local/src/目录下。

1. 安装 Hadoop 软件

安装命令如下，将安装包解压到/usr/local/src/目录下。

```
#tar -zxvf /opt/software/hadoop-2.7.1.tar.gz -C /usr/local/src/
```

解压完成后，查看目录确认一下。可以看出 Hadoop 安装在/usr/local/src/hadoop-2.7.1 目录下。

```
 #ll /usr/local/src/
total 0
drwxr-xr-x. 9 root root 149 6月  29 2015 hadoop-2.7.1
drwxr-xr-x. 7 root root 245 10月  5 2019 jdk1.8.0_231
```

查看 Hadoop 目录，得知 Hadoop 目录内容如下。

```
#ll /usr/local/src/hadoop-2.7.1/
total 28
drwxr-xr-x. 2 root root   194 6月  29 2015 bin
drwxr-xr-x. 3 root root    20 6月  29 2015 etc
drwxr-xr-x. 2 root root   106 6月  29 2015 include
drwxr-xr-x. 3 root root    20 6月  29 2015 lib
drwxr-xr-x. 2 root root   239 6月  29 2015 libexec
-rw-r--r--. 1 root root 15429 6月  29 2015 LICENSE.txt
-rw-r--r--. 1 root root   101 6月  29 2015 NOTICE.txt
-rw-r--r--. 1 root root  1366 6月  29 2015 README.txt
drwxr-xr-x. 2 root root  4096 6月  29 2015 sbin
drwxr-xr-x. 4 root root    31 6月  29 2015 share
```

其中：

bin：此目录中存放Hadoop、HDFS、YARN和MapReduce运行程序和管理软件。

etc：存放Hadoop配置文件。

include：类似C语言的头文件。

lib：本地库文件，支持对数据进行压缩和解压缩。

libexec：同lib。

sbin：Hadoop集群启动、停止命令。

share：说明文档、案例和依赖jar包。

2. 配置Hadoop环境变量

和设置Java环境变量类似，修改/etc/profile文件。

```
#vi /etc/profile
```

在文件的最后增加如下两行：

```
export HADOOP_HOME=/usr/local/src/hadoop-2.7.1  #HADOOP_HOME指向Java安装目录
export PATH=$PATH:$HADOOP_HOME/bin:$HADOOP_HOME/sbin
```

执行source命令使设置生效：

```
#source /etc/profile
```

检查设置是否生效：

```
#hadoop
Usage: hadoop [--config confdir] [COMMAND | CLASSNAME]
  CLASSNAME  run the class named CLASSNAME
 …… 省略 ……
```

出现上述Hadoop帮助信息就说明Hadoop已经安装好了。

2.4.3 修改目录所有者和所有者组

上述安装完成的Hadoop软件只能root用户使用，要让hadoop用户能够运行Hadoop软件，需要将目录/usr/local/src的所有者改为hadoop用户。

```
# chown -R hadoop:hadoop /usr/local/src
# ll /usr/local/src
total 0
drwxr-xr-x. 9 hadoop hadoop 149 Jun 29  2015 hadoop-2.7.1
drwxr-xr-x. 7 hadoop hadoop 245 Oct  5  2019 jdk1.8.0_231
```

/usr/local/src目录的所有者已经改为hadoop了。

2.5 安装单机版Hadoop系统

Hadoop默认配置为本地模式（local mode），也称为单机模式（standalone mode），本地模式只有一个Java进程，不使用HDFS，只能用于测试MapReduce程序。

本地模式的配置比较简单，在前期安装和配置Hadoop之后，只需要配置Hadoop配置文件就可以运行Hadoop本地模式。本地模式的配置文件名和属性值如表2-2所示。

表 2-2　本地模式的配置文件名和属性值

文 件 名	属 性 名 称	属 性 值	含 义
hadoop-env.sh	JAVA_HOME	/usr/local/src/jdk1.8.0_231	为 Hadoop 指明 JDK 的安装路径

2.5.1 配置 Hadoop 配置文件

配置 hadoop-env.sh 文件，目的是告诉 Hadoop 系统 JDK 的安装目录。

```
#vi etc/hadoop/hadoop-env.sh
```

在文件中查找 export JAVA_HOME 这行，将其改为如下所示内容。

```
export JAVA_HOME=/usr/local/src/jdk1.8.0_231
```

这样就设置好 Hadoop 的本地模式了，下面使用官方案例来测试 Hadoop 是否运行正常。

2.5.2 测试 Hadoop 本地模式的运行

1．切换到 hadoop 用户

使用 hadoop 用户来运行 Hadoop 软件。

```
#su - hadoop
[hadoop@master ~]$
```

2．创建输入数据存放目录

将输入数据存放在~/input 目录（hadoop 用户主目录下的 input 目录）。

```
$mkdir ~/input
```

3．创建数据输入文件

创建数据文件 data.txt，将要测试的数据内容输入 data.txt 文件中。

```
$ vi ~/input/data.txt
```

输入如下内容，保存退出。

```
Hello World
Hello Hadoop
Hello Huasan
```

4．测试 MapReduce 运行

运行 WordCount 官方案例，统计 data.txt 文件中单词的出现频度。这个案例可以用来统计年度十大热销产品、年度风云人物、年度最热名词等。命令如下。

```
 $hadoop jar /usr/local/src/hadoop-2.7.1/share/hadoop/mapreduce/hadoop-
mapreduce-examples-2.7.1.jar wordcount ~/input/data.txt ~/output
```

运行结果保存在~/output 目录下，命令执行后查看结果：

```
$ll ~/output
total 4
-rw-r--r--. 1 hadoop hadoop 34 May  2 12:08 part-r-00000
-rw-r--r--. 1 hadoop hadoop  0 May  2 12:08 _SUCCESS
```

文件_SUCCESS 表示处理成功，处理的结果存放在 part-r-00000 文件中，查看该文件。

```
$cat ~/output/part-r-00000
Hadoop  1
Hello   3
```

```
Huasan  1
World   1
```

可以看出统计结果正确，说明 Hadoop 本地模式运行正常。读者可将这个运行结果与“2.2.2 MapReduce”中的 WordCount 案例运行过程进行对照，来加深对 MapReduce 框架的理解。

注意：输出目录不能事先创建，如果已经有~/output 目录，就要选择另外的输出目录，或者将~/output 目录先删除。删除命令如下。

```
$rm -rf ~/output
```

2.6 本章小结

本章主要介绍了 Hadoop 的基本概念及相关知识，详细说明了 Linux 操作系统环境、Hadoop 软件、Hadoop 单机模式的安装与配置过程。

第3章 平台基础环境配置

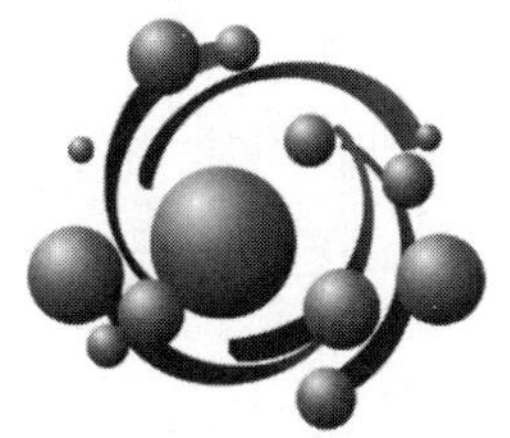

学习目标

- 掌握集群网络连接与配置的方法
- 掌握 SSH 无密钥登录配置的方法
- 掌握 Hadoop 全分布式结构
- 掌握 JDK 安装与配置的方法

平台基础环境配置直接关系平台及相关组件的安装是否成功。基础环境配置错误会导致后期安装失败。本章主要介绍基础环境配置涉及的网络连接配置、主机地址映射、无密钥登录、JDK 的安装与配置等内容。

3.1 集群网络连接

3.1.1 实验环境下的大数据 Hadoop 平台集群网络

大数据 Hadoop 平台集群采用 Master/Slave 架构。集群由单独的 Master 节点和多个 Slave 节点服务器组成，实验环境下一般为 3 个节点，分别是 master、slave1 和 slave2，如图 3-1 所示。

master 节点主要承载平台中 HDFS 的 NameNode 节点，负责管理文件系统的名字空间（namespace）及客户端对文件的访问，如打开、关闭、重命名文件或目录。它也负责确定数据块到具体 DataNode 节点的映射。slave 节点主要承载平台中 HDFS 的 DataNode 节点，负责管理在此节点上的存储数据和负责处理文件系统客户端的读写请求。

实验环境下 Hadoop 集群网络需考虑地址规划和连通性。由于实验环境下数据负载较小、可靠性要求不高，链路一般采用单链路连接。IP 地址规划在同一网络中，一般设定地址为 192.168.1.0/24 网段。具体 IP 地址在 CentOS 7 中配置。集群网络配置中会详细介绍 IP 地址配置。

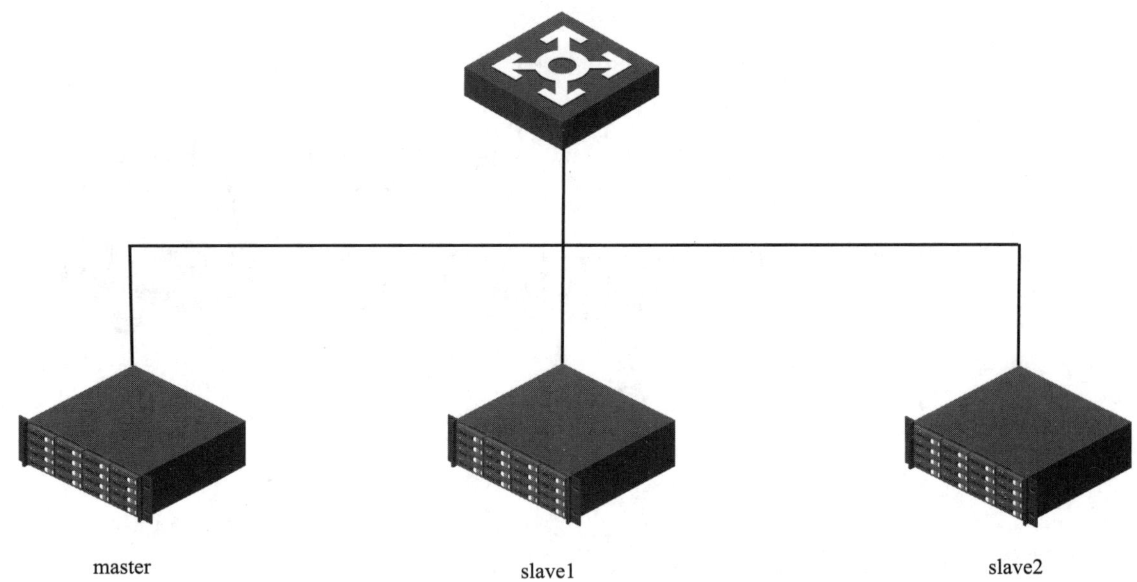

图 3-1 实验环境下的大数据平台网络拓扑结构

3.1.2 生产环境下的大数据 Hadoop 平台集群网络

大数据 Hadoop 平台集群在生产环境下，由于承载生产中大量数据的存储计算，考虑整体容错性，会采用多 master 架构。本实例采用两台 master 服务器和多台 slave 服务器，如图 3-2 所示。

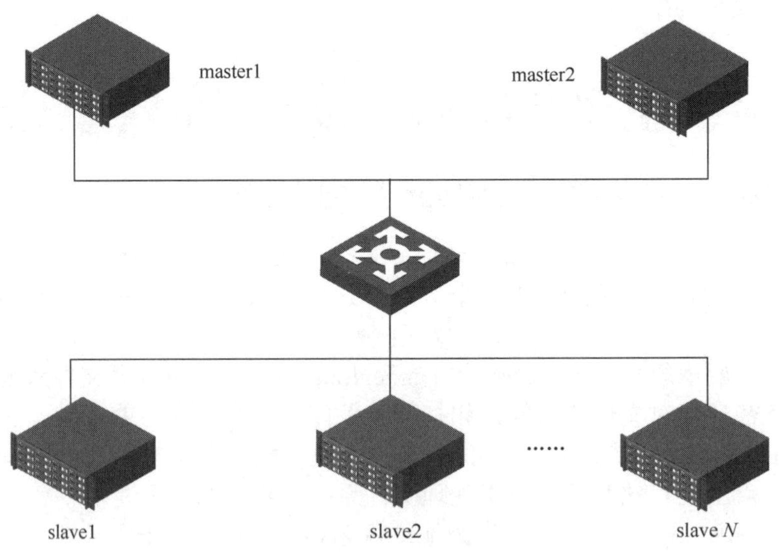

图 3-2 生产环境下的大数据平台网络拓扑结构

生产环境下大数据 Hadoop 平台集群网络需考虑其可用性和弹性。一个高冗余性和可扩展的网络，不但可以提高集群可用时间，还能满足 Hadoop 集群的增长。部署网络需要每个节点双链路连接，防止单链路故障导致集群网络中断。相应地，交换机段需要配置链路绑定，防止产生环路。Hadoop 平台在使用中需检测网络运行状态，防止出现网络延迟和数据过载。

3.2 SSH 无密码登录

3.2.1 SSH 简介

Secure Shell（SSH）是由 IETF（The Internet Engineering Task Force，国际互联网工程任务组）制定的建立在应用层基础上的安全网络协议。它是专为远程登录会话（甚至可以用 Windows 远程登录 Linux 服务器进行文件互传）和其他网络服务提供安全性的协议，可有效弥补网络中的漏洞。通过 SSH，可以把所有传输的数据进行加密，也能够防止 DNS 欺骗和 IP 欺骗。还有一个额外优势就是传输的数据是经过压缩的，所以可以加快传输速度。目前 SSH 已经成为 Linux 操作系统的标准配置。

SSH 只是一种协议，存在多种实现，既有商业实现，也有开源实现。本书主要介绍 OpenSSH 免费开源实现。如果要在 Windows 操作系统中使用 SSH，则需要使用另外的 SSH 客户端软件，如 Putty、SecureCRT、XShell 等。

3.2.2 SSH 特点介绍

（1）SSH 是传输层和应用层上的安全协议，它只能通过加密连接双方会话的方式来保证连接的安全性。当使用 SSH 连接成功后，将建立客户端和服务端之间的会话，该会话在被加密之后进行会话传输。

（2）SSH 服务的守护进程为 sshd，默认监听在 22 端口上。

（3）所有 SSH 客户端工具，包括 ssh、scp、sftp、ssh-copy-id 等命令都是借助于 ssh 连接来完成任务的。也就是说，它们都连接服务端的 22 端口，只不过连接之后将待执行的相关命令转换传送到远程主机，由远程主机执行。

（4）SSH 客户端命令（ssh、scp、sftp 等）读取两个配置文件：全局配置文件/etc/ssh/ssh_config 和用户配置文件~/.ssh/config。实际命令行上也可以传递配置选项。它们生效的优先级是："命令行配置选项"优先于"用户配置文件~/.ssh/config"，"用户配置文件~/.ssh/config"优先于"全局配置文件/etc/ssh/ssh_config"。

（5）SSH 涉及两个验证：主机验证和用户身份验证。通过主机验证，再通过该主机上的用户验证，就能唯一确定该用户的身份。一个主机上可以有很多用户，所以每台主机的验证只需一次，但主机上每个用户都需要单独进行用户验证。

（6）SSH 支持多种身份验证，最常用的是密码验证机制和公钥认证机制，其中公钥认证机制在某些场景实现双机互信时几乎是必需的。

（7）SSH 客户端具有多个强大的功能，如端口转发（隧道模式）、代理认证、连接共享（连接复用）等。

（8）SSH 服务端配置文件为/etc/ssh/sshd_config，客户端的全局配置文件为/etc/ssh/ssh_config。

3.2.3 非对称加密机制

对称加密：加密和解密使用一样的算法，只要解密时提供与加密时一致的密码就可以完成解密。例如登录密码、银行卡密码，只要保证密码正确就可以。

非对称加密：通过公钥（public key）和私钥（private key）来加密、解密。公钥加密的内容可以使用私钥解密，私钥加密的内容可以使用公钥解密。一般使用公钥加密，私钥解密，但并非绝对如此。在接下来介绍的 SSH 服务中，建议使用分发公钥的方法，但也可以分发私钥。

举例说明：如果 A 生成了（私钥 A，公钥 A），B 生成了（私钥 B，公钥 B），那么 A 和 B 之间的非对称加密会话如下，如图 3-3 所示。

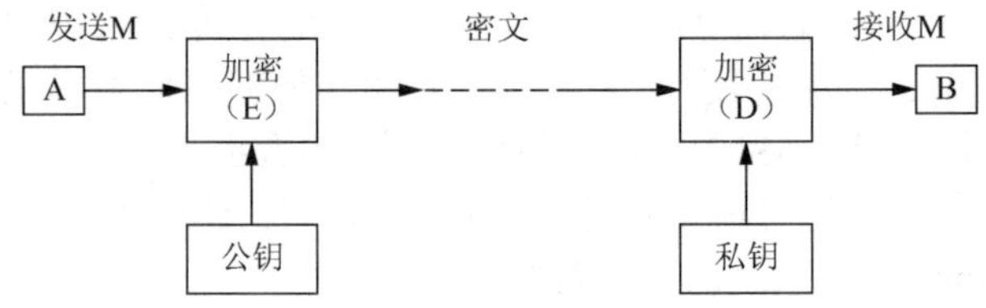

图 3-3 非对称加密、解密示意图

（1）A 将自己的公钥 A 分发给 B，B 拿着公钥 A 将数据进行加密，并将加密的数据发送给 A，A 将使用自己的私钥 A 解密数据。

（2）A 将自己的公钥 A 分发给 B，并使用自己的私钥 A 加密数据，然后 B 使用公钥 A 解密数据。

（3）B 将自己的公钥 B 分发给 A，A 拿着公钥 B 将数据进行加密，并将加密的数据发送给 B，B 使用自己的私钥 B 解密数据。

（4）B 将自己的公钥 B 分发给 A，并使用自己的私钥 B 加密数据，然后 A 使用公钥 B 解密数据。

虽然理论上非对称加密支持以上 4 种场景，但在 SSH 的身份验证阶段，SSH 只支持服务器端保留公钥，客户端保留私钥的方式，所以 SSH 的实现方式只有两种：客户端生成密钥对，将公钥分发给服务器端；服务器端生成密钥对，将私钥分发给客户端。只不过出于安全性和便利性，一般是客户端生成密钥对，并分发公钥。

3.2.4 SSH 安全机制

SSH 之所以能够保证安全，原因在于它采用了非对称加密技术（RSA）。传统的网络服务程序，如 FTP、Pop 和 Telnet 本质上都是不安全的；因为它们在网络上用明文传送数据、用户账号和用户口令，很容易受到中间人（man-in-the-middle）攻击方式的攻击。

但并不是说 SSH 就是绝对安全的，因为它本身提供两种级别的验证方法。

第一种级别（基于口令的安全验证）：只要知道自己的账号和口令，就可以登录到远程主机。所有传输的数据都会被加密，但是不能保证正在连接的服务器就是用户想连接的服务器，可能会有别的服务器在冒充真正的服务器，也就是受到中间人攻击。

第二种级别（基于密钥的安全验证）：用户必须为自己创建一对密钥，并把公钥放在需要访问的服务器上。如果要连接到 SSH 服务器，客户端软件就会向服务器发出请求，请求使用用户的密钥进行安全验证。服务器收到请求之后，先在该服务器用户的主目录下寻找公钥，然后把它和客户端发送过来的公钥进行比较。如果两个密钥一致，服务器就用公钥加密“质询”（challenge）并把它发送给客户端软件。客户端软件收到“质询”之后就可以用私钥在本地解密，再把它发送给服务器完成登录。与第一种级别相比，第二种级别不仅加密所有传输的数据，而且不需要在网络上传送口令，因此安全性更高，可以有效防止中间人攻击。

3.2.5　SSH 基于口令的安全验证

第一次登录对方主机，系统会出现下面的提示：

```
$ ssh user@host
The authenticity of host 'host (192.168.1.6)' can't be established.
RSA key fingerprint is 98:2e:d7:e0:de:9f:ac:67:28:c2:42:2d:37:16:58:4d.
Are you sure you want to continue connecting (yes/no)?
```

该提示信息表示系统无法确认 host 主机的真实性，只知道它的公钥指纹，询问用户是否还想继续连接。所谓公钥指纹，是指公钥长度较长，很难比对，所以对其进行 MD5 计算，将它变成数字指纹，如 98:2e:d7:e0:de:9f:ac:67:28:c2:42:2d:37:16:58:4d。远程主机必须在自己的网站上贴出公钥指纹，以便用户自行核对。

假定经过风险衡量以后，用户决定接收这个远程主机的公钥。

```
Are you sure you want to continue connecting (yes/no)? yes
```

系统会出现一句提示，表示 host 主机已经得到认可。

```
Warning: Permanently added 'host,192.168.1.6' (RSA) to the list of known
hosts
```

然后，系统会要求输入密码。

```
Password: (enter password)
```

如果密码正确，用户即可登录。

当远程主机的公钥被接收以后，它就会被保存在文件$HOME/.ssh/known_hosts 中。下次再连接这台主机时，系统就会认出它的公钥已经保存在本地，从而跳过警告部分，直接提示输入密码。

每个 SSH 用户都有自己的 known_hosts 文件，此外，系统也有一个这样的文件，通常是/etc/ssh/ssh_known_hosts，保存一些对所有用户都可信赖的远程主机的公钥。

3.2.6　基于密钥的安全验证

使用密码登录，每次都必须输入密码，操作过程比较麻烦。SSH 还提供公钥登录的方式，可以省去输入密码的步骤。

公钥登录就是用户将自己的公钥储存在远程主机上。登录时，远程主机会向用户发送一段随机字符串，用户用自己的私钥加密后再返回。远程主机用事先储存的公钥进行解密，如果成功，就证明用户是可信的，直接允许登录 shell，不再要求密码。

这种方法要求用户必须提供自己的公钥。如果没有公钥，可以直接用 ssh-keygen 命令生成：

```
$ ssh-keygen
```

运行上面的命令以后，系统会出现一系列提示问题，可以一直按 Enter 键确认，使用默认的配置。其中有一个提示问题是，要不要对私钥设置口令（passphrase），如果担心私钥的安全，这里可以设置口令。

运行结束以后，在$HOME/.ssh/目录下会生成两个新文件：id_rsa.pub 和 id_rsa。前者是当前用户的公钥，后者是私钥。

这时再输入下面的命令，将公钥传送到远程主机 host 上面：

```
$ ssh-copy-id user@host
```

以后再登录远程主机，就不需要输入密码，可以直接登录。

3.3 集群网络配置

3.3.1 实验环境下的集群网络配置

根据实验环境下集群网络 IP 地址规划，为主机 master 设置的 IP 地址是 192.168.1.6，掩码是 255.255.255.0；slave1 设置的 IP 地址是 192.168.1.7，掩码是 255.255.255.0；slave2 设置的 IP 地址是 192.168.1.8，掩码是 255.255.255.0。

根据我们为 Hadoop 设置的主机名为"master、slave1、slave2"，映射地址是"192.168.1.6、192.168.1.7、192.168.1.8"，分别修改主机配置文件"/etc/hosts"，在命令终端输入如下命令。

```
#vi /etc/hosts
```

"/etc/hosts"文件给出主机到 IP 的映射关系，修改"/etc/hosts"文件，在文件末尾添加以下配置。

```
192.168.1.6 master
192.168.1.7 slave1
192.168.1.8 slave2
```

配置完毕，执行"reboot"命令，重新启动系统。

3.3.2 生产环境下的集群网络配置

生产环境下集群网络采用双网卡绑定链路连接，所有链路处于负载均衡状态，这种模式的特点增加了带宽，同时支持容错能力。

nmcli 命令是 CentOS 7 下的常用网络管理工具，通过 nmcli 命令可以完成网络的查看、配置和管理工作。以下是集群双网络绑定链路配置步骤。

1．查看主机信息

命令如下。

```
[root@localhost ~]# nmcli dev
DEVICE    TYPE      STATE        CONNECTION
em33     ethernet  connected       --
em37     ethernet  connected       --
em39     ethernet  unavailable     --
```

nmcli dev 命令用来查询网卡设备信息。从上面的命令结果可以看到当前主机配置了 em33、em37、em39 三块网卡，其中 em33 和 em37 两块网卡已连接，em39 未连接。

2．查看网络连接信息

命令如下。

```
[root@localhost ~]# nmcli con sh
NAME        UUID                                  TYPE            DEVICE
em33  4c8a8aee-327b-4f29-9ec4-ea2b2551420b  802-3-ethernet    --
em37  62bde3ef-9f40-42aa-9b3a-4fe8b1aabf42  802-3-ethernet    --
em39  56ef9d05-3a5d-4cd6-af5b-3d39adce619f  802-3-ethernet    --
```

nmcli con sh 命令是 nmcli connnection show 命令的简写版，两个命令等价，用来查询系统当前已配置的连接。在 CentOS 7 系统中，connection 连接是逻辑上的概念，device 设备是网卡。连接上可以配置 IP 地址等信息，而且连接要与网卡关联后才能生效。以上查询结果中 DEVICE 一列全部为“--”，表示 3 个连接都没有与网卡关联。

3. 创建绑定虚拟网卡

命令如下。

```
[root@localhost ~]# nmcli con add type team con-name team0 ifname team0 config
'{"runner":{"name": "roundrobin"}}'
[root@localhost ~]# nmcli con sh
NAME          UUID                                    TYPE           DEVICE
team0    5a1976d7-2c91-456e-8dda-0b12c6ef0c04      team          team0
em33     4c8a8aee-327b-4f29-9ec4-ea2b2551420b    802-3-ethernet    --
em37     62bde3ef-9f40-42aa-9b3a-4fe8b1aabf42    802-3-ethernet    --
em39     56ef9d05-3a5d-4cd6-af5b-3d39adce619f    802-3-ethernet    --
```

nmcli con add 命令用来添加名称为 team0 的绑定连接及 team0 的配置文件。

4. 配置 IP 及网关

命令如下。

```
[root@localhost ~]# nmcli con modify team0 ipv4.address '10.128.105.157/24'
ipv4.gateway '10.128.105.254'
[root@localhost ~]# nmcli con modify team0 ipv4.method manual
```

nmcli con modify 命令用来修改连接信息，以上命令将 team0 连接的 IP 地址设定为 10.128.105.157，子网掩码为 24 位，网关 IP 地址为 10.128.105.254。

5. 启动网卡服务

命令如下。

```
[root@localhost ~]# ifup team0
[root@localhost ~]# /etc/init.d/network restart
Restarting network (via systemctl):                        [  OK  ]
[root@localhost ~]# ip a |grep team0
2: em1: <BROADCAST,MULTICAST,UP,LOWER_UP> mtu 1500 qdisc mq master team0
state UP qlen 1000
10: team0: <BROADCAST,MULTICAST,UP,LOWER_UP> mtu 1500 qdisc noqueue state
UP qlen 1000 inet 10.128.105.157/24 brd 10.128.105.255 scope global team0
```

ifup 命令用来启动连接 team0，/etc/init.d/network restart 命令用来重启主机网络服务，ip a |grep team0 命令用来查询 team0 连接的 IP 地址等相关信息。

6. 添加端口到网卡

命令如下。

```
[root@localhost ~]# nmcli con add type team-slave con-name team0-port1 ifname
em33 master team0
```

```
Connection 'team0-port1' (e01c37f5-b3a1-4e6d-96ab-a6e676ad3c32) successfully added.
[root@localhost ~]# nmcli con add type team-slave con-name team0-port2 ifname em37 master team0
Connection 'team0-port2' (8b13a9de-d64c-44fc-a86d-ea45d2f511cf) successfully added.
[root@localhost ~]# nmcli con sh
NAME         UUID                                  TYPE             DEVICE
team0        64b123d5-189d-43b0-a850-77d47c0da86c  team             team0
team0-port1  24181898-bffe-4ae1-90e8-f47da64b5512  802-3-ethernet   em33
team0-port2  8b13a9de-d64c-44fc-a86d-ea45d2f511cf  802-3-ethernet   em37
em33         4c8a8aee-327b-4f29-9ec4-ea2b2551420b  802-3-ethernet   --
em37         62bde3ef-9f40-42aa-9b3a-4fe8b1aabf42  802-3-ethernet   --
em39         761f7809-d10c-4e3b-bc06-c0906ca55d1c  802-3-ethernet   --
```

添加 team0-port1 和 team0-port2 两个端口，分别绑定 em33 和 em37 两个网卡。

7. 查看状态模式

命令如下。

```
[root@localhost ~]# teamdctl team0 st
setup:
  runner: roundrobin
ports:
  em33
    link watches:
      link summary: up
      instance[link_watch_0]:
        name: ethtool
        link: up
        down count: 0
  em37
    link watches:
      link summary: up
      instance[link_watch_0]:
        name: ethtool
        link: up
        down count: 0
```

8. 测试连通性

将 em33 网卡禁用，命令如下。

```
[root@localhost etc]# ifdown em33
Device 'em33' successfully disconnected.
```

用 ping 命令测试主机连通性，命令如下。

```
[root@localhost etc]ping  192.168.1.6
64 bytes from 192.168.1.6 : icmp_seq=57 ttl=59 time=0.519 ms
64 bytes from 192.168.1.6 : icmp_seq=57 ttl=59 time=0.519 ms
64 bytes from 192.168.1.6 : icmp_seq=57 ttl=59 time=0.519 ms
64 bytes from 192.168.1.6 : icmp_seq=57 ttl=59 time=0.519 ms
```

```
64 bytes from 192.168.1.6 : icmp_seq=57 ttl=59 time=0.519 ms
64 bytes from 192.168.1.6 : icmp_seq=57 ttl=59 time=0.519 ms
```

查看网络连接状态，命令如下。

```
[root@localhost etc]# nmcli con sh
NAME         UUID                                  TYPE            DEVICE
team0        64b123d5-189d-43b0-a850-77d47c0da86c  team            team0
team0-port2 8b13a9de-d64c-44fc-a86d-ea45d2f511cf  802-3-ethernet em33
```

3.4 SSH 无密码验证配置

3.4.1 生成 SSH 密钥

Hadoop 运行过程中需要管理远端 Hadoop 守护进程，在 Hadoop 启动以后，NameNode 是通过 SSH（Secure Shell）来启动和停止各个 DataNode 上的各种守护进程的。这就要求在节点之间执行指令的时候是不需要输入密码的形式，故需要配置 SSH 运用无密码公钥认证的形式，这样 NameNode 使用 SSH 无密码登录并启动 DataName 进程。同样的原理，DataNode 上也能使用 SSH 无密码登录到 NameNode。

1．安装和启动 SSH 协议

实现 SSH 登录需要 openssh 和 rsync 两个服务，一般情况下默认已经安装，可以通过下面的命令查看结果。

```
[root@master ~]# rpm -qa | grep openssh
openssh-server-7.4p1-11.el7.x86_64
openssh-7.4p1-11.el7.x86_64
openssh-clients-7.4p1-11.el7.x86_64
```

```
[root@master ~]# rpm -qa | grep rsync
rsync-3.1.2-6.el7_6.1.x86_64
```

如果没有安装 openssh 和 rsync，可以通过下面的命令进行安装。

```
[root@master ~]# yum install openssh* -y
[root@master ~]# yum install rsync -y
```

2．切换到 hadoop 用户

```
[root@master ~]# su -hadoop
```

3．每个节点生成秘钥对

```
[hadoop@master ~]$ ssh-keygen -t rsa -P ''
Generating public/private rsa key pair.
Enter file in which to save the key (/home/hadoop/.ssh/id_rsa):
Your identification has been saved in /home/hadoop/.ssh/id_rsa.
Your public key has been saved in /home/hadoop/.ssh/id_rsa.pub.
The key fingerprint is:
SHA256:UxFuDHHLiMNQsZ11o3F7NApvDPfKMBqaxE+rlccKdk4 hadoop@master
The key's randomart image is:
+---[RSA 2048]----+
|   ..o.o.O.= o  |
```

```
|     + + X & * . |
|      B * @ * o  |
|     . * O = o   |
|      = E o o    |
|     . B +       |
|      . o        |
|                 |
|                 |
+----[SHA256]-----+
```

4. 查看“.ssh”文件夹及无密码密钥对

查看“/home/hadoop/”下是否有“.ssh”文件夹，且“.ssh”文件下是否有两个刚生成的无密码密钥对。

```
[hadoop@master .ssh]$ cd ~/.ssh/
[hadoop@master .ssh]$ ls
id_rsa  id_rsa.pub
```

5. 将 id_rsa.pub 追加到授权 key 文件中

```
[hadoop@master .ssh]$ cat  ~/.ssh/id_rsa.pub >>  ~/.ssh/authorized_keys
[hadoop@master .ssh]$ ls ~/.ssh/
authorized_keys  id_rsa  id_rsa.pub
```

6. 修改文件“authorized_keys”权限

通过命令 ll 查看，可以看到修改后 authorized_keys 文件的权限为“-rw-------”，表示所有者可读写，其他用户没有访问权限。如果该文件权限太大，SSH 服务会拒绝工作，出现无法通过密钥文件进行登录认证的情况。

```
[hadoop@master .ssh]$ chmod  600  ~/.ssh/authorized_keys
[hadoop@master .ssh]$ ll ~/.ssh/
总用量 12
-rw-------. 1 hadoop hadoop  395 4月   9 15:34 authorized_keys
-rw-------. 1 hadoop hadoop 1679 4月   9 15:26 id_rsa
-rw-r--r--. 1 hadoop hadoop  395 4月   9 15:26 id_rsa.pub
```

7. 配置 SSH 服务

使用 root 用户登录，修改 SSH 配置文件“/etc/ssh/sshd_config”的下列内容，需要将该配置字段前面的#号删除，启用公钥私钥配对认证方式。

```
[root@master ~]# vi /etc/ssh/sshd_config
```

```
PubkeyAuthentication yes
```

8. 重启 SSH 服务

设置完后需要重启 SSH 服务，这样才能使配置生效。

```
[root@master ~]# systemctl restart sshd
```

9. 切换到 hadoop 用户

```
[root@master ~]# su -hadoop
上一次登录：四 4月  9 15:25:35 CST 2020pts/0 上
```

10．验证 SSH 登录本机

在 hadoop 用户下验证能否嵌套登录本机。若可以不输入密码登录，则说明本机通过密钥登录认证成功。

```
[hadoop@master ~]$ ssh localhost
The authenticity of host 'localhost (::1)' can't be established.
ECDSA key fingerprint is SHA256:mCBXMeGA6BsP/ aYJH3Ie5723JAWRSOzBr7FReICWLtQ.

ECDSA key fingerprint is MD5:b2:88:99:ee:00:30:24:61:75:7e:7f:8a:f5:
d0:98:97.
Are you sure you want to continue connecting (yes/no)? yes
Warning: Permanently added 'localhost' (ECDSA) to the list of known hosts.
Last login: Thu Apr  9 16:02:14 2020
```

首次登录主机时会提示系统无法确认 host 主机的真实性，只知道它的公钥指纹，询问用户是否还想继续连接。这时需要输入“yes”，表示希望继续连接。第二次再登录同一个主机时，则不会再出现该提示，可以直接进行登录。

读者需要关注在登录过程中是否需要输入密码，不需要输入密码才表示通过密钥登录认证成功。

3.4.2　交换 SSH 密钥

在 master 和 slave1、slave2 节点之间交换密钥，实现 master 和两个 slave 节点之间能够 SSH 无密码登录。

1．将 master 节点的公钥 id_rsa.pub 复制到每个 slave 节点

hadoop 用户登录，通过 scp 命令实现密钥复制。

```
[hadoop@master ~]$ scp ~/.ssh/id_rsa.pub hadoop@slave1:~/
The authenticity of host 'slave1 (192.168.10.12)' can't be established.
ECDSA key fingerprint is SHA256:VQHM02+x2s0xCE7Qw+EbjdPfgfZV3W7B+gDiozC80c4.
ECDSA key fingerprint is MD5:3e:a1:47:e9:fe:1b:55:7e:cf:a9:90:58:9b:a2:
0d:26.
Are you sure you want to continue connecting (yes/no)? yes
Warning: Permanently added 'slave1,192.168.10.12' (ECDSA) to the list of
known hosts.
hadoop@slave1's password:
id_rsa.pub
100%  395   259.2KB/s   00:00
```

首次远程连接时系统会询问用户是否要继续连接。这时需要输入“yes”，表示希望继续连接。因为目前尚未完成密钥认证的配置，所以使用 scp 命令复制文件需要输入 slave1 节点 hadoop 用户的密码。

2．在每个 slave 节点把 master 节点复制的公钥复制到 authorized_keys 文件

hadoop 用户登录 slave1 和 slave2 节点，执行命令如下。

```
[hadoop@slave1 ~]$ cat ~/id_rsa.pub >>~/.ssh/authorized_keys
```

3．在每个 slave 节点删除 id_rsa.pub 文件

```
[hadoop@slave1 ~]$ rm -f ~/id_rsa.pub
```

4. 将每个 slave 节点的公钥保存到 master

以下步骤（1）～（3）为一组，在 slave1 节点上执行完成一组命令后，再在 slave2 节点执行命令。

（1）将 slave 节点的公钥复制到 master。

```
[hadoop@slave1 ~]$ scp ~/.ssh/id_rsa.pub hadoop@master:~/
The authenticity of host 'master (192.168.10.11)' can't be established.
ECDSA key fingerprint is SHA256:mCBXMeGA6BsP/aYJH3Ie5723JAWRSOzBr7FReICWLtQ.
ECDSA key fingerprint is MD5:b2:88:99:ee:00:30:24:61:75:7e:7f:8a:f5:d0:98:97.
Are you sure you want to continue connecting (yes/no)? yes
Warning: Permanently added 'master,192.168.10.11' (ECDSA) to the list of known hosts.
hadoop@master's password:
id_rsa.pub
100%  395    51.5KB/s   00:00
```

（2）在 master 节点把从 slave 节点复制的公钥复制到 authorized_keys 文件。

```
[hadoop@master ~]$ cat ~/id_rsa.pub >>~/.ssh/authorized_keys
```

（3）在 master 节点删除 id_rsa.pub 文件。

```
[hadoop@master ~]$ rm -f ~/id_rsa.pub
```

3.4.3 验证 SSH 无密码登录

1. 查看 master 节点 authorized_keys 文件

```
[hadoop@master .ssh]$ cat ~/.ssh/authorized_keys
```

可以看到 master 节点 authorized_keys 文件中包括 master、slave1、slave2 共 3 个节点的公钥。

2. 查看 slave 节点 authorized_keys 文件

```
[hadoop@slave1.ssh]$ cat ~/.ssh/authorized_keys
```

可以看到 slave 节点 authorized_keys 文件中包括 master 和当前 slave 两个节点的公钥。

3. 验证 master 到每个 slave 节点无密码登录

hadoop 用户登录 master 节点，执行 ssh 命令登录 slave1 和 slave2 节点，可以观察到不需要输入密码即可实现 SSH 登录。

```
[hadoop@master ~]$ ssh slave1
Last login: Thu Apr  9 19:24:36 2020
[hadoop@slave1 ~]$
```

```
[hadoop@master ~]$ ssh slave2
Last login: Thu Apr  9 19:32:09 2020
[hadoop@slave2 ~]$
```

4. 验证两个 slave 节点到 master 节点无密码登录

```
[hadoop@slave1 ~]$ ssh master
Last login: Thu Apr  9 19:19:07 2020
[hadoop@master ~]$
```

JDK 的安装参考“2.3.2 安装 Java 环境”。安装成功 JDK 后，即可开始安装 Hadoop 分布式环境。

3.5 本章小结

本章主要介绍了 Hadoop 平台搭建的相关集群网络配置、SSH 无密钥登录、JDK 等相关配置，以及相关的动手实操实验详细配置内容。

第二部分

大数据平台配置

第 4 章 Hadoop 文件参数配置

学习目标

- 掌握 Hadoop 需要配置的文件
- 掌握 master 节点上安装 Hadoop 的方法
- 掌握 Hadoop 配置文件的修改规则
- 掌握配置 Hadoop 相关文件参数的方法

Hadoop 全分布式系统的安装与配置是大数据分析平台运维管理的重要内容，是后续进行各组件部署的基础。本章主要介绍部署 Hadoop 安装包、在 master 节点上安装 Hadoop、配置 Hadoop 相关文件参数的方法等内容。

4.1 Hadoop 配置文件说明

4.1.1 Hadoop 环境配置

通常情况下，Hadoop 集群中需要配置的文件主要包括 4 个，分别是 core-site.xml、hdfs-site.xml、mapred-site.xml 和 yarn-site.xml，这 4 个文件分别是针对不同组件的配置参数。

Hadoop 集群主要配置文件如表 4-1 所示。

表 4-1 Hadoop 集群主要配置文件

序号	配置文件名	配 置 对 象	主 要 内 容
1	core-site.xml	集群全局参数	用于定义系统级别的参数，如 HDFS URL、Hadoop 的临时目录等
2	hdfs-site.xml	HDFS 参数	NameNode 和 DataNode 的存放位置、文件副本的个数、文件读取权限等
3	mapred-site.xml	MapReduce 参数	包括 Job History Server（作业历史服务器）和应用程序参数两部分，如 reduce 任务的默认个数、任务所能够使用内存的默认上下限等
4	yarn-site.xml	集群资源管理系统参数	配置 ResourceManager、NodeManager 的通信端口，Web 监控端口等

此外，还需要在分布式系统目录“bin/”下修改 Hadoop 脚本文件，修改配置文件 etc/hadoop/hadoop-env.sh 和 etc/hadoop/yarn-env.sh 文件。

4.1.2 Hadoop 守护进程环境配置

配置 Hadoop 集群还需要配置 Hadoop 守护进程执行的环境，以及 Hadoop 守护进程的配置参数。其中，在 hadoop2.×版本中，HDFS 的守护进程是 NameNode、SecondaryNameNode 和 DataNode；YARN 的守护进程是 ResourceManager、NodeManager 和 WebAppProxy。

如果要使用 MapReduce，则要运行 MapReduce Job History Server。对于大型安装，它们通常在单独的主机上运行。

使用脚本文件 etc/hadoop/hadoop-env.sh、etc/hadoop/mapred-env.sh 和 etc/hadoop/yarn-env.sh 定制 Hadoop 守护进程的环境变量值。在每个远程节点指定 JAVA_HOME，使其具有正确定义。管理员可以使用表 4-2 所示的配置选项配置单独的守护进程环境变量。

表 4-2　守护进程环境变量配置参数表

守护进程	环境变量
NameNode	HADOOP_NAMENODE_OPTS
DataNode	HADOOP_DATANODE_OPTS
SecondaryNameNode	HADOOP_SECONDARYNAMENODE_OPTS
ResourceManager	YARN_RESOURCEMANAGER_OPTS
NodeManager	YARN_NODEMANAGER_OPTS
WebAppProxy	YARN_PROXYSERVER_OPTS
MapReduce Job History Server	HADOOP_JOB_HISTORYSERVER_OPTS

可以定制的其他配置参数如下。

（1）HADOOP_PID_DIR：守护进程的进程 ID 文件存储目录。

（2）HADOOP_LOG_DIR：守护进程的日志文件存储目录。如果日志文件不存在，则会自动创建日志文件。

（3）HADOOP_HEAPSIZE/YARN_HEAPSIZE：堆的最大使用量，以 MB 为单位。例如，设置变量 HADOOP_HEAPSIZE 为 1000，堆被设置为 1000MB。守护进程堆设置环境变量如表 4-3 所示。

表 4-3　守护进程堆设置环境变量

守护进程	环境变量
ResourceManager	YARN_RESOURCEMANAGER_HEAPSIZE
NodeManager	YARN_NODEMANAGER_HEAPSIZE
WebAppProxy	YARN_PROXYSERVER_HEAPSIZE
Map Reduce Job History Server	HADOOP_JOB_HISTORYSERVER_HEAPSIZE

在大多数情况下，应该指定 HADOOP_PID_DIR 和 HADOOP_LOG_DIR 目录，以便它们只能由正在运行 Hadoop 守护进程的用户操作。否则，可能就会遭受通过符号链接的攻击。在系统全局 shell 环境配置 HADOOP_PREFIX 也是常用做法。例如，在 etc/profile.d 中配置一个简单的脚本。

4.1.3 Hadoop 配置参数格式

Hadoop 没有使用 Java 语言的管理配置文件，也没有使用 Apache 管理配置文件，而是使用了一套独有的配置文件管理系统，并提供自己的 API。以 XML 文档格式进行配置，使用相应的配置文件类读取，并配置集群的运行。

```
<?xml version="1.0"?>
<?xml-stylesheettype="text/xsl" href="configuration.xsl"?>
<configuration>
    <property>
        <name>fs.defaultFS</name>
        <value>hdfs://cloud01:9000</value>
    </property>
    <property>
         <name>io.file.buffer.size</name>
         <value>131072</value>
         <final>4096</final>
     </property>
     <property>
          <name>hadoop.tmp.dir</name>
          <value>file:/home/hduser/tmp</value>
          <description>Abase forother temporary directories.</description>
     </property>
</configuration>
```

在 Hadoop 配置文件的根元素 configuration，一般只包含子元素 property。每一个 property 元素就是一个配置项，配置文件不支持分层或分级。

每个配置项一般包括配置属性名称 name、值 value 和一个关于配置项的描述 description。元素 final 和 Java 中的关键字 final 类似，意味着这个配置项是“固定不变的”。final 一般不出现，但在合并资源的时候，可以防止配置项的值被覆盖。

在 configuration 中每个属性都是 String 类型的，值类型可能是以下多种类型，包括 Java 中的基本类型，如 Boolean、Int、Long、Float；也可以是其他类型，如 String、File、数组等。以上面的配置文件为例，定义了 3 个集群的参数，分别是集群主机和端口、流文件的缓冲区大小和临时文件存放位置，只有流文件此配置项是 int 型，而另两个配置项是字符串型。

4.1.4 获得 Hadoop 集群全部配置信息

本章讲解的 Hadoop 配置是一些重要的配置信息，但作为一个优秀的 Hadoop 系统管理员应该熟悉和掌握全部的配置信息，这样才能更好地解决 Hadoop 集群系统在运行过程中遇到的问题。

可以通过 Hadoop 官方网站查询获取全部的配置信息，网址如下。

http://hadoop.apache.org/docs/current/hadoop-project-dist/hadoop-common/core-default.xml

http://hadoop.apache.org/docs/current/hadoop-project-dist/hadoop-hdfs/hdfs-default.xml

http://hadoop.apache.org/docs/current/hadoop-mapreduce-client/hadoop-mapreduce-client-core/mapred-default.xml http://hadoop.apache.org/docs/current/hadoop-yarn/hadoop-yarn-common/yarn-default.xml

通过这些网址，可以了解最新的 Hadoop 全部配置信息，而且包括一些过时的定义标识，从而更好地维护 Hadoop 集群。

4.2 在 master 节点上安装 Hadoop

（1）解压缩 hadoop-2.7.1.tar.gz 安装包到/usr 目录下。

```
[root@master staging]# tar zxvf hadoop-2.7.1.tar.gz -C /usr/
```

（2）将 hadoop-2.7.1 文件夹重命名为 hadoop。

```
[root@master staging]# mv /usr/hadoop-2.7.1 /usr/hadoop
```

（3）配置 Hadoop 环境变量。

```
[root@master staging]# cd
[root@master ~]# vi /etc/profile               #在文件末尾添加以下配置信息
# set hadoop environment
export HADOOP_HOME=/usr/hadoop
export PATH=$HADOOP_HOME/bin:$HADOOP_HOME/sbin:$PATH
```

（4）使配置的 Hadoop 的环境变量生效。

```
[root@master ~]#source /etc/profile
```

（5）执行以下命令修改 hadoop-env.sh 配置文件。

```
[root@master ~]# cd /usr/hadoop/etc/hadoop/
[root@master hadoop]# vi hadoop-env.sh      #在文件末尾添加以下配置信息
export JAVA_HOME=/usr/java/jdk1.8.0_144
```

4.3 配置 hdfs-site.xml 文件参数

执行以下命令修改 hdfs-site.xml 配置文件。

```
[root@master hadoop]# vi hdfs-site.xml
#在文件中<configuration>和</configuration>一对标签之间追加以下配置信息
<configuration>
        <property>
               <name>dfs.namenode.name.dir</name>
               <value>file:/usr/hadoop/dfs/name</value>
        </property>
        <property>
               <name>dfs.namenode.data.dir</name>
               <value>file:/usr/hadoop/dfs/data</value>
        </property>
        <property>
               <name>dfs.replication</name>
               <value>3</value>
        </property>
</configuration>
```

对于 Hadoop 的分布式文件系统 HDFS 而言，一般是采用冗余存储，冗余因子通常为 3，也就是说，一份数据保存 3 份副本。所以，修改 dfs.replication 的配置，使 HDFS 文件的备份副本数量设定为 3 个。

该配置文件中的主要参数、默认值和参数解释如表 4-4 所示。

表 4-4　hdfs-site.xml 配置文件的主要参数、默认值和参数解释

序号	参 数 名	默 认 值	参 数 解 释
1	dfs.namenode.secondary.http-address	0.0.0.0:50090	定义 HDFS 对应的 HTTP 服务器地址和端口
2	dfs.namenode.name.dir	file://${hadoop.tmp.dir}/dfs/name	定义 DFS 的 NameNode 在本地文件系统的位置
3	dfs.datanode.data.dir	file://${hadoop.tmp.dir}/dfs/data	定义 DFS DataNode 存储数据块时存储在本地文件系统的位置
4	dfs.replication	3	默认的块复制数量
5	dfs.webhdfs.enabled	true	是否通过 HTTP 协议读取 hdfs 文件。如果是，则集群安全性较差

4.4　配置 core-site.xml 文件参数

执行以下命令修改 core-site.xml 配置文件。

```
[root@master hadoop]# vi core-site.xml
#在文件中<configuration>和</configuration>一对标签之间追加以下配置信息
<configuration>
       <property>
            <name>fs.defaultFS</name>
            <value>hdfs://192.168.150.81:9000</value>
       </property>
       <property>
            <name>io.file.buffer.size</name>
            <value>131072</value>
       </property>
       <property>
            <name>hadoop.tmp.dir</name>
            <value>file:/usr/hadoop/tmp</value>
       </property>
</configuration>
```

如没有配置 hadoop.tmp.dir 参数，此时系统默认的临时目录为/tmp/hadoop-hadoop。该目录在每次 Linux 操作系统重启后会被删除，必须重新执行 Hadoop 文件系统格式化命令，否则 Hadoop 运行会出错。

该配置文件中的主要参数、默认值和参数解释如表 4-5 所示。

表 4-5　core-site.xml 配置文件的主要参数、默认值和参数解释

序号	参 数 名	默 认 值	参 数 解 释
1	fs.defaultFS	file:///	文件系统主机和端口
2	io.file.buffer.size	4096	流文件的缓冲区大小
3	hadoop.tmp.dir	/tmp/hadoop-${user.name}	临时文件夹

4.5　配置 mapred-site.xml

在“/usr/hadoop/etc/hadoop”目录下有一个 mapred-site.xml.template，需要修改文件名称，把它重命名为 mapred-site.xml，然后把 mapred-site.xml 文件配置成如下内容。

执行以下命令修改 mapred-site.xml 配置文件。

```
[root@master hadoop]# cd /usr/hadoop/etc/hadoop #确保在该路径下执行此命令
[root@master hadoop]# cp mapred-site.xml.template mapred-site.xml
[root@master hadoop]# vi mapred-site.xml
#在文件中<configuration>和</configuration>一对标签之间追加以下配置信息
<configuration>
      <property>
            <name>mapreduce.framework.name</name>
            <value>yarn</value>
      </property>
      <property>
            <name>mapreduce.jobhistory.address</name>
            <value>master:10020</value>
      </property>
      <property>
            <name>mapreduce.jobhistory.webapp.address</name>
            <value>master:19888</value>
      </property>
</configuration>
```

该配置文件中的主要参数、默认值和参数解释如表 4-6 所示。

表 4-6　mapred-site.xml 配置文件的主要参数、默认值和参数解释

序号	参 数 名	默 认 值	参 数 解 释
1	mapreduce.framework.name	local	取值 local、classic 或 yarn 其中之一。如果不是 yarn，则不会使用 YARN 集群来实现资源的分配
2	mapreduce.jobhistory.address	0.0.0.0:10020	定义作业历史服务器的地址和端口，通过作业历史服务器查看已经运行完的 MapReduce 作业记录
3	mapreduce.jobhistory.webapp.address	0.0.0.0:19888	定义作业历史服务器 Web 应用访问的地址和端口

Hadoop 提供了一种机制，管理员可以通过该机制配置 NodeManager 定期运行管理员提供的脚本，以检查节点是否健康。

管理员可以通过在脚本中执行他们选择的任何命令来检查节点是否处于健康状态。如果脚本检测到节点处于不健康状态，则必须打印以字符串 ERROR 开始的一行信息到标准

输出。NodeManager 定期生成脚本并检查该脚本的输出。如果脚本的输出包含如上所述的字符串 ERROR，就报告该节点的状态为不健康的，且由 NodeManager 将该节点列入黑名单，不会有进一步的任务分配给这个节点。但是，NodeManager 继续运行脚本，如果该节点再次变得正常，该节点就会从 ResourceManager 黑名单节点中被自动删除。节点的健康状况随着脚本输出，如果节点有故障，管理员可用 ResourceManager Web 界面报告，节点健康的时间也在 Web 界面上显示。

4.6　配置 yarn-site.xml

执行以下命令修改 yarn-site.xml 配置文件。

```
[root@master hadoop]# vi yarn-site.xml
#在文件中<configuration>和</configuration>一对标签之间追加以下配置信息
<configuration>
       <property>
             <name>yarn.resourcemanager.address</name>
             <value>master:8032</value>
       </property>
       <property>
             <name>yarn.resourcemanager.scheduler.address</name>
             <value>master:8030</value>
       </property>
       <property>
             <name>yarn.resourcemanager.resource-tracker.address</name>
             <value>master:8031</value>
       </property>
       <property>
             <name>yarn.resourcemanager.admin.address</name>
             <value>master:8033</value>
       </property>
       <property>
             <name>yarn.resourcemanager.webapp.address</name>
             <value>master:8088</value>
       </property>
       <property>
             <name>yarn.nodemanager.aux-services</name>
             <value>mapreduce_shuffle</value>
       </property>
       <property>

<name>yarn.nodemanager.aux-services.mapreduce.shuffle.class</name>
             <value>org.apache.hadoop.mapred.ShuffleHandler</value>
       </property>
</configuration>
```

该配置文件中的主要参数、默认值和参数解释如表 4-7 所示。

表 4-7 yarn-site.xml 配置文件的主要参数、默认值和参数解释

序号	参 数 名	默 认 值	参 数 解 释
1	yarn.resourcemanager.address	0.0.0.0:8032	ResourceManager 提供给客户端访问的地址。客户端通过该地址向 RM 提交应用程序、杀死应用程序等
2	yarn.resourcemanager.scheduler.address	0.0.0.0:8030	定义作业历史服务器的地址和端口，通过作业历史服务器查看已经运行完的 MapReduce 作业记录
3	yarn.resourcemanager.resource-tracker.address	0.0.0.0:8031	ResourceManager 提供给 NodeManager 的地址。NodeManager 通过该地址向 RM 汇报心跳、领取任务等
4	yarn.resourcemanager.admin.address	0.0.0.0:8033	ResourceManager 提供给管理员的访问地址。管理员通过该地址向 RM 发送管理命令等
5	yarn.resourcemanager.webapp.address	0.0.0.0:8088	ResourceManager 对 Web 服务提供地址。用户可通过该地址在浏览器中查看集群各类信息
6	yarn.nodemanager.aux-services	org.apache.hadoop.mapred.ShuffleHandler	通过该配置项，用户可以自定义一些服务。例如，Map-Reduce 的 shuffle 功能就是采用这种方式实现的，这样就可以在 NodeManager 上扩展自己的服务

很显然，很多参数没有专门配置，多数情况下使用默认值。例如，可以追加以下两个参数配置项 yarn.resourcemanager.hostname（即资源管理器主机）和 yarn.nodemanager.aux-services（即 YARN 节点管理器辅助服务）。若要将主节点也作为资源管理主机配置，则配置值分别为 Master_hadoop 和 mapreduce_shuffle。

在 yarn-site.xml 中可以配置相关参数来控制节点的健康监测脚本。如果只有一些本地磁盘出现故障，健康检查脚本不应该产生错误。NodeManager 有能力定期检查本地磁盘的健康状况（特别是检查 NodeManager 本地目录和 NodeManager 日志目录），并且在达到基于 yarn.nodemanager.disk-health-checker.min-healthy-disks 属性的值设置的坏目录数量阈值之后，整个节点标记为不健康，并且这个信息也发送到资源管理器。无论是引导磁盘受到攻击，还是引导磁盘故障，都会在健康检查脚本中进行标识。

4.7 Hadoop 其他相关配置

1. 配置 masters 文件

执行以下命令修改 masters 配置文件。

```
[root@master hadoop]# vi masters      #加入以下配置信息
192.168.1.6                           #master 主机 IP 地址
```

2. 配置 slaves 文件

需要把所有数据节点的主机名写入该文件，每行一个，默认为 localhost（即把本机作

为数据节点)，所以，在伪分布式配置时，就采用了这种默认的配置，使得节点既作为名称节点，也作为数据节点。在进行分布式配置时，可以保留 localhost，让 master 节点同时充当名称节点和数据节点，或者也可以删掉 localhost 这行，让 master 节点仅作为名称节点使用。

本教材 master 节点仅作为名称节点使用，因此将 slaves 文件中原来的 localhost 删除，并添加 slave1、slave2 节点的 IP 地址。

执行以下命令修改 slaves 配置文件。

```
[root@master hadoop]# vi slaves  #删除 localhost，加入以下配置信息
192.168.1.7     #slave1 主机 IP 地址
192.168.1.8     #slave2 主机 IP 地址
```

3．新建目录

执行以下命令新建/usr/hadoop/tmp、/usr/hadoop/dfs/name、/usr/hadoop/dfs/data 这 3 个目录。

```
[root@master hadoop]# mkdir /usr/hadoop/tmp
[root@master hadoop]# mkdir /usr/hadoop/dfs/name -p
[root@master hadoop]# mkdir /usr/hadoop/dfs/data -p
```

4．修改目录权限

执行以下命令修改/usr/hadoop 目录的权限。

```
[root@master hadoop]# chown -R hadoop:hadoop /usr/hadoop/
```

5．同步配置文件到 slave 节点

上述配置文件全部配置完成以后，需要执行以下命令把 master 节点上的“/usr/hadoop”文件夹复制到各个 slave 节点上，并修改文件夹访问权限。

（1）将 master 上的 Hadoop 安装文件同步到 slave1、slave2。

```
[root@master hadoop]#cd
[root@master ~]# scp -r /usr/hadoop/ root@slave1:/usr/
[root@master ~]# scp -r /usr/hadoop/ root@slave2:/usr/
[root@master ~]# scp -r /usr/hadoop/ root@slave3:/usr/
```

（2）在每个 slave 节点上配置 Hadoop 的环境变量。

```
[root@slave1~]# vi /etc/profile  #文件末尾添加
# set hadoop environment
export HADOOP_HOME=/usr/hadoop
export PATH=$HADOOP_HOME/bin:$HADOOP_HOME/sbin:$PATH
```

（3）使每个 slave 节点上配置的 Hadoop 的环境变量生效。

```
[root@slave1~]# source /etc/profile
```

（4）在每个 slave 节点上修改/usr/hadoop 目录的权限。

```
[root@slave1~]# chown -R hadoop:hadoop /usr/hadoop/
```

（5）在每个 slave 节点上切换到 hadoop 用户。

```
[root@slave1 ~]#su - hadoop
```

4.8　本章小结

本章主要介绍了 Hadoop 平台的相关文件参数配置、包括 core-site.xml、hdfs-site.xml、mapred-site.xml 和 yarn-site.xml 四个主要配置文件的详细配置内容，以及其他相关配置内容。

第5章 Hadoop 集群运行

学习目标

- 掌握 Hadoop 的运行状态
- 掌握 Hadoop 文件系统格式化配置方法
- 掌握 Hadoop Java 运行状态的查看方法
- 掌握 Hadoop HDFS 报告的查看方法
- 掌握 Hadoop 节点状态的查看方法
- 掌握停止 Hadoop 进程操作的方法

Hadoop 全分布式系统启动和运行状态查看是大数据分析平台部署和运维管理的基础内容，也是进行后续各 Hadoop 组件部署的基础。本章主要介绍 Hadoop 运行状态、Hadoop 文件系统格式化、Hadoop Java 运行状态查看、HDFS 报告查看、使用浏览器查看节点状态、停止 Hadoop 进程等操作内容。

5.1 Hadoop 运行状态

Hadoop 提供了分布式集群的框架，可以高效地运行在计算机上，用于大数据的处理分析，提高机器的吞吐量。Hadoop 核心主要由两部分组成，分别是 MapReduce 和 HDFS。MapReduce 主要负责分布式数据计算的核心，使用 Hadoop 编写程序来实现对应的 Map 接口和 Reduce 接口，并调用 Hadoop 集群驱动来启动并行计算。HDFS 是 Hadoop 提供的分布式的数据存储，将数据分成块存储到集群的数据节点中，使用方法和命令类似于 Linux 的文件存储命令。

MapReduce 是 Hadoop 中集群数据处理的核心，主要分为映射和减速两部分，映射为 Map 阶段，减速为 Reduce 阶段。在数据处理的初期，Hadoop 会从 HDFS 中获取需要处理的数据，一般是文件或者目录，并逐行或逐个读取，可以通过编程实现 Map 接口来处理映射阶段的数据。Reduce 为减速阶段，分为 Shuffling 和 Reducer，主要是处理 Map 阶段后的数据，并产生新的输出到 HDFS 中，通过实现 Reduce 接口来处理减速器数据的输出，如图 5-1 所示。

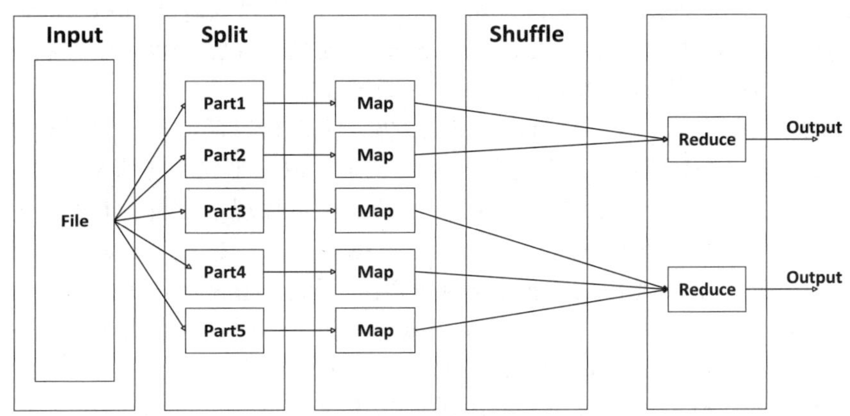

图 5-1 MapReduce 工作流程

在 MapReduce 阶段，输入的值都是键值对(key,value)的形式，在实际开发中，需要实现 Map 和 Reduce 接口中 Map 和 Reduce 方法。

Mapper 任务（分割及映射）：映射的第一阶段是将数据进行拆分，例如输入一个文本，Hadoop 会把数据分成若干个大小相同的数据块，这些数据块被称为 Input Splits，Hadoop 会根据生成的若干个数据块来生成同样个数的映射任务，可以通过 Job.setInputFormat(Class)指定要输入的数据块的格式。

映射块 Mapping 会将 Input Splits 映射为中间键值对。映射器会根据每个输入块生成一个对应的映射任务，被映射器处理后输出的数据和映射之前的数据块的格式可以是不同的，当然在映射结束后 Hadoop 也允许 0 个映射输出。这一阶段会将每个分割传入映射函数（map），计算出输出内容，可以通过 Job.setMapperClass(Class)方法来指定映射处理器。经过映射处理后，Hadoop 会根据输出的键来对数据进行联合，Hadoop 的联合阶段相对麻烦且消耗大，可以通过使用 Job.setCombinerClass(Class)来定制联合，以此节省联合阶段的消耗。联合后则进行分组，传给减速器来进行最后的输出，可以通过 Job.setGroupingComparatorClass(Class)方法来指定数据在分组时的处理过程。

Mapping 阶段最后的输出一般是很简单的键值对，Hadoop 提供了数据压缩，主要使用在数据量过大或者数据格式会影响应用程序等情况。通过实现 CompressionCodec 接口，指定压缩格式，并通过 Hadoop 配置来设定相应的压缩格式。数据最终的映射个数通常由输入大小来决定。正常的映射个数是每个节点映射器量为 10～100 个，最好的情况是每个映射器都在比较短的时间里处理完数据。尽管如此，在处理大数据量时可能会需要非常多的映射个数，如一个 10TB 的数据作为输入，每个映射块最大能处理 128MB，这时会需要 82 000 个映射。在遇到这种情况时可以通过 Configuration.set(MRJobConfig.NUM_MAPS, Int)来指定映射个数。

Reducer 任务（重排，还原）：经过映射后的输出数据会被排序，然后每个映射器会进行分区。总共的分区数量和映射任务的数量是相同的。可以通过实现自定义的 Partitioner 来指定哪些数据进入哪个 Reducer。Shuffle 阶段对映射后的数据进行排序，然后输入 Reducer，这个阶段 Hadoop 会根据 HTTP 来接收所有映射相关的分区。Sort 阶段 Hadoop 会通过输入的键对所有的 Reducer 进行分组。Shuffle 阶段和 Sort 阶段是同时进行的，在 Map 数据输出时，Reducer 会不停地接收。Hadoop 会提供异步任务不停地从 Map 中获取数据。在对中间键值进行分组时的规则如果不同于在 Reducing 阶段的，则可以通过 Job.setSortComparatorClass(Class)指定比较器。由于 Job.setGroupingComparatorClass(Class)可用于控制中间键的分组方式，因此可以结合使用这些键来模拟值的二级排序。

减速-Reducer：在这个阶段，会调用 Reduce 方法来对排序后的输出进行处理，这个阶段结束后会将数据写入 HDFS 中，并返回一个输出值。减速器的个数大概是 0.95 或 1.75 乘以（< 节点数 > * < 每个节点的最大容器数 >）。正常情况下设置为 0.95，对数据进行非常快的处理。如果考虑到负载集群的执行效率，可以考虑设置为 1.75，此时将会充分发挥负载集群的效率。增加减速器的数量会增加框架的开销，但是会增加负载均衡并降低故障的成本。当然，处理的过程中也允许有 0 个减速输出。这时映射任务的输出会直接进入 FileSystem，进入 FileOutputFormat.setOutputPath(Job,Path)设置的输出路径。在将映射输出写入 FileSystem 之前，框架不会对映射输出进行排序。

上面已经论述过完成的工作流程（执行 Map 和 Reduce 任务）是由两种类型的实体进行控制的，分别为 JobTracker 和 TaskTracker。JobTracker 为主节点的工作调度器，在进行数据处理时主节点会生成一个新的工作调度。TaskTracker 为 DataNode 的任务调度器，它会监听 DataNode 的 Map 和 Reduce 的状态，并周期性地报告给 JobTracker。新的数据分析任务被提交后，会在主节点上生成一个作业，随后该作业会生成多个任务，这些任务会在集群中的 DataNode 上运行。JobTracker 监听任务在不同节点的运行情况。在每个 DataNode 上执行工作时，是由 TaskTracker 来处理的，用于监听 Map 和 Reduce 任务，并将结果发送给 JobTracker，同时周期性地发送信息给 JobTracker，通知主节点当前任务的执行状态。这样 JobTracker 就可以跟踪每项工作的总体进度。在任务失败的情况下，JobTracker 可以在不同的 TaskTracker 重新调度它。

下面为数据统计的实例，输入是一个商品销售的分布数据，包含了产品和地区时间等，接下来统计城市出现的次数。Hadoop 在工作时主要分为两个部分的任务，分别是 Map 和 Reduce，Map 过程是将外部数据映射为 Hadoop 程序的输入，映射完成后 Reduce 会通过任务来获取到 Map 的输出作为 Reduce 的输入；Reduce 完成的主要是数据的汇总加工，并将最终的输出转化为 FileSystem，存入 Hadoop 的 HDFS 中。这期间的工作流程都可以通过实现接口或者重写方法来自定义转换过程，在启动的时候指定给要指定的工作任务即可。

Mapper 类代码：

```
import org.apache.hadoop.io.IntWritable;
import org.apache.hadoop.io.LongWritable;
import org.apache.hadoop.io.Text;
import org.apache.hadoop.mapred.*;
import org.apache.hadoop.mapred.Mapper;
import org.apache.hadoop.mapreduce.*;
import java.io.IOException;
import java.util.StringTokenizer;

public class SalesMapper extends MapReduceBase implements Mapper< LongWritable,
Text,Text,IntWritable>{
    public final static IntWritable one=new IntWritable(1);
```

```
    private Text word=new Text();

    public void map(LongWritable longWritable, Text text, OutputCollector
<Text, IntWritable> outputCollector, Reporter reporter) throws IOException {
        String input=text.toString();
        StringTokenizer stringTokenizer=new StringTokenizer(input,",");
        int i=0;
        while (stringTokenizer.hasMoreTokens()){
            if (i==6){
                outputCollector.collect(new
Text(stringTokenizer.nextToken()),one);
            }
            i++;
        }
    }
}
```

Mapper 的输入是一个 Text 字符串，是逐行从文件中读取的，然后将 Map 后的数据按照<城市,出现频率>生成一个集合输出给 Reducer 处理。

Reducer 类代码：

```
import org.apache.hadoop.io.IntWritable;
import org.apache.hadoop.io.Text;
import org.apache.hadoop.mapred.MapReduceBase;
import org.apache.hadoop.mapred.OutputCollector;
import org.apache.hadoop.mapred.Reducer;
import org.apache.hadoop.mapred.Reporter;
import java.io.IOException;
import java.util.Iterator;

public class SalesCountryReducer extends MapReduceBase implements Reducer
<Text,IntWritable,Text,IntWritable> {
    public void reduce(Text text, Iterator<IntWritable> iterator, Output
Collector <Text, IntWritable> outputCollector, Reporter reporter) throws
IOException {
        int frequent=0;
        Text key=text;
        while (iterator.hasNext()){
            IntWritable intWritable=iterator.next();
            frequent+=1;
        }
        outputCollector.collect(text,new IntWritable(frequent));
    }
}
```

从 Mapper 的输出中对同一个 City 出现的频率进行汇总，将相同的 City 出现的总个数汇总成为一个集合<城市,总出现个数>输出。

Driver 类代码：

```
import org.apache.hadoop.fs.Path;
```

```
import org.apache.hadoop.io.IntWritable;
import org.apache.hadoop.io.Text;
import org.apache.hadoop.mapred.*;
import java.io.IOException;

public class SalesCountryDriver {
    public static void main(String args[]){
        JobClient jobClient=new JobClient();
        JobConf jobConf=new JobConf(SalesCountryDriver.class);
        jobConf.setMapperClass(SalesMapper.class);
        jobConf.setReducerClass(SalesCountryReducer.class);
        jobConf.setInputFormat(TextInputFormat.class);
        jobConf.setOutputFormat(TextOutputFormat.class);
        FileInputFormat.setInputPaths(jobConf,new Path(args[0]));
        FileOutputFormat.setOutputPath(jobConf,new Path(args[1]));
        jobClient.setConf(jobConf);
        try {
            JobClient.runJob(jobConf);
        } catch (IOException e) {
            e.printStackTrace();
        }
    }
}
```

汇总后的数据会写入 Hadoop 中的 HDFS 中，可以在 Hadoop 的网站上下载并查看输出的结果。

5.2 配置 Hadoop 格式化

1. NameNode 格式化

将 NameNode 上的数据清零，第一次启动 HDFS 时要进行格式化，以后启动时无须再格式化，否则会缺失 DataNode 进程。另外，只要运行过 HDFS，Hadoop 的工作目录（本书设置为/home/hadoop/tmp）就会有数据，如果需要重新格式化，则在格式化之前一定要先删除工作目录下的数据，否则格式化时会出问题。

执行如下命令，格式化 NameNode。

```
[hadoop@master hadoop-2.7.1]$ bin/hdfs namenode –format
```

结果：

```
20/05/02 16:21:50 INFO namenode.NameNode: SHUTDOWN_MSG:
/************************************************************
SHUTDOWN_MSG: Shutting down NameNode at master/192.168.1.6
************************************************************/
```

2. 启动 NameNode

执行如下命令，启动 NameNode。

```
[hadoop@master hadoop-2.7.1]$ hadoop-daemon.sh start namenode
```

```
    starting namenode, logging to /usr/local/src/hadoop-2.7.1/logs/hadoop-hadoop-
namenode-master.out
```

5.3 查看 Java 进程

NameNode 启动完成后，可以使用 jps 命令查看其是否启动成功。jps 命令是 Java 提供的一个显示当前所有 Java 进程 pid 的命令。

```
    [hadoop@master hadoop-2.7.1]$ jps
    3557 NameNode
    3624 Jps
```

1. 启动 DataNode

执行如下命令，启动 DataNode。

```
    [hadoop@master hadoop-2.7.1]$ hadoop-daemon.sh start datanode
    starting datanode, logging to /usr/local/src/hadoop-2.7.1/logs/hadoop-
hadoop-datanode-master.out
    [hadoop@master hadoop-2.7.1]$ jps
    3652 DataNode
    3557 NameNode
    3725 Jps
```

2. 启动 SecondaryNameNode

执行如下命令，启动 SecondaryNameNode。

```
    [hadoop@master hadoop-2.7.1]$ hadoop-daemon.sh start secondarynamenode
    starting secondarynamenode, logging to /usr/local/src/hadoop-2.7.1/logs/
hadoop-hadoop-secondarynamenode-master.out
    [hadoop@master hadoop-2.7.1]$ jps
    34257 NameNode
    34337 DataNode
    34449 SecondaryNameNode
    34494 Jps
```

查看到有 NameNode、DataNode 和 SecondaryNameNode 三个进程，就表明 HDFS 启动成功。

3. 查看 HDFS 数据存放位置

执行如下命令，查看 Hadoop 工作目录。

```
    [hadoop@master hadoop-2.7.1]$ ll ~/tmp
    总用量 0
    drwxrwxr-x. 5 hadoop hadoop 51 5月  2 16:25 dfs
    [hadoop@master hadoop-2.7.1]$ ll ~/tmp/dfs
    总用量 0
    drwx------. 3 hadoop hadoop 40 5月  2 16:36 data
    drwxrwxr-x. 3 hadoop hadoop 40 5月  2 16:35 name
    drwxrwxr-x. 3 hadoop hadoop 21 5月  2 16:34 namesecondary
```

可以看出 HDFS 的数据保存在~/tmp/dfs 目录下，NameNode、DataNode 和 Secondary NameNode 各有一个目录存放数据。

5.4 查看 HDFS 的报告

```
[hadoop@master sbin]$ hdfs dfsadmin -report
Configured Capacity: 8202977280 (7.64 GB)
Present Capacity: 4421812224 (4.12 GB)
DFS Remaining: 4046110720 (3.77 GB)
DFS Used: 375701504 (358.30 MB)
DFS Used%: 8.50%
Under replicated blocks: 88
Blocks with corrupt replicas: 0
Missing blocks: 0

-------------------------------------------------
Live datanodes (2):

Name: 192.168.1.7:50010 (slave1)
Hostname: slave1
Decommission Status : Normal
Configured Capacity: 4101488640 (3.82 GB)
DFS Used: 187850752 (179.15 MB)
Non DFS Used: 2109939712 (1.97 GB)
DFS Remaining: 1803698176 (1.68 GB)
DFS Used%: 4.58%
DFS Remaining%: 43.98%
Configured Cache Capacity: 0 (0 B)
Cache Used: 0 (0 B)
Cache Remaining: 0 (0 B)
Cache Used%: 100.00%
Cache Remaining%: 0.00%
Xceivers: 1
Last contact: Mon May 04 18:32:32 CST 2020


Name: 192.168.1.8:50010 (slave2)
Hostname: slave2
Decommission Status : Normal
Configured Capacity: 4101488640 (3.82 GB)
DFS Used: 187850752 (179.15 MB)
Non DFS Used: 1671225344 (1.56 GB)
DFS Remaining: 2242412544 (2.09 GB)
DFS Used%: 4.58%
DFS Remaining%: 54.67%
Configured Cache Capacity: 0 (0 B)
Cache Used: 0 (0 B)
```

```
Cache Remaining: 0 (0 B)
Cache Used%: 100.00%
Cache Remaining%: 0.00%
Xceivers: 1
Last contact: Mon May 04 18:32:32 CST 2020
```

5.5　使用浏览器查看节点状态

在浏览器的地址栏中输入 http://192.168.1.6:50070，进入页面可以查看 NameNode 和 DataNode 信息，如图 5-2 所示。

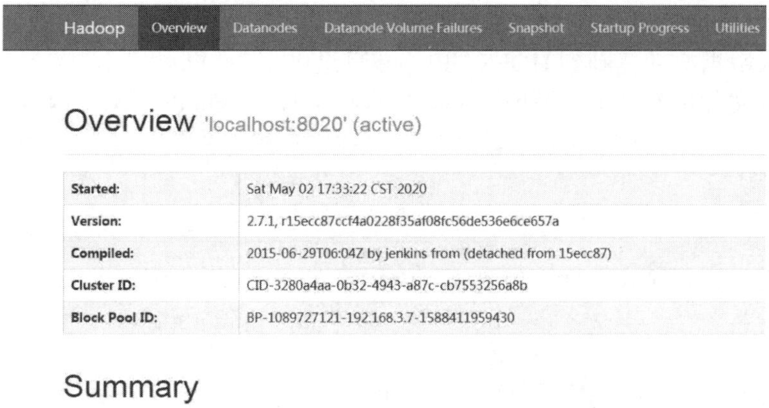

Hadoop　Overview　Datanodes　Datanode Volume Failures　Snapshot　Startup Progress　Utilities

Overview 'localhost:8020' (active)

Started:	Sat May 02 17:33:22 CST 2020
Version:	2.7.1, r15ecc87ccf4a0228f35af08fc56de536e6ce657a
Compiled:	2015-06-29T06:04Z by jenkins from (detached from 15ecc87)
Cluster ID:	CID-3280a4aa-0b32-4943-a87c-cb7553256a8b
Block Pool ID:	BP-1089727121-192.168.3.7-1588411959430

Summary

图 5-2　通过 Web 查看 NameNode 和 DataNode 信息

在浏览器的地址栏中输入 http://192.168.1.6:50090，进入页面可以查看 SecondaryNameNode 信息，如图 5-3 所示。

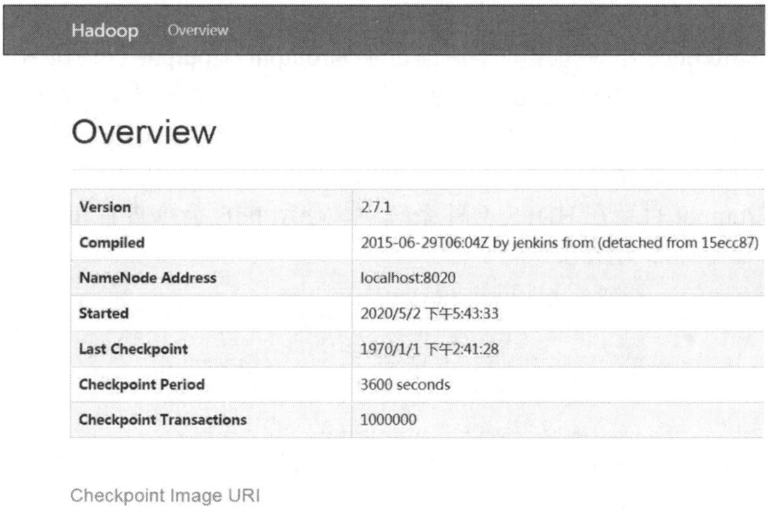

Hadoop　Overview

Overview

Version	2.7.1
Compiled	2015-06-29T06:04Z by jenkins from (detached from 15ecc87)
NameNode Address	localhost:8020
Started	2020/5/2 下午5:43:33
Last Checkpoint	1970/1/1 下午2:41:28
Checkpoint Period	3600 seconds
Checkpoint Transactions	1000000

Checkpoint Image URI

图 5-3　通过 Web 查看 SecondaryNameNode 信息

可以使用 start-dfs.sh 命令启动 HDFS。这时需要配置 SSH 免密码登录，否则在启动过程中系统将多次要求确认连接和输入 Hadoop 用户密码。

运行测试：

下面运行 WordCount 官方案例，统计 data.txt 文件中单词的出现频度。这个案例可以用来统计年度十大热销产品、年度风云人物、年度最热名词等。

（1）在 HDFS 文件系统中创建数据输入目录。

如果是第一次运行 MapReduce 程序，需要先在 HDFS 文件系统中创建数据输入目录，存放输入数据。这里指定/input 目录为输入数据的存放目录。

执行如下命令，在 HDFS 文件系统中创建/input 目录。

```
[hadoop@master hadoop-2.7.1]$ hdfs dfs -mkdir /input
[hadoop@master hadoop-2.7.1]$ hdfs dfs -ls /
Found 1 items
drwxr-xr-x-hadoop supergroup          0 2020-05-02 22:26 /input
```

此处创建的/input 目录是在 HDFS 文件系统中，只能用 HDFS 命令查看和操作。

（2）将输入数据文件复制到 HDFS 的/input 目录中。

测试用数据文件仍然是上一节所用的测试数据文件~/input/data.txt，内容如下。

```
[hadoop@master hadoop-2.7.1]$ cat ~/input/data.txt
Hello World
Hello Hadoop
Hello Huasan
```

执行如下命令，将输入数据文件复制到 HDFS 的/input 目录中。

```
[hadoop@master hadoop-2.7.1]$ hdfs dfs -put ~/input/data.txt /input
```

确认文件已复制到 HDFS 的/input 目录：

```
[hadoop@master hadoop-2.7.1]$ hdfs dfs -ls /input
Found 1 items
-rw-r--r--   1 hadoop supergroup        38 2020-05-02 22:32 /input/data.txt
```

（3）运行 WordCount 案例，计算数据文件中各单词的频度。

运行 MapReduce 命令需要指定数据输出目录，该目录为 HDFS 文件系统中的目录，会自动生成。如果在执行 MapReduce 命令前，该目录已经存在，则执行 MapReduce 命令会出错。例如，MapReduce 命令指定数据输出目录为/output，/output 目录在 HDFS 文件系统中已经存在，则执行相应的 MapReduce 命令就会出错。所以如果不是第一次运行 MapReduce，就要先查看 HDFS 中的文件是否存在/output 目录。如果已经存在/output 目录，就要先删除/output 目录，再执行上述命令。

自动创建的/output 目录在 HDFS 文件系统中，使用 hdfs 命令查看和操作。

先执行如下命令查看 HDFS 中的文件。

```
[hadoop@master hadoop-2.7.1]$ hdfs dfs -ls /
Found 3 items
drwxr-xr-x   -hadoop supergroup          0 2020-05-02 22:32 /input
drwxr-xr-x   -hadoop supergroup          0 2020-05-02 22:49 /output
drwx------   -hadoop supergroup          0 2020-05-02 22:39 /tmp
```

上述目录中/input 目录是输入数据存放的目录，/output 目录是输出数据存放的目录。执行如下命令，删除/output 目录。

```
[hadoop@master hadoop-2.7.1]$ hdfs dfs -rm -r -f /output
20/05/03 09:43:43 INFO fs.TrashPolicyDefault: Namenode trash configuration:
Deletion interval = 0 minutes, Emptier interval = 0 minutes.
```

```
Deleted /output
```

执行如下命令运行 WordCount 案例。

```
[hadoop@master hadoop-2.7.1]$ hadoop jar share/hadoop/mapreduce/hadoop-mapreduce-examples-2.7.1.jar wordcount /input/data.txt /output
```

MapReduce 程序运行过程中的输出信息如下。

```
20/05/02 22:39:41 INFO client.RMProxy: Connecting to ResourceManager at localhost/127.0.0.1:8032
20/05/02 22:39:43 INFO input.FileInputFormat: Total input paths to process: 1
20/05/02 22:39:43 INFO mapreduce.JobSubmitter: number of splits:1
20/05/02 22:39:44 INFO mapreduce.JobSubmitter: Submitting tokens for job: job_1588469277215_0001
…… 省略 ……
20/05/02 22:40:32 INFO mapreduce.Job:  map 0% reduce 0%
20/05/02 22:41:07 INFO mapreduce.Job:  map 100% reduce 0%
20/05/02 22:41:25 INFO mapreduce.Job:  map 100% reduce 100%
20/05/02 22:41:27 INFO mapreduce.Job: Job job_1588469277215_0001 completed successfully
…… 省略 ……
```

由上述信息可知，MapReduce 程序提交了一个作业，作业先进行 Map 操作，再进行 Reduce 操作。

MapReduce 作业运行过程也可以在 YARN 集群网页中查看。在浏览器的地址栏中输入 http://192.168.1.6:8088，页面如图 5-4 所示，可以看到 MapReduce 程序刚刚完成了一个作业。

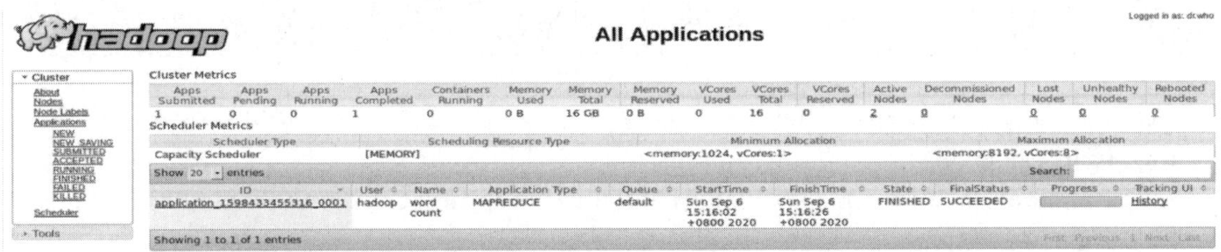

图 5-4　通过 Web 查看作业运行过程

除了可以用 hdfs 命令查看 HDFS 文件系统中的内容，也可使用网页查看 HDFS 文件系统。在浏览器的地址栏中输入 http://192.168.1.6:50070，进入页面，在“Utilities”菜单中选择“Browse the file system”选项，可以查看 HDFS 文件系统内容。如图 5-5 所示，查看 HDFS 的根目录，可以看到 HDFS 根目录中有 3 个目录，即 input、output 和 tmp。

Hadoop　Overview　Datanodes　Snapshot　Startup Progress　Utilities

Browse Directory

/　Go!

Permission	Owner	Group	Size	Last Modified	Replication	Block Size	Name
drwxr-xr-x	hadoop	supergroup	0 B	2020/5/2 下午10:32:09	0	0 B	input
drwxr-xr-x	hadoop	supergroup	0 B	2020/5/2 下午10:49:20	0	0 B	output
drwx------	hadoop	supergroup	0 B	2020/5/2 下午10:39:41	0	0 B	tmp

图 5-5　通过 Web 查看 HDFS

查看 output 目录，如图 5-6 所示，发现有两个文件。文件_SUCCESS 表示处理成功，处理的结果存放在 part-r-00000 文件中。在页面上不能直接查看文件内容，需要下载到本地系统才行。

图 5-6　通过 Web 查看输出结果

可以使用 hdfs 命令直接查看 part-r-00000 文件内容，结果如下。

```
[hadoop@master hadoop-2.7.1]$ hdfs dfs -cat /output/part-r-00000
Hadoop  1
Hello   3
Huasan  1
World   1
```

可以看出统计结果正确，说明 Hadoop 运行正常。

5.6　停止 Hadoop

执行如下命令，可以停止 HDFS 相关进程。

（1）停止 DataNode。

```
[hadoop@master hadoop-2.7.1]$ hadoop-daemon.sh stop datanode
stopping datanode
```

（2）停止 NameNode。

```
[hadoop@master hadoop-2.7.1]$ hadoop-daemon.sh stop namenode
stopping namenode
```

（3）停止 SecondaryNameNode。

```
[hadoop@master hadoop-2.7.1]$ hadoop-daemon.sh stop secondarynamenode
stopping secondarynamenode
```

（4）查看 Java 进程，确认 HDFS 进程已全部关闭。

```
[hadoop@master hadoop-2.7.1]$ jps
3528 Jps
```

5.7　本章小结

本章主要介绍了 Hadoop 集群运行相关操作，包括 Hadoop 运行状态、Hadoop 文件系统格式化配置、Hadoop Java 运行状态查看、Hadoop HDFS 报告查看、Hadoop 节点状态查看、停止 Hadoop 进程操作，以及其他相关配置内容。

第三部分

大数据平台组件的安装与配置

第6章 Hive组件的安装与配置

学习目标

- 掌握 Hive 组件相关知识
- 掌握 Hive 组件的功能应用
- 掌握 Hive 组件的安装与配置方法
- 掌握 Hive 组件的格式化和启动方法

Hive 组件是 Hadoop 大数据分析平台的重要组成部分。通过 Hive 组件可以使用 SQL 语句对简单的数据进行分析处理。本章主要介绍 Hive 组件的相关知识和应用，Hive 组件的安装、配置、格式化和启动等内容。

6.1 Hive 相关知识

Hive 是基于 Hadoop 的数据仓库工具，可以用来对 HDFS 中存储的数据进行查询和分析。Hive 能够将 HDFS 上结构化的数据文件映射为数据库表，并提供 SQL 查询功能，将 SQL 语句转变成 MapReduce 任务来执行。Hive 通过简单的 SQL 语句实现快速调用 MapReduce 机制来进行数据统计分析，因此不必专门开发 MapReduce 应用程序即可实现大数据分析。

Hive 对存储在 HDFS 中的数据进行分析和管理，它可以将结构化的数据文件映射为一张数据库表，通过 SQL 查询分析需要的内容，查询 Hive 使用的 SQL 语句简称 Hive SQL（HQL）。Hive 的运行机制使不熟悉 MapReduce 的用户也能很方便地利用 SQL 语句对数据进行查询、汇总、分析。同时，Hive 也允许熟悉 MapReduce 的开发者们开发自定义的 Mappers 和 Reducers 来处理内建的 Mappers 与 Reducers 无法完成的复杂的分析工作。Hive 还允许用户编写自己定义的函数 UDF，用来在查询中使用。

1. Hive 的主要优点

（1）简单、容易上手。提供了类 SQL 的查询语言 HQL。

（2）可扩展性强。为超大数据集设计了计算/扩展能力（MR 作为计算引擎，HDFS 作为存储系统）。

（3）不需要重启服务 Hive 即可自由地扩展集群计算节点的规模。

（4）提供统一的元数据管理。

（5）延展性强。Hive 支持用户自定义函数，用户可以根据自己的需求来编写功能函数，在 Hive 中实现调用，扩展 Hive 的计算能力。

（6）容错性强。Hive 具有良好的容错性，某个或某几个计算节点出现故障时，Hive 仍可利用其他正常的计算节点完成计算任务执行。

2. Hive 的主要局限性

（1）Hive 的 HQL 表达能力有限，更适用于完成基础的数据分析任务。

（2）Hive 的效率比较低。

（3）Hive 调优比较困难，可优化程度不高。

（4）Hive 计算过程可控性差。

6.2 Hive 组件架构

1. Hive 与 Hadoop 的关系

Hive 构建在 Hadoop 之上，HQL 中对查询语句的解释、优化、生成查询计划是由 Hive 完成的。Hive 读取的所有数据都存储在 Hadoop 文件系统中。Hive 查询计划被转化为 MapReduce 任务，在 Hadoop 中执行。

2. Hive 与数据库的异同

由于 Hive 采用了 SQL 的查询语言 IIQL，因此很容易将 Hive 理解为数据库。其实从结构上来看，Hive 和数据库除了拥有类似的查询语句，再无类似之处。MapReduce 开发人员可以把自己写的 Mapper 和 Reducer 作为插件支持 Hive 做更复杂的数据分析。它与关系型数据库的 SQL 略有不同，但支持了绝大多数的语句（如 DDL、DML）及常见的聚合函数、连接查询、条件查询等操作。

Hive 不适合用于联机（online）事务处理，也不提供实时查询功能。它最适合应用在基于大量不可变数据的批处理作业。Hive 的特点是可伸缩（在 Hadoop 的集群上动态的添加设备），可扩展、容错、输入格式的松散耦合。Hive 的入口是 Driver，执行的 SQL 语句首先提交到 Driver 驱动，然后调用 Compiler 解释驱动，最终解释成 MapReduce 任务执行，最后将结果返回。

3. Hive 体系结构

Hive 体系结构如图 6-1 所示。

Hive 的体系结构可以分为以下几部分：

（1）用户接口主要有 3 个：CLI、Client 和 WUI。其中最常用的是 CLI，CLI 启动时，会同时启动一个 Hive 副本。Client 是 Hive 的客户端，用户连接至 Hive Server。在启动 Client 模式时，需要指出 Hive Server 所在节点，并且在该节点启动 Hive Server。WUI 通过浏览器访问 Hive。

（2）Hive 将元数据存储在数据库中，如 MySQL、Derby。Hive 中的元数据包括表的名字、表的列和分区及其属性、表的属性（是否为外部表等）、表的数据所在目录等。

（3）解释器、编译器、优化器对 HQL 查询语句进行词法分析、语法分析和编译优化，并生成查询计划。生成的查询计划存储在 HDFS 中，并在随后由 MapReduce 调用执行。

（4）Hive 的数据存储在 HDFS 中，大部分的查询、计算由 MapReduce 完成。

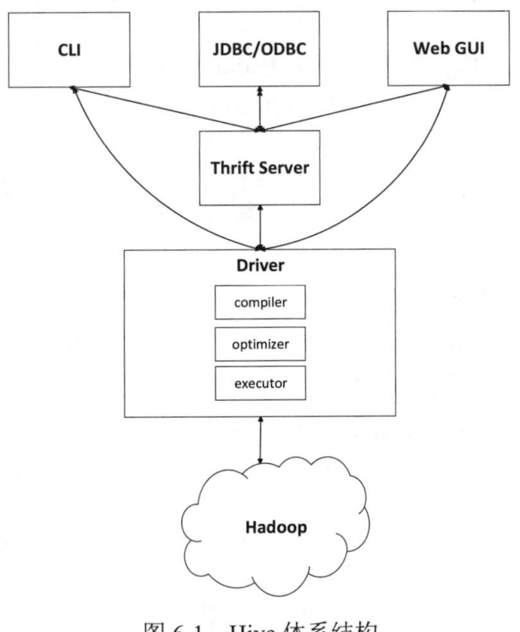

图 6-1 Hive 体系结构

6.3 下载和解压安装文件

6.3.1 基础环境和安装准备

Hive 组件需要基于 Hadoop 系统进行安装。因此，在安装 Hive 组件前，需要确保 Hadoop 系统能够正常运行。本节内容是基于之前已部署完毕的 Hadoop 全分布系统，在 master 节点上实现 Hive 组件安装。

Hive 组件的部署规划和软件包路径如下。

（1）当前环境中已安装 Hadoop 全分布系统。

（2）本地安装 MySQL 数据库（账号为 root，密码为 Password123$），软件包在/opt/software/mysql-5.7.18 路径下。

（3）MySQL 端口号（3306）。

（4）MySQL 的 JDBC 驱动包/opt/software/mysql-connector-java-5.1.47.jar，在此基础上更新 Hive 元数据存储。

（5）Hive 软件包/opt/software/apache-hive-2.0.0-bin.tar.gz。

6.3.2 解压安装文件

（1）使用 root 用户，将 Hive 安装包/opt/software/apache-hive-2.0.0-bin.tar.gz 解压到/usr/local/src 路径下。

```
[root@master ~]# tar -zxvf /opt/software/apache-hive-2.0.0-bin.tar.gz -C
/usr/local/src
```

（2）将解压后的 apache-hive-2.0.0-bin 文件夹更名为 hive。

```
[root@master ~]# mv /usr/local/src/apache-hive-2.0.0-bin usr/local/src/
hive
```

（3）修改 hive 目录归属用户和用户组为 hadoop。

```
[root@master ~]# chown -R hadoop:hadoop /usr/local/src/hive
```

6.4 设置 Hive 环境

6.4.1 卸载 MariaDB 数据库

Hive 元数据存储在 MySQL 数据库中，因此在部署 Hive 组件前需要首先在 Linux 操作系统下安装 MySQL 数据库，并进行 MySQL 字符集、安全初始化、远程访问权限等相关配置。需要使用 root 用户登录，执行如下操作步骤。

（1）关闭 Linux 操作系统防火墙，并将防火墙设定为系统开机并不自动启动。

```
[root@master ~]# systemctl stop firewalld       # 关闭防火墙服务
[root@master ~]# systemctl disable firewalld    # 设置防火墙服务开机不启动
```

（2）卸载 Linux 操作系统自带的 MariaDB。

① 查看 Linux 操作系统中 MariaDB 的安装情况。

```
[root@ master ~]# rpm -qa | grep mariadb        # 查询已安装的 MariaDB 软件包
mariadb-libs-5.5.52-2.el7.x86_64
```

以上结果显示 Linux 操作系统中已经安装了 mariadb-libs-5.5.52-2.e17.x86_64 软件包，需要将其卸载。

② 卸载 MariaDB 软件包。

```
[root@master ~]# rpm -e --nodeps mariadb-libs-5.5.56-2.el7.x86_64
# 卸载 MariaDB 软件包
```

6.4.2 安装 MySQL 数据库

（1）按如下顺序依次安装 MySQL 数据库的 mysql common、mysql libs、mysql client 软件包。

```
[root@master ~]# cd /opt/software/mysql-5.7.18/          # MySQL 软件包路径
[root@master ~]# rpm -ivh mysql-community-common-5.7.18-1.el7.x86_64.rpm
[root@master ~]# rpm -ivh mysql-community-libs-5.7.18-1.el7.x86_64.rpm
[root@master ~]# rpm -ivh mysql-community-client-5.7.18-1.el7.x86_64.rpm
```

（2）安装 mysql server 软件的两个依赖软件包。

```
[root@master ~]# yum install -y net-tools
[root@master ~]# yum install -y perl
```

（3）安装 mysql server 软件包。

```
[root@master ~]# rpm -ivh mysql-community-server-5.7.18-1.el7.x86_64.rpm
```

（4）修改 MySQL 数据库配置，在/etc/my.cnf 文件中添加如表 6-1 所示的 MySQL 数据库配置项。

表 6-1 MySQL 数据库配置项

字　段	配 置 值	字 段 说 明
default-storage-engine	innodb	设置 innodb 为默认的存储引擎
innodb_file_per_table	—	设置每个表的数据单独保存，而不是统一保存在 innodb 系统表空间中。单独保存有方便管理和提升性能两方面优势
collation-server	utf8_general_ci	设置支持中文编码字符集
init-connect	'SET NAMES utf8'	设置用户登录到数据库之后，在执行第一次查询之前执行 SET NAMES utf8 命令，将使用的字符编码设定为 utf8
character-set-server	utf8	将 MySQL 服务器字符集设定为 utf8

将以下配置信息添加到/etc/my.cnf 文件 symbolic-links=0 配置信息的下方。

```
default-storage-engine=innodb
innodb_file_per_table
collation-server=utf8_general_ci
init-connect='SET NAMES utf8'
character-set-server=utf8
```

添加完成后完整的/etc/my.cnf 文件内容如下。

```
[root@master ~]$ vi /etc/my.cnf

# For advice on how to change settings please see
#
http://dev.mysql.com/doc/refman/5.7/en/server-configuration-defaults.html

[mysqld]
#
# Remove leading # and set to the amount of RAM for the most important data
# cache in MySQL. Start at 70% of total RAM for dedicated server, else 10%.
# innodb_buffer_pool_size = 128M
#
# Remove leading # to turn on a very important data integrity option: logging
# changes to the binary log between backups.
# log_bin
#
# Remove leading # to set options mainly useful for reporting servers.
# The server defaults are faster for transactions and fast SELECTs.
# Adjust sizes as needed, experiment to find the optimal values.
# join_buffer_size = 128M
# sort_buffer_size = 2M
# read_rnd_buffer_size = 2M
datadir=/var/lib/mysql
socket=/var/lib/mysql/mysql.sock

# Disabling symbolic-links is recommended to prevent assorted security risks
symbolic-links=0
default-storage-engine=innodb        # 存储引擎
```

```
innodb_file_per_table                # 表数据单独保存
collation-server=utf8_general_ci     # 支持中文编码字符集
init-connect='SET NAMES utf8'        # 登录后自动执行的第一行代码
character-set-server=utf8            # 服务器字符集

log-error=/var/log/mysqld.log
pid-file=/var/run/mysqld/mysqld.pid
```

（5）启动 MySQL 数据库。

```
[root@master ~]# systemctl start mysqld
```

（6）查询 MySQL 数据库状态。mysqld 进程状态为 active (running)，则表示 MySQL 数据库正常运行。

如果 mysqld 进程状态为 failed，则表示 MySQL 数据库启动异常。此时需要排查 /etc/my.cnf 文件。

```
[root@master ~]# systemctl status mysqld
● mysqld.service - MySQL Server
   Loaded: loaded (/usr/lib/systemd/system/mysqld.service; enabled; vendor preset: disabled)
   Active: active (running) since — 2020-05-11 16:28:27 CST; 1h 26min ago
     Docs: man:mysqld(8)
           http://dev.mysql.com/doc/refman/en/using-systemd.html
  Process: 941 ExecStart=/usr/sbin/mysqld --daemonize --pid-file=/var/run/mysqld/mysqld.pid $MYSQLD_OPTS (code=exited, status=0/SUCCESS)
  Process: 911 ExecStartPre=/usr/bin/mysqld_pre_systemd (code=exited, status=0/SUCCESS)
 Main PID: 944 (mysqld)
   CGroup: /system.slice/mysqld.service
           L - 944 /usr/sbin/mysqld --daemonize --pid-file=/var/run/mysqld/mysqld.pid
```

（7）查询 MySQL 数据库默认密码。MySQL 数据库安装后的默认密码保存在/var/log/mysqld.log 文件中，在该文件中以 password 关键字搜索默认密码。

```
[root@master ~]# cat /var/log/mysqld.log | grep password
2020-05-07T02:34:03.336724Z 1 [Note] A temporary password is generated for root@localhost: MPg5lhk4?>Ui        #默认密码为 MPg5lhk4?>Ui
```

MySQL 数据库是安装后随机生成的，所以每次安装后生成的默认密码不相同。

（8）MySQL 数据库初始化。执行 mysql_secure_installation 命令初始化 MySQL 数据库，初始化过程中需要设定数据库 root 用户登录密码，密码需符合安全规则，包括大小写字符、数字和特殊符号，可设定密码为 Password123$。

在进行 MySQL 数据库初始化过程中会出现以下交互确认信息：

① Change the password for root ? (Press y|Y for Yes, any other key for No)，意思为“是否更改 root 用户密码？（按 y|Y 键表示是，按其他键表示否）”。通过键盘输入 y 并按 Enter 键。

② Do you wish to continue with the password provided?(Press y|Y for Yes, any other key for No)，意思为“是否继续使用设定的密码？（按 y|Y 键表示是，按其他键表示否）”。通过键盘输入 y 并按 Enter 键。

③ Remove anonymous users? (Press y|Y for Yes, any other key for No)，意思为“是否删除匿名用户？（按 y|Y 键表示是，按其他键表示否）”。通过键盘输入 y 并按 Enter 键。

④ Disallow root login remotely? (Press y|Y for Yes, any other key for No)，意思为“是否拒绝 root 用户远程登录？（按 y|Y 键表示是，按其他键表示否）”。通过键盘输入 n 并按 Enter 键，表示允许 root 用户远程登录。

⑤ Remove test database and access to it? (Press y|Y for Yes, any other key for No)，意思为“是否删除测试数据库？（按 y|Y 键表示是，按其他键表示否）”。通过键盘输入 y 并按 Enter 键。

⑥ Reload privilege tables now? (Press y|Y for Yes, any other key for No)，意思为“是否重新加载授权表？（按 y|Y 键表示是，按其他键表示否）”。通过键盘输入 y 并按 Enter 键。

mysql_secure_installation 命令执行过程如下。

```
[root@master ~]# mysql_secure_installation

Securing the MySQL server deployment.

Enter password for user root:
# 输入/var/log/mysqld.log 文件中查询到的默认 root 用户登录密码
The 'validate_password' plugin is installed on the server.
The subsequent steps will run with the existing configuration of the plugin.
Using existing password for root.

Estimated strength of the password: 100
Change the password for root ? (Press y|Y for Yes, any other key for No): y

New password:                # 输入新密码 Password123$

Re-enter new password:       # 再次输入新密码 Password123$

Estimated strength of the password: 100
Do you wish to continue with the password provided?(Press y|Y for Yes, any
other key for No) : y          # 输入 y
By default, a MySQL installation has an anonymous user,
allowing anyone to log into MySQL without having to have
a user account created for them. This is intended only for
testing, and to make the installation go a bit smoother.
You should remove them before moving into a production
environment.

Remove anonymous users? (Press y|Y for Yes, any other key for No) : y
# 输入 y
Success.


Normally, root should only be allowed to connect from
'localhost'. This ensures that someone cannot guess at
```

```
the root password from the network.

Disallow root login remotely? (Press y|Y for Yes, any other key for No) : n  # 输入n

 ... skipping.
By default, MySQL comes with a database named 'test' that
anyone can access. This is also intended only for testing,
and should be removed before moving into a production
environment.


Remove test database and access to it? (Press y|Y for Yes, any other key for No) : y    # 输入y
 - Dropping test database...
Success.

 - Removing privileges on test database...
Success.

Reloading the privilege tables will ensure that all changes
made so far will take effect immediately.

Reload privilege tables now? (Press y|Y for Yes, any other key for No) : y  # 输入y
Success.

All done!
```

（9）添加root用户从本地和远程访问MySQL数据库表单的授权。

```
[root@master ~]# mysql -uroot -p
Enter password:          # 输入新设定的密码 Password123$
Welcome to the MySQL monitor.  Commands end with ; or \g.
Your MySQL connection id is 20
Server version: 5.7.18 MySQL Community Server (GPL)

Copyright (c) 2000, 2017, Oracle and/or its affiliates. All rights reserved.

Oracle is a registered trademark of Oracle Corporation and/or its
affiliates. Other names may be trademarks of their respective
owners.

Type 'help;' or '\h' for help. Type '\c' to clear the current input statement.

mysql> grant all privileges on *.* to root@'localhost' identified by 'Password123$';          # 添加root用户本地访问授权
Query OK, 0 rows affected, 1 warning (0.01 sec)
```

```
mysql> grant all privileges on *.* to root@'%' identified by 'Password123$';
    # 添加 root 用户远程访问授权
Query OK, 0 rows affected, 1 warning (0.00 sec)

mysql> flush privileges;          # 刷新授权
Query OK, 0 rows affected (0.00 sec)

mysql> select user,host from mysql.user where user='root';
                                  # 查询 root 用户授权情况
+------+-----------+
| user | host      |
+------+-----------+
| root | %         |
| root | localhost |
+------+-----------+
2 rows in set (0.00 sec)

mysql> exit;                      # 退出 MySQL 数据库
Bye
```

6.4.3　配置 Hive 组件

（1）设置 Hive 环境变量并使其生效。

```
[root@master ~]# vi /etc/profile          # 在文件末尾追加以下配置内容
# set hive environment
export HIVE_HOME=/usr/local/src/hive
export PATH=$PATH:$HIVE_HOME/bin

source /etc/profile                       # 使环境变量配置生效
```

（2）修改 Hive 组件配置文件。

切换到 hadoop 用户执行以下对 Hive 组件的配置操作。

将/usr/local/src/hive 文件夹下 hive-default.xml.template 文件更名为 hive-site.xml。

```
[root@master ~]# su - hadoop
[hadoop@master ~]$ cp /usr/local/src/hive/hive-default.xml.template /usr/
local/src/hive/hive-site.xml
```

（3）通过 vi 编辑器修改 hive-site.xml 文件实现 Hive 连接 MySQL 数据库，并设定 Hive 临时文件存储路径。

```
[hadoop@master ~]$ vi /usr/local/src/hive/conf/hive-site.xml
```

① 设置 MySQL 数据库连接。

```
<name>javax.jdo.option.ConnectionURL</name>
<value>jdbc:mysql://master:3306/hive?createDatabaseIfNotExist=true&amp;
useSSL=false</value>
<description>JDBC connect string for a JDBC metastore</description>
```

② 配置 MySQL 数据库 root 的密码。

```
<property>
<name>javax.jdo.option.ConnectionPassword</name>
```

```
<value>Password123$</value>
<description>password to use against metastore database</description>
</property>
```

③ 验证元数据存储版本一致性。若默认 false，则不用修改。

```
<property>
<name>hive.metastore.schema.verification</name>
<value>false</value>
<description>
  Enforce metastore schema version consistency.
True: Verify that version information stored in is compatible with one from
Hive jars.  Also disable automatic
  False: Warn if the version information stored in metastore doesn't match
with one from in Hive jars.
</description>
</property>
```

④ 配置数据库驱动。

```
<property>
<name>javax.jdo.option.ConnectionDriverName</name>
<value>com.mysql.jdbc.Driver</value>
<description>Driver class name for a JDBC metastore</description>
</property>
```

⑤ 配置数据库用户名 javax.jdo.option.ConnectionUserName 为 root。

```
<property>
<name>javax.jdo.option.ConnectionUserName</name>
<value>root</value>
<description>Username to use against metastore database</description>
</property>
```

⑥ 将以下位置的${system:java.io.tmpdir}/${system:user.name}替换为“/usr/local/src/hive/tmp”目录及其子目录。

需要替换以下 4 处配置内容：

```
    <name>hive.querylog.location</name>
    <value>/usr/local/src/hive/tmp</value>
    <description>Location of Hive run time structured log file</description>

    <name>hive.exec.local.scratchdir</name>
    <value>/usr/local/src/hive/tmp</value>

    <name>hive.downloaded.resources.dir</name>
    <value>/usr/local/src/hive/tmp/resources</value>

    <name>hive.server2.logging.operation.log.location</name>
    <value>/usr/local/src/hive/tmp/operation_logs</value>
```

⑦ 在 Hive 安装目录中创建临时文件夹 tmp。

```
[hadoop@master ~]$ mkdir /usr/local/src/hive/tmp
```

至此，Hive 组件安装和配置完成。

6.5 初始化 Hive 元数据

（1）将 MySQL 数据库驱动文件/opt/software/mysql-connector-java-5.1.47.jar 复制到 Hive 安装目录的/usr/local/src/hive/lib 目录下。

```
[hadoop@master ~]$ exit          # 返回 root 用户登录状态

[root@master ~]# cp ~/mysql-connector-java-5.1.47.jar /usr/local/src/hive/lib
[root@master ~]# chown -R hadoop:hadoop /usr/local/src/hive/lib/mysql-connector-java-5.1.47.jar

[root@master ~]# su - hadoop     # 再次切换到 hadoop 用户
```

（2）删除/usr/local/src/hadoop/share/hadoop/yarn/lib/jline-0.9.94.jar 文件。若未删除该文件会导致 Hive 元数据初始化失败。

```
[hadoop@master ~]$ rm -f /usr/local/src/hadoop/share/hadoop/yarn/lib/ jline-0.9.94.jar
```

（3）启动 Hadoop 相关进程。

```
[hadoop@master ~]$ start-all.sh
```

分别在 master、slave1、slave2 三个节点执行 jps 命令，检查 Hadoop 进程运行是否正常。进程 ID 号每次启动会发生变化。

```
[hadoop@master ~]$ jps          # master 节点
1152 NameNode
1472 ResourceManager
1330 SecondaryNameNode
2025 Jps

[root@slave1 ~]# su - hadoop    # slave1 节点
[hadoop@slave1 ~]$ jps
1173 NodeManager
1322 Jps
1069 DataNode

[root@slave2 ~]# su - hadoop    # slave2 节点
[hadoop@slave2 ~]$ jps
1076 DataNode
1317 Jps
1180 NodeManager
```

（4）初始化 Hive 元数据。使用 schematool 升级元数据，将 Hive 的元数据重新写入 MySQL 数据库中。

```
[hadoop@master ~]$ schematool -initSchema -dbType mysql
Metastore connection URL: jdbc:mysql://master:3306/hive?createDatabaseIfNotExist=true&useSSL=false
Metastore Connection Driver: com.mysql.jdbc.Driver
```

```
Metastore connection User: root
Starting metastore schema initialization to 2.0.0
Initialization script hive-schema-2.0.0.mysql.sql
Initialization script completed
schemaTool completed
```

以上命令结果显示 schemaTool completed，则表示 Hive 元数据写入 MySQL 数据库成功。

若执行 schematool -initSchema -dbType mysql 命令，显示 schemaTool failed 报错，很可能是主键重复的原因。

```
[hadoop@master ~]$ schematool -initSchema -dbType mysql
Metastore connection URL: jdbc:mysql://master:3306/hive?createDatabaseIf
NotExist=true&useSSL=false
Metastore Connection Driver: com.mysql.jdbc.Driver
Metastore connection User: root
Starting metastore schema initialization to 2.0.0
Initialization script hive-schema-2.0.0.mysql.sql
Error: Duplicate key name 'PCS_STATS_IDX' (state=42000,code=1061)
org.apache.hadoop.hive.metastore.HiveMetaException: Schema initialization
FAILED! Metastore state would be inconsistent !!
*** schemaTool failed ***
```

可以删除 MySQL 中的 Hive 数据库后，重新执行 schematool -initSchema -dbType mysql 命令。

```
[hadoop@master ~]$ mysql -uroot -p      # 登录 MySQL 数据库
Enter password:                         # 输入 MySQL 的 root 用户密码
Welcome to the MySQL monitor.  Commands end with ; or \g.
Your MySQL connection id is 14
Server version: 5.7.18 MySQL Community Server (GPL)

Copyright (c) 2000, 2017, Oracle and/or its affiliates. All rights reserved.

Oracle is a registered trademark of Oracle Corporation and/or its
affiliates. Other names may be trademarks of their respective
owners.

Type 'help;' or '\h' for help. Type '\c' to clear the current input statement.

mysql> show databases;                  # 查询数据库
+--------------------+
| Database           |
+--------------------+
| information_schema |
| hive               |
| mysql              |
| performance_schema |
| sys                |
+--------------------+
5 rows in set (0.01 sec)
```

```
mysql> drop database hive;       # 删除 Hive 数据库
Query OK, 53 rows affected (0.07 sec)

mysql> show databases;           # 查询 Hive 数据库是否删除
+--------------------+
| Database           |
+--------------------+
| information_schema |
| mysql              |
| performance_schema |
| sys                |
+--------------------+
4 rows in set (0.00 sec)

mysql> exit;                     # 退出 MySQL
Bye
```

6.6　启动 Hive

（1）在系统的任意目录下，执行 hive 命令即可启动 Hive 组件。

```
[hadoop@master ~]$ hive

Logging initialized using configuration in jar:file:/usr/local/src/hive/lib/hive-common-2.0.0.jar!/hive-log4j.properties
SLF4J: Class path contains multiple SLF4J bindings.
SLF4J: Found binding in [jar:file:/usr/hadoop/share/hadoop/common/lib/slf4j-log4j12-1.7.5.jar!/org/slf4j/impl/StaticLoggerBinder.class]
SLF4J: Found binding in [jar:file:/usr/local/src/hive/lib/hive-jdbc- 2.0.0-standalone.jar!/org/slf4j/impl/StaticLoggerBinder.class]
SLF4J: See http://www.slf4j.org/codes.html#multiple_bindings for an explanation.
SLF4J: Actual binding is of type [org.slf4j.impl.Log4jLoggerFactory]
hive>
```

（2）执行 exit 命令，退出 Hive 命令行状态。

```
hive> exit;
[hadoop@master ~]$
```

6.7　本章小结

本章主要介绍了 Hadoop 平台搭建中 Hive 组件的功能与应用，MySQL 的安装部署，以及 Hive 组件的详细配置和初始化、启动等内容。

第7章 HBase组件的安装与配置

学习目标

- 掌握 HBase 组件相关知识
- 掌握 HBase 组件的功能应用
- 掌握 HBase 组件的设置方法
- 掌握 HBase 组件的安装与配置方法
- 掌握 HBase 组件常用 Shell 命令

HBase（Hadoop Database）是一个高可靠性、高性能、面向列、可伸缩的分布式数据库，典型的 NoSQL（Not only SQL）数据库。本章主要介绍 HBase 组件相关知识、HBase 组件的功能应用、HBase 组件的设置、HBase 组件的安装、HBase 组件的配置、HBase 组件常用 Shell 命令，以及其他相关配置内容。

7.1 HBase 相关知识

1. HBase 发展历史

HBase 起源于 Hadoop 的子项目，由 Powerset 公司在 2007 年创建，同年 10 月 HBase 的第一版与 Hadoop 0.15.0 捆绑发布，初期的目标是弥补 MapReduce 在实时操作上的缺失，方便用户随时操作大规模的数据集。随着 NoSQL 数据库的流行和迅速发展，在 2010 年 5 月，Apache HBase 脱离 Hadoop，成为 Apache 基金的顶级项目。2011 年 1 月，ZooKeeper 也脱离 Hadoop，成为 Apache 基金的顶级项目。

2. HBase 主要特性

面向列设计：面向列表（簇）的存储和权限控制，列（簇）独立检索。

支持多版本：每个单元中的数据可以有多个版本，默认情况下，版本号可自动分配，版本号就是单元格插入时的时间戳。

稀疏性：空列不占用存储空间，表可以设计得非常稀疏。

高可靠性：预写式日志（Write-Ahead Logging，WAL）机制保证了数据写入时不会因集群异常而导致写入数据丢失，Replication 机制保证了在集群出现严重的问题时，数据不会发生丢失或损坏。

高性能：底层数据结构和 RowKey 有序排列等架构上的独特设计，使得 HBase 具有非常高的写入性能。通过科学的设计，RowKey 可使数据进行合理的 Region 切分，主键索引和缓存机制使得 HBase 在海量数据下具备高速的随机读取性能。

3. HBase（NoSQL）与 RDBMS 的区别

传统的 RDBMS 具有以下特征：它是面向表格、视图设计的标准化数据，表中的数据类型也会进行预定义，数据保存后表的结构不易修改。每个表格对列的数据有所限制，最大不会超过几百个，这将导致不同的数据可能会存放到多个表中，表格之间存在一对一、一对多、多对一、多对多等复杂关系。正因如此，RDBMS 的使用场景更适合于高度结构化的行业，如医疗、教育等。

HBase 是典型的 NoSQL，它属于一种高效的映射嵌套型弱视图设计，以键值对的方式存储数据，每一行数据都可以有不同的列设计。数据依赖于行键作为唯一标识，当行数据的结构发生变化时，HBase 也能根据需求做出灵活调整。数据以文本方式保存，HBase 把数据的解释任务交给了应用程序，因此它更适合于灵活的数据结构项目。

7.2 HBase 功能应用

HBase 的架构是依托于 Hadoop 的 HDFS 作为最基本的存储基础单元，在 HBase 的集群中由一个 Master 主节点管理多个 RegionServer，而 ZooKeeper 进行协调操作。

如图 7-1 所示，HBase 的体系结构是一个主从式的结构，主节点 HMaster 在整个集群当中只有一个在运行，从节点 HRegionServer 有很多个在运行，主节点 HMaster 与从节点 HRegionServer 实际上指的是不同的物理服务器，即只有一个服务器上面跑的进程是 HMaster，很多服务器上面跑的进程是 HRegionServer，HMaster 没有单点问题，HBase 集群当中可以启动多个 HMaster，但是通过 ZooKeeper 的事件处理机制保证整个集群当中只有一个 HMaster 在运行。既然 HBase 是数据库，那么数据库从根本上来说就是存储表 Table 的，但是必须注意：HBase 并非是传统的关系型数据库（如 MySQL、Oracle），而是非关系型数据库，因为 HBase 是一个面向列的分布式存储系统。

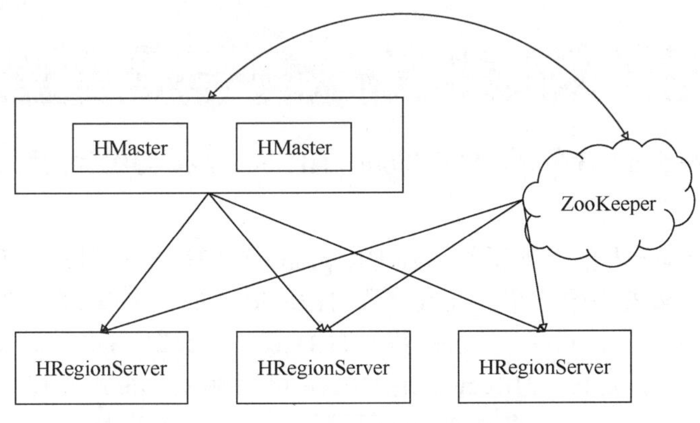

图 7-1 HBase 的体系架构

HBase 采取了 HDFS 类似的存储机制，将一个 Table 切分成若干个 Region 进行存储，当 Table 随着记录数不断增加而变大后，Table 在行的方向上会被切分成多个 Region，一个 Region 由(startkey, endkey)表示，每个 Region 会被 Master 分散到不同的 HRegionServer 上面进行存储，类似于 Block 块会被分散到不同的 DataNode 节点上面进行存储。

1. HMaster

HMaster 用于启动任务管理多个 HRegionServer，侦测各个 HRegionServer 之间的状态，当一个新的 HRegionServer 登录到 HMaster 时，HMaster 会告诉它等待分配数据，平衡 HRegionServer 之间的负载。而当某个 HRegionServer 死机时，HMaster 会把它负责的所有 HRegion 标记为未分配，然后把它们分配到其他 HRegionServer 中，并恢复 HRegionServer 的故障。事实上 HMaster 的负载很轻，HBase 允许有多个 HMaster 节点共存，但同一时刻只有一个 HMaster 能为系统提供服务，其他的 HMaster 节点处于待命状态。当正在工作的 HMaster 节点死机时，其他的 HMaster 则会接管 HBase 的集群。

2. HRegionServer

HBase 中的所有数据从底层来说一般是保存在 HDFS 中的，用户通过一系列 HRegionServer 获取这些数据。集群一个节点上一般只运行一个 HRegionServer，且每一个区段的 HRegion 只会被一个 HRegionServer 维护。HRegionServer 主要负责响应用户 I/O 请求，向 HDFS 文件系统读写数据，是 HBase 中最核心的模块。

3. ZooKeeper

Apache ZooKeeper 起源于 Hadoop 的分布式协同服务，是负责协调集群中的分布式组件。经过多年的发展，ZooKeeper 已经成为分布式大数据框架中容错性的标准框架，被多个分布式开源框架所应用。

HBase 的组件之间是通过心跳机制协调系统之间的状态和健康信息的，这些功能都是通过消息实现的，一旦消息因外界原因丢失，系统则需要根据不同的情况进行处理，ZooKeeper 的主要作用正是监听并协调各组件的运作。它监听了多个节点的使用状态，保证了 HMaster 处于正常运行当中，一旦 HMaster 发生故障，ZooKeeper 就会发出通知，备用的 HMaster 就会进行替代。ZooKeeper 也会监测 HRegionServer 的健康状态，一旦发生故障就会通知 HMaster，把任务重新分配给正常的 HRegionServer 进行操作，并恢复有故障的 HRegionServer。

7.3 HBase 组件设置

下面将介绍 HRegion、HStore、MemStore、HFile、WAL 等组件的协调操作过程。

1. HRegion

每个 HRegionServer 内部管理了一系列 HRegion，它们可以分别属于不同的逻辑表，每个 HRegion 对应了逻辑表中的一个连续数据段。HRegionServer 只管理表格，实现读写操作。Client 直接连接到 HRegionServer，并通信获取 HBase 中的数据。而 HRegion 则是真实存放 HBase 数据的地方，也就是说，HRegion 是 HBase 可用性和分布式的基本单位。当表的大小超过预设值时，HBase 会自动将表划分为不同的区域，每个区域就是一个 HRegion，以主键（RowKey）来区分。一个 HRegion 会保存一个表中某段连续的数据，一张完整的表数据是保存在多个 HRegion 中的，这些 HRegion 可以在同一个 HRegionServer 中，也可以来源于不同的 HRegionServer。

2. HStore

每个 HRegion 由多个 HStore 组成，每个 HStore 对应逻辑表在这个 HRegion 集合中的一个 Column Family，建议把具有相近 I/O 特性的 Column 存储在同一个 Column Family 中，以实现高效读取。HStore 由一个 MemStore 及一系列 HFile 组成，MemStore 存储于内存中，而 HFile 则是写入 HDFS 中的持久性文件。用户写入的数据首先会放入 MemStore，当 MemStore 的大小到达预设值后就会 Flush 成一个 StoreFile（即 HFile）文件。

3. MemStore

MemStore 是一个缓存，当所有数据完成 WAL 写后，就会写入 MemStore 中，由 MemStore 根据一定的算法将数据 Flush 到底层 HDFS 文件中(HFile)，每个 HRegion 中的每个 Column Family 有一个自己的 MemStore。当用户从 HBase 中读取数据时，系统将尝试从 MemStore 中读取数据，如果找不到相应数据才会尝试从 HFile 中读取。当服务器死机时，MemStore 中的数据有可能会丢失，此时 HBase 就会使用 WAL 中的记录对 MemStore 中的数据进行恢复。

4. HFile

HFile 是最终保存 HBase 数据行的文件，一个 HFile 文件属于一张表中的某个列簇，当中的数据是按 RowKey、Column Family、Column 升序排序的，对相同的 Cell，则按 timestamp 倒序排列。

File 中每条键值的存储都包括 2 个固定长度的数字，分别表示键和值的长度，目的是让客户端可根据字节的偏移访问值域中的数据。KeyValue 类中 getKey 和 getRow 方法的区别为，getKey()方法返回的是整个键，而 getRow()方法返回的只是行键 RowKey。

HFile 文件是根据表的列簇进行区分的，在执行持久化时，记录是有序的。但当 HFile 的文件内容增长到一定阈值后就会触发合并操作，多个 HFile 就会合并成一个更大的 HFile，由于这几个 HFile 有可能在不同的时间段产生，为保证合并后的数据依然是有序排列的，HFile 会通过小量压缩或全量压缩进行合并，对 HFile 文件记录进行重新排序。由于全量压缩是一个耗费资源的操作，因此应该保证在资源充足的情况下进行。

当单个 HFile 大小超过一定阈值后，会触发 Split 拆分操作，用户可通过配置 hbase.regionserver.region.split.policy 选择拆分的策略，拆分策略由 RegionSplitPolicy 类进行处理。默认情况下 HRegion 将被拆分成 2 个 HRegion，父 HRegion 会下线，新分出的 2 个子 HRegion 会被 HMaster 分配到相应的 HRegionServer。

5. WAL

WAL 是 HRegionServer 中的日志记录工具，当系统发生故障时，可以通过 WAL 恢复数据。每次用户将数据写入 MemStore 时，也会写一份数据到 WAL 中，WAL 中包含了部分还没有写入 HFile 的文件。WAL 文件会定期滚动刷新，并删除旧的文件（已持久化到 HFile 中的数据）。当 HMaster 通过 ZooKeeper 感知到某个 HRegionServer 意外终止时，HMaster 首先会处理遗留的 WAL 文件，将其中不同 HRegion 的 WAL 数据进行拆分，分别放到相应的 WAL 目录下，然后将失效的 HRegion 重新分配，领取到这些 HRegion 的 HRegionServer 在加载 HRegion 的过程中，会发现有历史 WAL 需要处理，因此会把 WAL 中的数据加载到 MemStore 中，然后 Flush 到 HFile，完成数据恢复。

用户可以通过禁用 WAL 的方式提高 HBase 的性能，然而这有导致数据丢失的风险，用户应该谨慎处理。一旦禁用了 WAL，系统应该在接收到 HRegionServer 死机的消息后重新启动写入程序，然而这有可能导致数据重复输入。

7.4 HBase 安装与配置

（1）解压缩 HBase 安装包：

```
[hadoop@master staging]# tar zxvf hbase-1.2.1-bin.tar.gz -C /usr/
```

（2）重命名 HBase 安装文件夹：

```
[hadoop@master staging]# cd /usr/
[hadoop@master usr]#mv hbase-1.2.1 hbase
```

（3）在所有节点中添加环境变量：

```
[hadoop@master ~]# vi /etc/profile
# set hbase environment
export HBASE_HOME=/usr/hbase
export PATH=$HBASE_HOME/bin:$PATH
```

（4）在所有节点中使环境变量生效：

```
[hadoop@master ~]# source /etc/profile
```

（5）在 master 节点中进入配置文件目录：

```
[hadoop@master ~]# cd /usr/hbase/conf/
```

（6）在 master 节点中配置 hbase-env.sh 文件：

```
[hadoop @master conf]# vi hbase-env.sh #在文件中修改
export JAVA_HOME=/usr/java/jdk1.8.0_77 #Java 安装位置
export HBASE_MANAGES_ZK=false   #值为 true,使用 HBase 自带的 ZooKeeper;值为 false,使用在 Hadoop 上安装的 ZooKeeper
export HBASE_CLASSPATH=/usr/hadoop/etc/hadoop/ #HBase 类路径
export HBASE_MANAGES_ZK=faLse
```

（7）在 master 节点中配置 hbase-site.xml：

```
[hadoop @master conf]# vi hbase-site.xml
<property>
      <name>hbase.rootdir</name>
      <value>hdfs://master:9000/hbase</value>  # 使用 9000 端口
      <description>The directory shared by region servers.</description>
</property>
<property>
       <name>hbase.master.info.port</name>
       <value>60010</value>       # 使用 master 节点 60010 端口
</property>
<property>
      <name>hbase.zookeeper.property.clientPort</name>
      <value>2181</value>         # 使用 master 节点 2181 端口
      <description>Property from ZooKeeper's config zoo.cfg. The port at which the clients will connect.
      </description>
```

```
    </property>
    <property>
        <name>zookeeper.session.timeout</name>
        <value>120000</value>                          # ZooKeeper 超时时间
    </property>
    <property>
        <name>hbase.zookeeper.quorum</name>
        <value>master,slave1,slave2</value>            # ZooKeeper 管理节点
    </property>
    <property>
        <name>hbase.tmp.dir</name>
        <value>/usr/hbase/tmp</value>                  # HBase 临时文件路径
    </property>
    <property>
        <name>hbase.cluster.distributed</name>
        <value>true</value>                            # 使用分布式 HBase
    </property>
```

hbase.rootdir：该项配置了数据写入的目录，默认 hbase.rootdir 是指向/tmp/hbase-${user.name}的，也就是说，在重启后会丢失数据（重启时操作系统会清理/tmp 目录）。

hbase.zookeeper.property.clientPort：指定 ZooKeeper 的连接端口。

zookeeper.session.timeout：RegionServer 与 ZooKeeper 间的连接超时时间。当超时到后，ReigonServer 会被 ZooKeeper 从 RS 集群清单中移除。HMaster 收到移除通知后，会对这台 Server 所负责的 Regions 重新进行负载均衡，让其他存活的 RegionServer 接管。

hbase.zookeeper.quorum：默认值是 localhost，列出 zookeepr ensemble 中的 servers。

hbase.master.info.port：浏览器的访问端口。

```
    <configuration>
    <property>
    <name>hbase.rootdir</name>
    <value>hdfs://master:9000/hbase</value>
    <desc ription>The directory shared by region servers. </desc ription>
    </property>
    kprope rty>
    <name>hbase.zookeeper.property.clientPort</name>
    <value>2181</value>
    <description>Property from ZooKeeper's config zoo.cfg. The port at which 
the clients will connect.
    </description>
    /property>
    <property>
    <name>zookeeper.session.timeout</name>
    <value>120000</value>
    /property>
    <property>
    <name>hbase.zookeeper.quorum</name>
    <value>master,slavel, slave2</value>
    </property>
```

```
<property>
<name>hbase, tmp.dir</name>
<value>/usr/hbase/tmp</value>
</property>
<property>
<name>hbase.cluster.distributed</name>
<value>true</value>
</propertv>
<configuration>
```

（8）在 master 节点中修改 regionservers 文件：

```
[hadoop@master conf]$ vi regionservers
#删除 localhost，每一行写一个 slave 节点主机机器名
slave1
slave2
```

（9）在 master 节点中创建 hbase.tmp.dir 目录：

```
[hadoop@master usr]# mkdir /usr/hbase/tmp
```

（10）将 master 上的 hbase 安装文件同步到 slave1、slave2：

```
[hadoop@master ~]# scp -r /usr/hbase/ hadoop@slave1:/usr
[hadoop@master ~]# scp -r /usr/hbase/ hadoop@slave2:/usr
```

（11）在所有节点中修改 hbase 目录权限：

```
[hadoop@master ~]# chown -R hadoop:hadoop /usr/hbase/
```

（12）在所有节点中切换到 hadoop 用户：

```
[hadoop@master ~]#su - hadoop
```

（13）启动 HBase。先启动 Hadoop，然后启动 ZooKeeper，最后启动 HBase。

首先在 master 节点中启动 Hadoop。

```
[hadoop@master ~]$ start-all.sh
[hadoop@master ~]$ jps
```

master 节点：

```
[hadoop@master ~]$ jps
10288 ResourceManager
9939 NameNode
10547 Jps
10136 SecondaryNameNode
```

slave1 节点：

```
[hadoop@slave1 ~]$ start-all.sh
[hadoop@slave1 ~]$ jps
4465 NodeManager
4356 DataNode
4584 Jps
```

slave2 节点：

```
[hadoop@slave2 ~]$ start-all.sh
[hadoop@slave2 ~]$ jps
3714 DataNode
3942 Jps
3823 NodeManager
```

（14）在所有节点中启动 ZooKeeper：

```
[hadoop@master ~]$ zkServer.sh start
[hadoop@master ~]$ jps
```

master 节点：

```
10288 ResourceManager
9939 NameNode
10599 Jps
10136 SecondaryNameNode
10571 QuorumPeerMain
```

slave1 节点：

```
[hadoop@slave1 ~]$ zkServer.sh start
[hadoop@slave1 ~]$ jps
1473 QuorumPeerMain
1302 NodeManager
1226 DataNode
1499 Jps
```

slave2 节点：

```
[hadoop@slave2 ~]$ zkServer.sh start
[hadoop@slave2 ~]$ jps
1296 NodeManager
1493 Jps
1222 DataNode
1469 QuorumPeerMain
```

（15）在 master 节点中启动 HBase：

```
[hadoop@master ~]$ start-hbase.sh
[hadoop@master ~]$ jps
```

master 节点：

```
1669 ResourceManager
2327 Jps
1322 NameNode
2107 HMaster
1948 QuorumPeerMain
1517 SecondaryNameNode
```

slave1 节点：

```
[hadoop@slave1 ~]$ jps
1473 QuorumPeerMain
1557 HRegionServer
1702 Jps
1302 NodeManager
1226 DataNode
```

slave2 节点：

```
[hadoop@slave2 ~]$ jps
1296 NodeManager
1222 DataNode
1545 HRegionServer
1725 Jps
```

```
1469 QuorumPeerMain
```

（16）在浏览器的地址栏中输入 192.168.1.6:60010，出现如图 7-2 所示的界面。

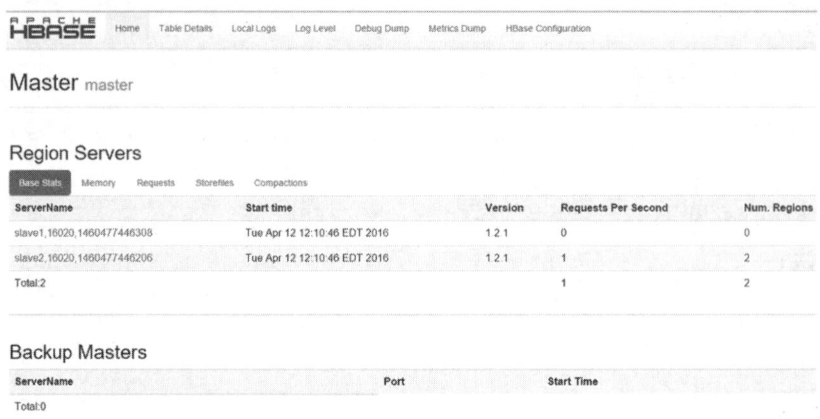

图 7-2　HBase 浏览器界面

（17）关闭 HBase。

在 master 节点中关闭 HBase：

```
[hadoop@master ~]$ stop-hbase.sh
```

在所有节点中关闭 ZooKeeper：

```
[hadoop@master ~]$ zkServer.sh stop
[hadoop@slave1 ~]$ zkServer.sh stop
[hadoop@slave2 ~]$ zkServer.sh stop
```

在 master 节点中关闭 Hadoop：

```
[hadoop@master ~]$ stop-all.sh
```

注意：各节点之间的时间必须同步，否则 HBase 启动不了。

在每个节点中执行 date 命令，查看每个节点的时间是否同步，若不同步，在各节点中执行 date 命令：date -s "2016-04-15 12:00:00"。

7.5　HBase 常用 Shell 命令

（1）进入 HBase 命令行。

```
[hadoop@master ~]$ hbase shell
```

（2）建立表 scores，两个列簇：grade 和 course。

```
hbase(main):001:0> create 'scores','grade','course'
hbase( main) :001:0> create'scores', 'grade', 'course 0 row( s ) in 2.9150 seconds
=>Hbase:: Table - scores
```

（3）查看数据库状态。

```
hbase (main) :001 :0> status
1 active master, 0 backup masters, 2 servers, 0 dead, 1.0000 average load
```

（4）查看数据库版本。

```
hbase (main) :002:0> version
1.2.1,r8d8a7107dc4ccbf36a92f64675dc60392f85c015,Wed Mar 30 11:19:21 CDT
```

```
20 16
```

（5）查看表。

```
hbase(main):008:0> list
TABLE
scores
1 row(s) in 0.0100 seconds
=>["scores"]
```

（6）插入记录 1：jie,grade: 146cloud。

```
hbase(main):003:0> put 'scores','jie','grade:','146cloud'
0 row(s) in 0.2250 seconds
```

（7）插入记录 2：jie,course:math,86。

```
hbase(main):004:0> put 'scores','jie','course:math','86'
0 row(s) in 0.0190 seconds
```

（8）插入记录 3：jie,course:cloud,92。

```
hbase(main):005:0> put 'scores','jie','course:cloud','92'
0 row(s) in 0.0170 seconds
```

（9）插入记录 4：shi,grade:133soft。

```
hbase(main):006:0> put 'scores','shi','grade:','133soft'
0 row(s) in 0.0070 seconds
```

（10）插入记录 5：shi,course:math,87。

```
hbase(main):007:0> put 'scores','shi','course:math','87'
0 row(s) in 0.0060 seconds
```

（11）插入记录 6：shi,course:cloud,96。

```
hbase(main):008:0> put 'scores','shi','course:cloud','96'
0 row(s) in 0.0070 seconds
```

（12）读取 jie 的记录。

```
hbase(main):009:0> get 'scores','jie'
COLUMN                            CELL
course:cloud              timestamp=1460479208148, value=92
course: math              timestamp=1460479163325, value=86
grade:                    timestamp=1460479064086, va Lue=146cloud
3 row(s) in 0.0800 seconds
```

（13）读取 jie 的班级。

```
hbase(main):012:0> get 'scores','jie','grade'
COLUMN                            CELL
grade:                    timestamp=1460479064086, value=146cloud
1 row(s) in 0.0150 seconds
```

（14）查看整个表记录。

```
hbase(main):013:0> scan 'scores'
ROW COLUMN+CELL
jie
column=course:cloud, timestamp=1460479208148, value=92
jie
column=course:math, timestamp=1460479163325, value=86
jie
```

```
column=grade:, timestamp=1460479064086, value=146cloud
shi
column=course:cloud, timestamp=1460479342925, value=96
shi
column=course:math, timestamp=1460479312963,  value=87
shi
column=grade:, timestamp=1460479257429, value=133soft
2 row(s) in 0.0570 seconds
```

（15）按例查看表记录。

```
hbase(main):014:0> scan 'scores',{COLUMNS=>'course'}
ROW   COLUMN+CELL
jie      column=course:cloud, timestamp=1460479208148,value=92
jie      column=course:math, timestamp=1460479163325,value=86
shi      column=course:cloud, timestamp=1460479342925,value=96
shi      column=course:math, timestamp=1460479312963, value=87
2 row(s) in 0. 0230 seconds
```

（16）删除指定记录。

```
hbase(main):015:0> delete 'scores','shi','grade'
0 row(s) in 0.0390 seconds
```

（17）删除后，执行 scan 命令。

```
hbase(main):016:0> scan 'scores'
ROW   COLUMN+CELL
jie column=course: cloud, timestamp=1460479208148,value=92
jie column=course:math, timestamp=1460479163325, value=86
jie column=grade:,timestamp=1460479064086, value=146cloud
shi column=course:cloud, timestamp=1460479342925, value=96
shi column=course: math, timestamp=1460479312963,  value=87
row(s) in 0. 0350 seconds
```

（18）增加新的列簇。

```
hbase(main):017:0> alter 'scores',NAME=>'age'
Updating all regions with the new schema.
0/1 regions updated.
1/1 regions updated.
Done.
0 row(s) in 3.0060 seconds
```

（19）查看表结构。

```
hbase(main):018:0> describe 'scores'
Table scores is ENABLED
scores
COLUMN FAMILIES DESCRIPTION
……
3 row(s) in 0.0400 seconds
```

（20）删除列簇。

```
hbase(main):020:0> alter 'scores',NAME=>'age',METHOD=>'delete'
Updating all regions with the new schema…
1/1 regions updated.
```

```
Done,
0 row(s) in 2.1600seconds
```

（21）删除表。

```
hbase(main):021:0> disable 'scores'
0 row(s) in 2.2930seconds

hbase(main):022:0> drop 'scores'
0 row(s) in 1.2530seconds
hbase(main):023:0> list
TABLE
0 row(s) in 0.0150 seconds
  ==>[]
```

（22）退出。

```
hbase(main):024:0> quit
[hadoopdmaste r~]$
```

7.6　本章小结

本章主要介绍了 HBase 相关知识、HBase 功能应用、HBase 组件设置、HBase 安装、HBase 配置、HBase 常用 Shell 命令，以及其他相关配置内容。

第 8 章 ZooKeeper 组件的安装与配置

学习目标

- 掌握 ZooKeeper 组件的相关知识
- 掌握 ZooKeeper 组件的选项设置
- 掌握 ZooKeeper 组件的角色选举方法
- 掌握下载和安装 ZooKeeper 组件的方法
- 掌握 ZooKeeper 组件的配置选项
- 掌握启动 ZooKeeper 组件的方法

Apache ZooKeeper 是 Apache 软件基金会的一个软件项目，它为大型分布式计算提供开源的分布式配置服务、同步服务和命名注册。本章主要介绍 ZooKeeper 相关知识、ZooKeeper 选项设置、ZooKeeper 角色选举、下载和安装 ZooKeeper、ZooKeeper 的配置选项、启动 ZooKeeper 及其他相关配置内容。

8.1 ZooKeeper 相关知识

ZooKeeper 最早起源于雅虎研究院的一个研究小组，当时研究人员发现在雅虎内部很多大型系统基本都需要依赖一个类似的系统来进行分布式协调，但是这些系统往往都存在分布式单点问题。所以，雅虎的开发人员试图开发一个通用的无单点问题的分布式协调框架，以便开发人员将精力集中在处理业务逻辑上。

ZooKeeper 是一个开源的分布式协调服务，最初是在“Yahoo!”系统上构建的，用于以简单而稳健的方式访问它的应用程序。后来，Apache ZooKeeper 成为 Hadoop、HBase 和其他分布式框架使用的有组织服务的标准。例如，Apache HBase 使用 ZooKeeper 跟踪分布式数据的状态。ZooKeeper 的设计目标是将那些复杂且容易出错的分布式一致性服务封装起来，构成一个高效可靠的原语集，并以一系列简单易用的接口提供给用户使用。

ZooKeeper 是一个典型的分布式数据一致性解决方案，分布式应用程序可以基于 ZooKeeper 实现诸如数据发布/订阅、负载均衡、命名服务、分布式协调/通知、集群管理、master 选举、分布式锁和分布式队列等功能。ZooKeeper 一个最常用的使用场景就是担任服务生产者和服务消费者的注册中心。服务生产者将自己提供的服务注册到 ZooKeeper 中心，服务消费者在进行服务调用的时候先到 ZooKeeper 中查找服务，获取服务生产者的详细信息后，再去调用服务生产者的内容与数据。

ZooKeeper 的架构通过冗余服务实现高可用性。如果第一次无应答，客户端就可以询问另一台 ZooKeeper 主机。ZooKeeper 节点将它们的数据存储于一个分层的命名空间，非常类似于一个文件系统。客户端可以在节点读写，从而以这种方式拥有一个共享的配置服务。使用 ZooKeeper 的公司包括 Rackspace、雅虎和 eBay 等大型 IT 企业，以及独立的企业级搜索应用服务器。

8.1.1 ZooKeeper 的重要概念

（1）会话（Session）：Session 指的是 ZooKeeper 服务器与客户端会话。在 ZooKeeper 中，一个客户端连接是指客户端和服务器之间的一个 TCP 长连接。客户端启动时，首先会与服务器建立一个 TCP 连接，从第一次连接建立开始，客户端会话的生命周期也开始了。通过这个连接，客户端能够通过心跳检测与服务器保持有效的会话，也能够向 ZooKeeper 服务器发送请求并接收响应，同时还能够通过该连接接收来自服务器的 Watch 事件通知。Session 的 sessionTimeout 值用来设置一个客户端会话的超时时间。当由于服务器压力太大、网络故障或客户端主动断开连接等各种原因导致客户端连接断开时，只要在 sessionTimeout 规定的时间内能够重新连接上集群中任意一台服务器，那么之前创建的会话仍然有效。在为客户端创建会话之前，服务端首先会为每个客户端都分配一个 sessionID。sessionID 是 ZooKeeper 会话的一个重要标志，许多与会话相关的运行机制都是基于这个 sessionID 的，因此，无论是哪台服务器为客户端分配的 sessionID，都务必保证全局唯一。

（2）Znode：在谈到分布式的时候，人们通常说的“节点”是指组成集群的每一台机器。然而，在 ZooKeeper 中，“节点”分为两类：第一类同样是指构成集群的机器，称为机器节点；第二类则是指数据模型中的数据单元，称为数据节点 Znode。ZooKeeper 将所有数据存储在内存中，数据模型是一棵树（Znode Tree），由斜杠（/）进行分割的路径就是一个 Znode，如/foo/path1。每个 Znode 上都会保存自己的数据内容，同时还会保存一系列的属性信息。在 ZooKeeper 中，Znode 可以分为持久节点和临时节点两类。持久节点是指一旦 Znode 被创建，除非主动进行 Znode 的移除操作，否则这个 Znode 将一直保存在 ZooKeeper 上。而临时节点就不一样了，它的生命周期和客户端会话绑定，一旦客户端会话失效，那么这个客户端创建的所有临时节点都会被移除。另外，ZooKeeper 还允许用户为每个节点添加一个特殊的属性：SEQUENTIAL。一旦节点被标记上这个属性，那么在这个节点被创建时，ZooKeeper 会自动在其节点名后面追加上一个整型数字，这个整型数字是一个由父节点维护的自增数字。

（3）版本：在前面已经提到，ZooKeeper 的每个 Znode 上都会存储数据，对应于每个 Znode，ZooKeeper 都会为其维护一个称为 Stat 的数据结构，Stat 中记录了这个 Znode 的 3 个数据版本，分别是 version（当前 Znode 的版本）、cversion（当前 Znode 子节点的版本）和 cversion（当前 Znode 的 ACL 版本）。

（4）Watcher（事件监听器）：ZooKeeper 中一个很重要的特性。ZooKeeper 允许用户在指定节点上注册一些 Watcher，并且在一些特定事件触发时，ZooKeeper 服务器端会将事件通知到感兴趣的客户端，该机制是 ZooKeeper 实现分布式协调服务的重要特性。

（5）ACL：ZooKeeper 采用 ACL（Access Control Lists）策略来进行权限控制，类似于 UNIX 文件系统的权限控制。

8.1.2 ZooKeeper 的特点

（1）顺序一致性：从同一客户端发起的事务请求，最终将会严格地按照顺序被应用到 ZooKeeper 中去。

（2）原子性：所有事务请求的处理结果在整个集群中所有机器上的应用情况是一致的，要么整个集群中所有的机器都成功应用了某一个事务，要么都没有应用。

（3）单一系统映像：无论客户端连到哪一个 ZooKeeper 服务器上，其看到的服务器端数据模型都是一致的。

（4）可靠性：一旦一次更改请求被应用，更改的结果就会被持久化，直到被下一次更改覆盖。

8.2 ZooKeeper 选项设置

ZooKeeper 的功能特性通过 ZooKeeper 配置文件来进行控制管理（zoo.cfg）。对 ZooKeeper 集群进行配置时，它的配置文档是完全相同的，这样的配置方法使得在部署 ZooKeeper 服务时非常方便。另外，如果服务器使用不同的配置文件，必须要确保不同配置文件中的服务器列表相匹配。

1. 配置 ZooKeeper 服务

ZooKeeper 服务器中包含各种配置参数。这些参数在 zoo.cfg 的配置文件中定义。如果它们被配置为相同的应用程序，部署在 ZooKeeper 服务中的服务器可以共享一个文件。myid 文件将服务器和其他服务器区分开来。虽然该配置文件中的默认选项通常为应用程序的评估或测试提供最常见的用例，但在生产环境中，结合实际应用，正确配置相关参数是非常重要的。

2. 最小配置

dataDir：这是 ZooKeeper 存储内存数据库快照的目录。如果没有单独定义 dataLogDir 参数，则更新到数据库的事务日志也将存储在此目录中。如果此服务器是 ensemble 的成员，则 myid 文件也将存储在此目录中。如果数据目录对性能不敏感，事务日志存储在不同的位置，则不需要在专用设备中进行配置。

tickTime：这是用毫秒表示的单次标记的长度。tick 是 ZooKeeper 用来确定心跳和会话超时的基本时间单位。默认的 tickTime 参数值是 2000 毫秒。降低 tickTime 参数值可以实现更快的超时，但增加了网络流量（心跳）和对 ZooKeeper 服务器的处理开销。

3. 存储配置

dataLogDir：这是存储 ZooKeeper 事务日志的目录。服务器会同步写入刷新事务日志。因此，使用专用事务日志设备非常重要，这样 ZooKeeper 服务器的事务日志记录就不会受到系统中其他进程的 I/O 活动的影响。拥有一个专用的日志设备可以提高总体吞吐量，并为请求分配稳定的等待时间。

8.3　ZooKeeper 角色选举

最典型集群模式为 master/slave 模式（主备模式）。在这种模式中，通常 master 服务器作为主服务器提供写服务；其他 slave 从服务器通过异步复制的方式获取 master 服务器的最新数据，提供读服务。

ZooKeeper 没有选择传统的 master/slave 概念，而是引入了 leader、follower 和 observer 这 3 种角色。ZooKeeper 角色选举如表 8-1 所示。ZooKeeper 集群中的所有机器通过一个 leader 选举过程来选定一台名为“leader”的机器，leader 既可以为客户端提供写服务，又可以提供读服务。

表 8-1　ZooKeeper 角色选举

角　色		描　述
领导者（leader）		负责进行投票的发起和决议，更新系统状态
学习者（learner）	跟随者（follower）	用于接收客户请求并向客户端返回结果，在选举过程中参与投票
	观察者（observer）	接收客户端连接，将写请求转发给 leader 节点。observer 只同步 leader 的状态，不参加投票过程。 observer 的目的是扩展系统，提高读取速度
客户端（client）		请求发起方

除了 leader 外，follower 和 observer 都只能提供读服务。follower 和 observer 唯一的区别在于 observer 机器不参与 leader 的选举过程，也不参与写操作的“过半写成功”策略，因此 observer 机器可以在不影响写性能的情况下提升集群的读性能。

8.4　下载和安装 ZooKeeper

ZooKeeper 的最新版本可以通过官网 http://hadoop.apache.org/zookeeper/来获取，安装 ZooKeeper 组件需要与 Hadoop 环境适配。

注意：各节点的防火墙需要关闭，否则会出现连接问题。

（1）ZooKeeper 的安装包 zookeeper-3.4.5.tar.gz 已放置在 Linux 操作系统/opt/software 目录下。

（2）解压安装包到指定目标，在 master 节点中执行如下命令。

```
[root@master ~]# tar zxvf /opt/software/zookeeper-3.4.5.tar.gz -C /usr/local/src
[root@master ~]# mv /usr/local/src/zookeeper-3.4.5 /usr/local/src/zookeeper
```

8.5 ZooKeeper 的配置选项

8.5.1 master 节点配置

（1）在 ZooKeeper 的安装目录下创建 data 和 logs 文件夹。

```
[root@master ~]# cd /usr/local/src/zookeeper
[root@master zookeeper]# mkdir data && mkdir logs
```

（2）在每个节点中写入该节点的标识编号，每个节点编号不同，master 节点写入 1，slave1 节点写入 2，slave2 节点写入 3。

```
[root@master zookeeper]# echo 1 > /usr/local/src/zookeeper/data/myid
```

（3）修改配置文件 zoo.cfg。

```
[root@master zookeeper]# cp /usr/local/src/zookeeper/conf/zoo_sample.cfg /usr/local/src/zookeeper/conf/zoo.cfg
[root@master zookeeper]# vi /usr/local/src/zookeeper/conf/zoo.cfg
```

修改 dataDir 参数内容如下。

```
dataDir=/usr/local/src/zookeeper/data
```

（4）在 zoo.cfg 文件的末尾追加以下参数配置，表示 3 个 ZooKeeper 节点的访问端口号。

```
server.1=master:2888:3888
server.2=slave1:2888:3888
server.3=slave2:2888:3888
```

（5）修改 ZooKeeper 安装目录的归属用户为 hadoop 用户。

```
[root@master zookeeper]chown -R hadoop:hadoop /usr/local/src/zookeeper
```

8.5.2 slave 节点配置

（1）从 master 节点复制 ZooKeeper 安装目录到两个 slave 节点。

```
[root@master ~] # cd ~
[root@master ~] # scp -r /usr/local/src/zookeeper slave1:/usr/local/src/
[root@master ~] # scp -r /usr/local/src/zookeeper slave2:/usr/local/src/
```

（2）在 slave1 节点上修改 zookeeper 目录的归属用户为 hadoop 用户。

```
[root@slave1 ~] # chown -R hadoop:hadoop /usr/local/src/zookeeper
```

（3）在 slave1 节点上配置该节点的 myid 为 2。

```
[root@slave1 ~] # echo 2 > /usr/local/src/zookeeper/data/myid
```

（4）在 slave2 节点上修改 zookeeper 目录的归属用户为 hadoop 用户。

```
[root@slave2 ~] # chown -R hadoop:hadoop /usr/local/src/zookeeper
```

（5）在 slave2 节点上配置该节点的 myid 为 3。

```
[root@slave2 ~] # echo 3 > /usr/local/src/zookeeper/data/myid
```

8.5.3 系统环境变量配置

在 master、slave1、slave2 三个节点上增加环境变量配置。

```
# vi /etc/profile
```

```
# 在文件末尾追加
# set zookeeper environment
export ZOOKEEPER_HOME=/usr/local/src/zookeeper # ZooKeeper 安装目录
export PATH=$PATH:$ZOOKEEPER_HOME/bin           # ZooKeeper 可执行程序目录
```

8.6　启动 ZooKeeper

启动 ZooKeeper 需要使用 hadoop 用户进行操作。

（1）分别在 master、slave1、slave2 三个节点中使用 zkServer.sh start 命令启动 ZooKeeper。

```
[hadoop@master ~]su - hadoop
[hadoop@master ~] zkServer.sh start   # ZooKeeper 启动
JMX enabled by default
Jsing. config:' /usr/local/src/zookeeper/bin/ ../conf/zoo.cfg
starting zookeeper ..STARTED
```

（2）3 个节点都启动完成后，再统一查看 ZooKeeper 的运行状态。

分别在 master、slave1、slave2 三个节点使用 zkServer.sh status 命令查看 ZooKeeper 的状态。可以看到 3 个节点的状态分别为 follower、leader、follower。3 个节点包括 1 个 leader 和 2 个 follower，每个节点地位均等。leader 根据 ZooKeeper 内部算法进行选举，每个节点的具体状态不固定。

```
#master 节点状态
[hadoop@master ~]$ zkServer.sh status
JMX enabled by default
Using config: /usr/local/src/zookeeper/bin/ ../conf/zoo.cfg
Mode: follower      # follower 状态

#slave1 节点状态
[hadoop@slave1 ~]$ zkServer.sh status
JMX enabled by default
Using config:' /usr/local/src/zookeeper/bin/ ../conf/zoo.cfg
Mode:leader         # leader 状态

#slave2 节点状态
[hadoop@slave2 ~]$ zkServer.sh status
JMX enabled by default
Using config:' /usr/local/src/zookeeper/bin/ ../conf/zoo.cfg
Mode: follower      # follower 状态
```

8.7　本章小结

本章主要介绍了 ZooKeeper 相关知识、ZooKeeper 选项设置、ZooKeeper 角色选举、下载和安装 ZooKeeper、ZooKeeper 的配置选项、启动 ZooKeeper 及其他相关配置内容。

第9章 Sqoop组件的安装与配置

学习目标

- 掌握 Sqoop 的相关知识
- 掌握 Sqoop 的功能应用
- 掌握 Sqoop 组件的设置
- 掌握下载和解压 Sqoop 的方法
- 掌握配置 Sqoop 环境的方法
- 掌握安装 Sqoop 的方法
- 掌握 Sqoop 模板命令

Sqoop 是 Apache 旗下一款“Hadoop 和关系数据库服务器之间传送数据”的工具，主要用于在 Hadoop（Hive）与传统的数据库（MySQL、Oracl、Postgres 等）之间进行数据的传递，可以将一个关系型数据库中的数据导进 Hadoop 的 HDFS 中，也可以将 HDFS 的数据导进关系型数据库中。本章主要介绍 Sqoop 相关知识、Sqoop 的功能应用、Sqoop 组件设置、下载和解压 Sqoop、配置 Sqoop 环境、安装 Sqoop、Sqoop 模板命令，以及其他相关配置内容。

9.1 Sqoop 相关知识

多数使用 Hadoop 技术处理大数据业务的企业，有大量的数据存储在关系型数据中。由于没有工具支持，Hadoop 和关系型数据库之间的数据传输是很困难的事情。传统的应用程序管理系统，即应用程序与使用 RDBMS 的关系数据库的交互，是产生大数据的来源之一。由 RDBMS 生成的这种大数据存储在关系数据库结构的关系数据库服务器中。

当大数据存储和 Hadoop 生态系统的 MapReduce、Hive、HBase 等分析器出现时，它们需要一种工具来与关系数据库服务器进行交互，以导入和导出驻留在其中的大数据。Sqoop 在 Hadoop 生态系统中占据一席之地，为关系数据库服务器和 Hadoop 的 HDFS 之间提供了可行的交互。

Sqoop 用于从关系数据库（如 MySQL、Oracle）导入数据到 Hadoop HDFS，并从 Hadoop 文件系统导出到关系数据库。Sqoop 由 Apache 软件基金会提供。

9.2　Sqoop 的功能应用

9.2.1　Sqoop 架构

Sqoop 是连接关系型数据库和 Hadoop 的桥梁，主要包括两个方面（导入和导出）：

（1）将关系型数据库的数据导入 Hadoop 及其相关的系统中，如 Hive 和 HBase。

（2）将数据从 Hadoop 系统里抽取并导出到关系型数据库。

Sqoop 架构如图 9-1 所示。

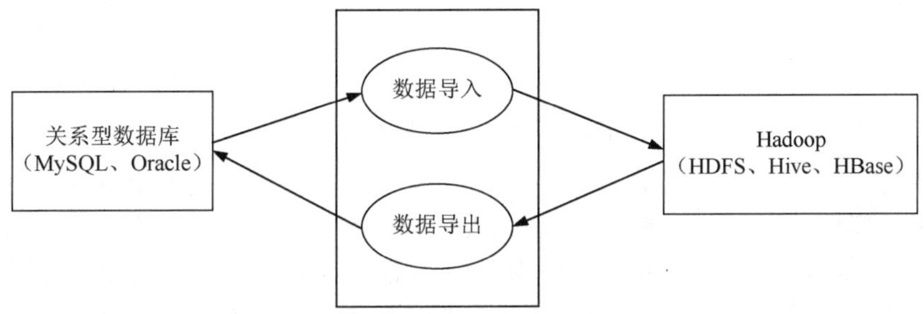

图 9-1　Sqoop 架构

Sqoop 可以高效、可控地利用资源，可以通过调整任务数来控制任务的并发度，可以自动地完成数据映射和转换。由于导入数据库是有类型的，它可以自动根据数据库中的类型转换到 Hadoop 中，当然用户也可以自定义它们之间的映射关系。Sqoop 支持多种数据库，如 MySQL、Orcale 等数据库。

Sqoop 将导入或导出命令翻译成 MapReduce 程序来实现。翻译出的 MapReduce 主要是对 InputFormat 和 OutputFormat 进行定制。Sqoop 命令使用 Sqoop 客户端直接提交代码，使用 CLI 命令行控制台方式访问，在命令或者脚本中指定用户数据库名和密码。

Sqoop 工具接收到客户端的 shell 命令或 Java API 命令后，通过 Sqoop 中的任务翻译器（Task Translator）将命令转换为对应的 MapReduce 任务，再将关系型数据库和 Hadoop 中的数据进行相互转移，进而完成数据的复制。

Sqoop 架构部署简单、使用方便，但也存在一些缺点，如命令行方式容易出错、格式紧耦合、无法支持所有数据类型、安全机制不够完善（如密码暴露）、安装需要 root 权限、connector 必须符合 JDBC 模型。

9.2.2　Sqoop 导入原理

Sqoop 导入原理如图 9-2 所示。

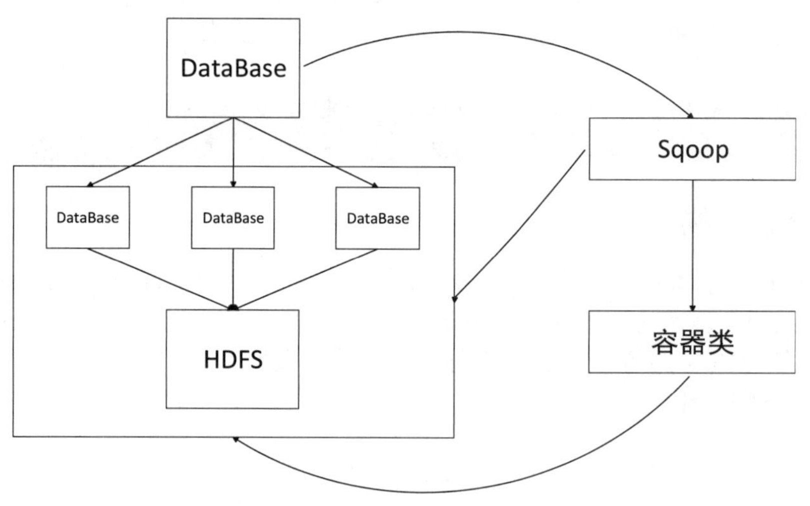

图 9-2　Sqoop 导入原理

在导入开始之前，Sqoop 使用 JDBC 来检查将要导入的表。它检索出表中所有的列及列的 SQL 数据类型。这些 SQL 数据类型（VARCHAR、INTEGER）被映射到 Java 数据类型（String、Integer 等），在 MapReduce 应用中将使用这些对应的 Java 类型来保存字段的值。Sqoop 的代码生成器使用这些信息来创建对应表的类，用于保存从表中抽取的记录。对于导入来说，更关键的是 DBWritable 接口的序列化方法，这些方法能使 Widget 类和 JDBC 进行交互：

```
Public void readFields(resultSet _dbResults)throws SQLException;
Public void write(PreparedStatement _dbstmt)throws SQLException;
```

JDBC 的 ResultSet 接口提供了一个用户从检查结果中检索记录的游标；这里的 ReadFields()方法将用 ResultSet 中一行数据的列来填充 Example 对象的字段。Sqoop 启动的 MapReduce 作业用到一个 InputFormat，它可以通过 JDBC 从一个数据库表中读取部分内容。Hadoop 提供的 DataDriverDBInputFormat 能够为几个 Map 任务对查询结果进行划分。为了获取更好的导入性能，查询会根据一个“划分列”来进行划分。Sqoop 会选择一个合适的列作为划分列（通常是表的主键）。在生成反序列化代码和配置 InputFormat 之后，Sqoop 将作业发送到 MapReduce 集群。Map 任务将执行查询并将 ResultSet 中的数据反序列化到生成类的实例，这些数据或直接保存在 SequenceFile 文件中，或在写到 HDFS 之前被转换成分割的文本。Sqoop 不需要每次都导入整张表，用户也可以在查询中加入 where 子句，以此来限定需要导入的记录：Sqoop －query <SQL>。在向 HDFS 导入数据时，重要的是要确保访问的是数据源的一致性快照。从一个数据库中并行读取数据的 Map 任务分别运行在不同的进程中。因此，它们不能共享一个数据库任务。保证一致性的最好方法是在导入时不允许对表中现有数据进行更新。

9.2.3　Sqoop 导出原理

Sqoop 导出原理如图 9-3 所示。

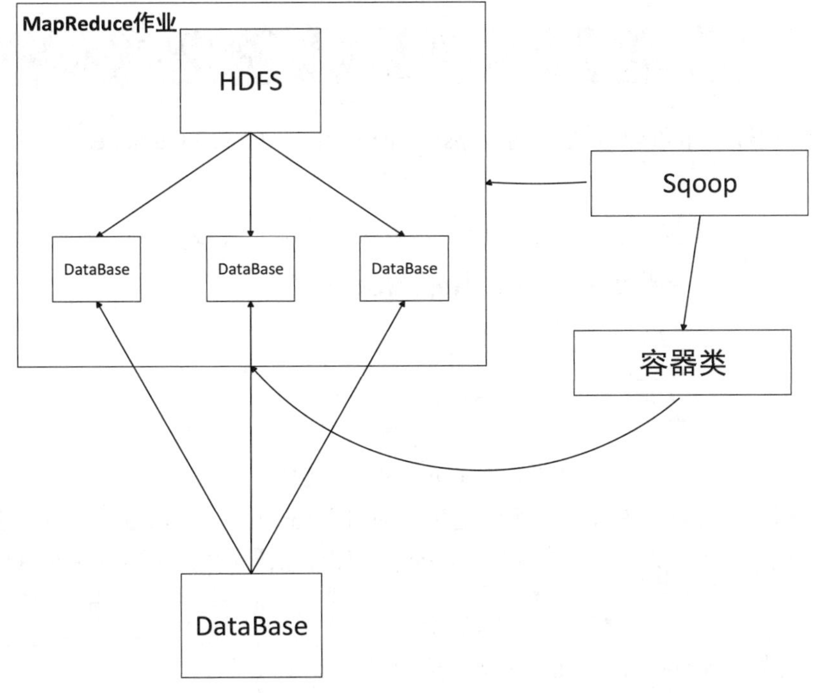

图 9-3　Sqoop 导出原理

Sqoop 导出功能的架构与其导入功能非常相似，在执行导出操作之前，Sqoop 会根据数据库连接字符串来选择一个导出方法，一般为 JDBC。然后，Sqoop 会根据目标表的定义生成一个 Java 类。这个生成的类能够从文本文件中解析记录，并能够向表中插入类型合适的值。接着会启动一个 MapReduce 作业，从 HDFS 中读取源数据文件，使用生成的类解析记录，并且执行选定的导出方法。

基于 JDBC 的导出方法会产生一批 insert 语句，每条语句都会向目标表中插入多条记录。多个单独的线程被用于从 HDFS 读取数据并与数据库进行通信，以确保涉及不同系统的 I/O 操作能够尽可能重叠执行。虽然 HDFS 读取数据的 MapReduce 作业大多根据所处理文件的数量和大小来选择并行度（Map 任务的数量），但 Sqoop 的导出工具允许用户明确设定任务的数量。由于导出性能会受并行的数据库写入线程数量的影响，所以 Sqoop 使用 combinefileinput 类将输入文件分组分配给少数几个 Map 任务去执行。进程的并行特性导致导出操作往往不是原子操作。Sqoop 会采用多个并行的任务导出，并且数据库系统使用固定大小的缓冲区来存储事务数据，这时一个任务中的所有操作不可能在一个事务中完成。因此，在导出操作进行过程中，提交过的中间结果都是可见的。在导出过程完成前，不要启动那些使用导出结果的应用程序，否则这些应用会看到不完整的导出结果。更有问题的是，如果任务失败，该任务将从头开始重新导入自己负责的那部分数据，因此可能会插入重复的记录。当前 Sqoop 还不能避免这种可能性。在启动导出作业前，应当在数据库中设置表的约束（如定义一个主键列），以保证数据行的唯一性。

9.3 下载和解压 Sqoop

Sqoop 相关发行版本可以通过官网 https://mirror-hk.koddos.net/apache/sqoop/来获取，如图 9-4 所示。

图 9-4 Sqoop 官网下载链接

安装 Sqoop 组件需要与 Hadoop 环境适配。使用 root 用户在 master 节点上进行部署，将/opt/software/sqoop-1.4.7.bin__hadoop-2.6.0.tar.gz 压缩包解压到/usr/local/src 目录下。

```
[root@master ~]#tar -zxvf sqoop-1.4.7.bin__hadoop-2.6.0.tar.gz -C /usr/
local/src
```

将解压后生成的 sqoop-1.4.7.bin__hadoop-2.6.0 文件夹更名为 sqoop。

```
[root@master ~]#cd /usr/local/src/
[root@master ~]#mv /home/hadoop/sqoop-1.4.7.bin__hadoop-2.6.0 sqoop
```

9.4 配置 Sqoop 环境

（1）创建 Sqoop 的配置文件 sqoop-env.sh。

复制 sqoop-env-template.sh 模板，并将模板重命名为 sqoop-env.sh。

```
[root@master ~]cd /usr/local/src/sqoop/conf/
[root@master conf]# cp sqoop-env-template.sh sqoop-env.sh
```

（2）修改 sqoop-env.sh 文件，添加 Hadoop、HBase、Hive 等组件的安装路径。

注意：下面各组件的安装路径需与实际环境中的安装路径保持一致。

```
[root@master conf]# vi sqoop-env.sh

export HADOOP_COMMON_HOME=/usr/local/src/hadoop
export HADOOP_MAPRED_HOME=/usr/local/src/hadoop
export HBASE_HOME=/usr/local/src/hbase
export HIVE_HOME=/usr/local/src/hive
```

（3）配置 Linux 操作系统环境变量，添加 Sqoop 组件的路径。

```
vi /etc/profile

#在文件末尾添加
# set sqoop environment
export SQOOP_HOME=/usr/local/src/sqoop
export PATH=$PATH:$SQOOP_HOME/bin
```

```
export CLASSPATH=$CLASSPATH:$SQOOP_HOME/lib

# 使系统环境变量生效
source /etc/profile
```

（4）为了使 Sqoop 能够连接 MySQL 数据库，需要将/opt/software/mysql-connector-java-5.1.47.jar 文件放入 Sqoop 的 lib 目录中。该 jar 文件的版本需要与 MySQL 数据库的版本相对应，否则 Sqoop 导入数据时会报错（mysql-connector-java-5.1.47.jar 对应的是 MySQL 5.7 版本）。

```
[root@master ~] cp /opt/software/mysql-connector-java-5.1.47.jar /usr/ local/src/sqoop/lib/
```

9.5 启动 Sqoop

（1）执行 Sqoop 前需要先启动 Hadoop 集群。

在 master 节点中切换到 hadoop 用户执行 start-all.sh 命令，启动 Hadoop 集群。

```
[root@master ~] su - hadoop
[root@master ~] start-all.sh
```

（2）检查 Hadoop 集群的运行状态。

```
[hadoop@master ~]$ jps
1457 NameNode
1795 ResourceManager
2060 Jps
1646 SecondaryNameNode
```

（3）测试 Sqoop 是否能够正常连接 MySQL 数据库。

```
[hadoop@master ~]
sqoop list-databases --connect jdbc:mysql://127.0.0.1:3306/ --username root -P # Sqoop 连接 MySQL 数据库

Warning: /home/hadoop/sqoop/../hcatalog does not exist! HCatalog jobs will fail.
Please set $HCAT_HOME to the root of your HCatalog installation.
Warning: /home/hadoop/sqoop/../accumulo does not exist! Accumulo imports will fail.
Please set $ACCUMULO_HOME to the root of your Accumulo installation.
Warning: /home/hadoop/sqoop/../zookeeper does not exist! Accumulo imports will fail.
Please set $ZOOKEEPER_HOME to the root of your Zookeeper installation.
19/04/22 18:54:10 INFO sqoop.Sqoop: Running Sqoop version: 1.4.7
Enter password:          # 此处需要输入 MySQL 数据库的密码
19/04/22 18:54:14 INFO manager.MySQLManager: Preparing to use a MySQL streaming resultset.
information_schema
hive
mysql
```

```
performance_schema
sys
```

能够查看到MySQL数据库中的information_schema、hive、mysql、performance_schema、sys等数据库，说明Sqoop可以正常连接MySQL。

（4）为了使 Sqoop 能够连接 Hive，需要将 Hive 组件/usr/local/src/hive/lib 目录下的hive-common-1.1.0.jar 也放入 Sqoop 安装路径的 lib 目录中。

```
[hadoop@master ~] cp /usr/local/src/hive/lib/hive-common-1.1.0.jar /usr/local/src/sqoop/lib/
```

9.6 Sqoop 模板命令

（1）创建 MySQL 数据库和数据表。

创建 sample 数据库，在 sample 中创建 student 表，在 student 表中插入 3 条数据。

```
[hadoop@master ~]$ mysql -uroot -p        # 登录 MySQL 数据库
Enter password:
mysql> create database sample;            # 创建 sample 库
Query OK, 1 row affected (0.00 sec)

mysql> use sample;                        # 使用 sample 库
Database changed
mysql> create table student(number char(9) primary key, name varchar(10));
Query OK, 0 rows affected (0.01 sec)
# 创建 student 表，该数据表有 number 学号和 name 姓名两个字段

mysql> insert into student values('01','zhangsan');
# 向 student 表插入几条数据
Query OK, 1 row affected (0.05 sec)

mysql> insert into student values('02','lisi');
Query OK, 1 row affected (0.01 sec)

mysql> insert into student values('03','wangwu');
Query OK, 1 row affected (0.00 sec)

mysql>
mysql>
mysql> select * from student;             # 查询 student 表的数据
+--------+----------+
| number | name     |
+--------+----------+
| 01     | zhangsan |
| 02     | lisi     |
| 03     | wangwu   |
+--------+----------+
3 rows in set (0.00 sec)
```

（2）在 Hive 中创建 sample 数据库和 student 数据表。

```
[hadoop@master ~]$ hive              # 启动 Hive 命令行
Logging initialized using configuration in jar:file:/usr/local/src/hive/
lib/hive-common-1.1.0.jar!/hive-log4j.properties
SLF4J: Class path contains multiple SLF4J bindings.
SLF4J: Found binding in [jar:file:/usr/hadoop/share/hadoop/common/lib/
slf4j-log4j12-1.7.5.jar!/org/slf4j/impl/StaticLoggerBinder.class]
SLF4J: Found binding in [jar:file:/usr/local/src/hive/lib/ hive-jdbc-
1.1.0-standalone.jar!/org/slf4j/impl/StaticLoggerBinder.class]
SLF4J: See http://www.slf4j.org/codes.html#multiple_bindings for an explanation.
SLF4J: Actual binding is of type [org.slf4j.impl.Log4jLoggerFactory]
hive> create database sample;        # 创建 sample 库
OK
Time taken: 0.679 seconds
hive> show databases;                # 查询所有数据库
OK
default
sample
Time taken: 0.178 seconds, Fetched: 2 row(s)
hive>
hive> use sample;                    # 使用 sample 库
OK
hive> create table student(number STRING, name STRING)
row format delimited
fields terminated by "|"
stored as textfile;                  # 创建 student 表
OK
hive> exit;                          # 退出 Hive 命令行
```

（3）从 MySQL 中导出数据，并导入 Hive。

需要说明该命令的以下几个参数：

--connect：MySQL 数据库连接 URL。

--username 和--password：MySQL 数据库的用户名和密码。

--table：导出的数据表名。

--fields-terminated-by：Hive 中的字段分隔符。

--delete-target-dir：删除导出的目的目录。

--num-mappers：Hadoop 执行 Sqoop 导入、导出启动的 map 任务数。

--hive-import --hive-database：导出到 Hive 的数据库名。

--hive-table：导出到 Hive 的表名。

```
[hadoop@master ~]$ sqoop import --connect jdbc:mysql://master:3306/sample
--username root --password Password123$ --table student --fields-terminated-by
'|' --delete-target-dir --num-mappers 1 --hive-import --hive-database sample
--hive-table student
```

（4）从 Hive 中导出数据，并导入 MySQL。

需要说明该命令的以下几个参数：

--connect：MySQL 数据库连接 URL。

--username 和--password：MySQL 数据库的用户名和密码。

--table：导出的数据表名。

--fields-terminated-by：Hive 中的字段分隔符。

--export-dir：Hive 数据表在 HDFS 中的存储路径。

```
[hadoop@master ~]$ sqoop export --connect "jdbc:mysql://master:3306/sample?useUnicode=true&characterEncoding=utf-8" --username root --password Password123$ --table student --input-fields-terminated-by '|' --export-dir /user/hive/warehouse/recruitdata.db/student/*
```

9.7 Sqoop 组件应用

Sqoop 常用设置命令如下。

（1）列出 MySQL 数据库中的所有数据库。

```
sqoop list-databases -connect jdbc:mysql://localhost:3306/ -username root -password Password123$
```

（2）连接 MySQL 并列出 test 数据库中的表。

```
sqoop list-tables -connect jdbc:mysql://localhost:3306/test -username root -password Password123$
```

命令中的 test 为 MySQL 数据库中的 test 数据库名称，username 与 password 分别为 MySQL 数据库的用户名称和密码。

（3）将关系型数据的表结构复制到 Hive 中，只是复制表的结构，表中的内容没有复制过去。

```
sqoop create-hive-table -connect jdbc:mysql://localhost:3306/test -table sqoop_test -username root -password Password123$ -hive-table test
```

其中，-table sqoop_test 为 MySQL 中的数据库 test 中的表，-hive-table test 为 Hive 中新建的表名称。

（4）从关系数据库导入文件到 Hive 中。

```
sqoop import -connect jdbc:mysql://localhost:3306/zxtest -username root -password Password123$ -table sqoop_test -hive-import -hive-table s_test -m 1
```

（5）将 Hive 中的表数据导入 MySQL 中，在进行导入之前，MySQL 中的表 hive_test 必须提前创建好。

```
sqoop export -connect jdbc:mysql://localhost:3306/zxtest -username root -password root -table hive_test -export-dir /user/hive/warehouse/ new_test_partition
```

（6）从数据库导出表的数据到 HDFS 文件中。

```
sqoop import -connect jdbc:mysql://localhost:3306/compression -username=hadoop-password=Password123$ -table HADOOP_USER_INFO -m 1 -target-dir /user/test
```

（7）从数据库增量导入表数据到 HDFS 中。

```
sqoop import -connect jdbc:mysql://localhost:3306/compression -username=hadoop -password=Password123$ -table HADOOP_USER_INFO -m 1 -target-dir /user/test -check-column id -incremental append -last-value 3
```

9.8　本章小结

本章主要介绍了 Sqoop 相关知识、Sqoop 的功能应用、Sqoop 组件设置、下载和解压 Sqoop、配置 Sqoop 环境、安装 Sqoop、Sqoop 模板命令，以及其他相关配置内容。

第 10 章 Flume 组件的安装与配置

学习目标

- 掌握 Flume 的相关知识
- 掌握 Flume 的功能应用
- 掌握 Flume 组件的设置方法
- 掌握下载和解压 Flume 的方法
- 掌握 Flume 组件部署的方法
- 掌握使用 Flume 发送和接收信息的方法

Flume 是开源日志系统，是一个分布式高可用的海量日志聚合系统，支持在系统中定制各类数据发送方和接收方，用于收集和聚合数据。本章将介绍 Flume 相关知识、Flume 功能应用、Flume 组件设置、下载和解压 Flume、Flume 组件部署、使用 Flume 发送和接收信息等内容。

10.1 Flume 相关知识

Flume 是 Cloudera 提供的一个高可用的、高可靠的、分布式的海量日志采集、聚合和传输的系统，Flume 支持在日志系统中定制各类数据发送方用于收集数据。同时，Flume 提供对数据进行简单处理的能力，并将数据写入各种数据接收方（如文本文件、HDFS、HBase 等）。

Flume 最早是 Cloudera 提供的日志收集系统，支持在日志系统中定制各类数据发送方，用于收集数据。Flume 可以采集文件、Socket 数据包等各种形式源数据，又可以将采集到的数据输出到 HDFS、HBase、Hive、Kafka 等众多外部存储系统中，在传输过程中可以对数据做简单处理。一般的采集需求，通过对 Flume 的简单配置即可实现。Flume 针对特殊场景也具备良好的自定义扩展能力，因此，Flume 可以适用于大部分的日常数据采集场景。

10.2　Flume 功能应用

10.2.1　Flume 功能

Flume 支持在日志系统中定制各类数据发送方，用于收集数据。同时可提供对数据进行简单处理，并具有将数据写入各种数据接收组件（如 HDFS、HBase 等）的能力。

1．日志收集

任何一个生产系统在运行过程中都会产生大量的日志，日志往往隐藏着很多有价值的信息。在没有分析方法之前，这些日志存储一段时间后就会被清理。随着技术的发展和分析能力的提高，日志的价值被重新重视起来。在分析这些日志之前，需要将分散在各个生产系统中的日志收集起来。

2．数据处理

Flume 提供对数据进行简单处理，并写入各种数据接收方的能力。Flume 提供了从 Console（控制台）、RPC（Thrift-RPC）、text（文件）、tail（UNIXtail）、syslog（syslog 日志系统，支持 TCP 和 UDP 两种模式）、exec（命令执行）等数据源上收集数据的能力。

10.2.2　Flume 结构

Flume 以 agent 为最小的独立运行单位。agent 由 source、channel、sink 三大组件构成，如图 10-1 所示。

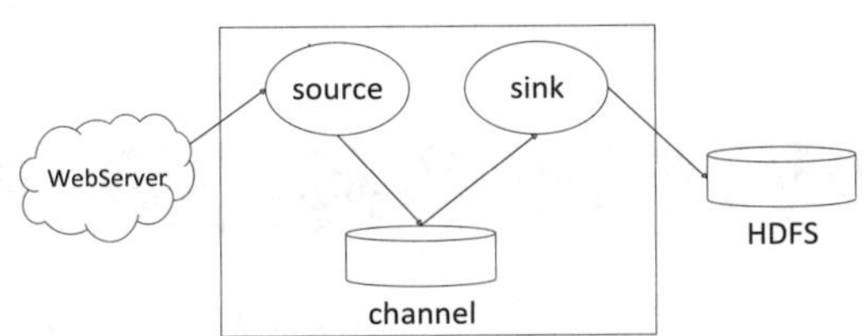

图 10-1　Flume 组件结构

（1）source：从数据发生器接收数据，并将接收的数据以 Flume 的 event 格式传递给一个或多个通道 channel。Flume 提供多种数据接收方式，如 Avro、Thrift 等。

（2）channel：一种短暂的存储容器，它将从 source 处接收到的 event 格式的数据缓存起来，直到它们被 sink 消费掉，它在 source 和 sink 间起着桥梁的作用，channel 是一个完整的事物，这一点可以保证数据在收发时的一致性。channel 可以和任意数量的 source 和 sink 链接，支持类型有 JDBC channel、File System channel、Memort channel 等。

（3）sink：将数据存储到集中存储器，如 HBase 和 HDFS，它从 channel 消费数据（event）并将其传递给目的地。目的地可能是另一个 sink，也可能是 HDFS、HBase。

10.3　Flume 组件设置

Flume 的配置文件在安装目录下 conf/flume.conf。新安装完成 Flume，配置文件包含.template 扩展名，需要将其复制一份并去掉.template 扩展名再修改。

下面通过一个案例介绍 Flume 的配置。

```
# Name the components on this agent
# a1 是 agent 名，r1,k1,c1 是 a1 的 3 个组件
a1.sources = r1
a1.sinks = k1
a1.channels = c1
# Describe/ configure the source
#设置 source 的属性，这些属性 key 可以从 User Guide 中查到
#用户也可以自定义 source
#以下示例是使用 netcat 通过 localhost 的 8888 端口给 source 发消息
a1.sources.r1.type = netcat
a1.sources.r1.bind = localhost
a1.sources.r1.port = 8888
# Describe the sink
#设置 sink 属性类型
a1.sinks.k1.type = logger
# Use a channel which buffers events in memory
#设置 channel 的一些属性
a1.channels.c1.type = memory    # 将内存作为暂存容器
a1.channels.c1.capacity = 1000 # 暂存容器大小
a1.channels.c1.transactionCapacity = 100
# Bind the source and sink to the channel
#通过 channel 将 source 和 sink 连接
a1.sources.r1.channels = c1
a1.sinks.k1.channel = c1
```

10.4 下载和解压 Flume

可以从官网下载 Flume 组件安装包，下载地址为 https://archive.apache.org/dist/flume/1.6.0/，如图 10-2 所示。

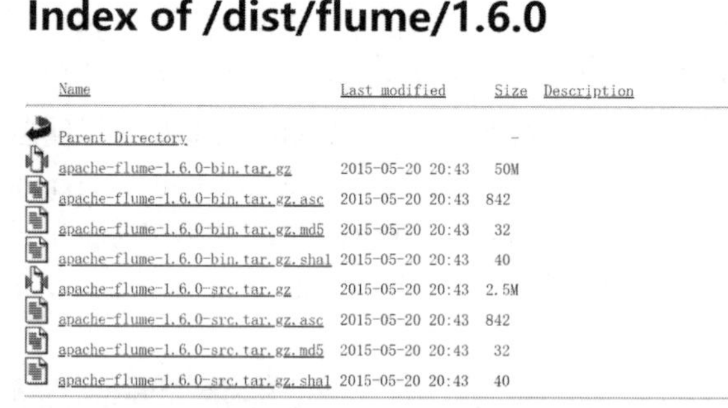

图 10-2　Flume 组件下载地址

使用 root 用户解压 Flume 安装包到“/usr/local/src”路径下，并修改解压后的文件夹名

为 flume。

```
[root@master ~]#tar zxvf /opt/software/apache-flume-1.6.0-bin.tar.gz -C
/usr/local/src

[root@master ~]#cd /usr/local/src/
[root@master ~]#mv apache-flume-1.6.0-bin/ flume
# 修改 Flume 安装路径文件夹名称
[root@master ~]#chown -R hadoop:hadoop flume/
# 修改文件夹归属用户和归属组为 hadoop 用户和 hadoop 组
```

10.5　Flume 组件部署

（1）使用 root 用户设置 Flume 环境变量，并使环境变量对所有用户生效。

```
[root@master ~]#vi /etc/profile                    # 编辑系统环境变量配置文件
# set flume environment
export FLUME_HOME=/usr/local/src/flume             # Flume 安装路径
export PATH=$PATH:$FLUME_HOME/bin                  # 添加系统 PATH 环境变量
```

（2）修改 Flume 相应配置文件。

首先，切换到 hadoop 用户，并切换当前工作目录到 Flume 的配置文件夹。

```
[root@master ~]#su - hadoop
[hadoop@master ~]$source /etc/profile
[hadoop@master ~]$cd /usr/local/src/flume/conf
```

复制 flume-env.sh.template 文件并重命名为 flume-env.sh。

```
[hadoop@master ~]$cp flume-env.sh.template flume-env.sh
```

（3）修改并配置 flume-env.sh 文件。

删除 JAVA_HOME 变量前的注释，修改为 JDK 的安装路径。

```
[hadoop@master ~]$ vi /usr/local/src/flume/conf/flume-env.sh
# 修改 JAVA_HOME 参数值为 JDK 安装路径
export JAVA_HOME=/usr/local/src/java/jdk1.8.0_144
```

使用 flume-ng version 命令验证安装是否成功，若能够正常查询 Flume 组件版本为 1.6.0，则表示安装成功。

```
[hadoop@master ~]$ flume-ng version
Flume 1.6.0      # 查询到 Flume 版本为 1.6.0
Source code repository: https://git-wip-us. apache. org/ repos/asf/ flume.
git
Revision: 2561a23240a71ba20bf288c7c2cda88f443c2080
Compiled by hshreedharan on Mon May 11 11:15:44 PDT 2015
From source with checksum b29e416802ce9ece3269d34233baf43f
```

10.6　使用 Flume 发送和接收信息

通过 Flume 将 Web 服务器中数据传输到 HDFS 中。

（1）在 Flume 安装目录中创建 simple-hdfs-flume.conf 文件。

```
[hadoop@master ~]$ cd /usr/local/src/flume/
[hadoop@master ~]$ vi /usr/local/src/flume/simple-hdfs-flume.conf
# 在文件中写入以下内容
# a1 是 agent 名，r1,k1,c1 是 a1 的 3 个组件
a1.sources=r1
a1.sinks=k1
a1.channels=c1

# 设置 r1 源文件的类型、路径和文件头属性
a1.sources.r1.type=spooldir
a1.sources.r1.spoolDir=/root/hadoop/hadoop-2.6.0/logs/
a1.sources.r1.fileHeader=true

# 设置 k1 目标存储器属性
a1.sinks.k1.type=hdfs   # 目标存储器类型 hdfs
a1.sinks.k1.hdfs.path=hdfs://master:8020/tmp/flume # 目标存储位置
a1.sinks.k1.hdfs.rollsize=1048760
#临时文件达 1048760 bytes 时，滚动形成目标文件
a1.sinks.k1.hdfs.rollCount=0    #0 表示不根据 events 数量来滚动形成目标文件
a1.sinks.k1.hdfs.rollInterval=900  # 间隔 900 秒将临时文件滚动形成目标文件
a1.sinks.k1.hdfs.useLocalTimeStamp=true    # 使用本地时间戳

# 设置 c1 暂存容器属性
a1.channels.c1.type=file    # 使用文件作为暂存容器
a1.channels.c1.capacity=1000
a1.channels.c1.transactionCapacity=100

# 使用 c1 作为源和目标数据的传输通道
a1.sources.r1.channels=c1
a1.sinks.k1.channel=c1
```

（2）使用 flume-ng agent 命令加载 simple-hdfs-flume.conf 配置信息，启动 Flume 传输数据。

```
[hadoop@master flume] $ flume-ng agent --conf-file simple-hdfs-flume.conf
--name a1
```

（3）查看 Flume 传输到 HDFS 中的文件，若能查看到 HDFS 上/tmp/flume 目录下有传输的数据文件，则表示数据传输成功。

```
[hadoop@master flume] $ hdfs dfs -ls /tmp/flume
# 查看 HDFS 文件系统/tmp/flume 目录下文件
-rw-r--r--  2 root super group  1325 2019-06-05 11:14 /tmp/flume/F lumeData.
1559747635008
-rw-r--r--  2 root super group  1344 2019-06-05 11:14 /tmp/flume/FlumeData.
1559747635009
-rw-r--r--  2 root super qroup  1442 2019-06-05 11:14 /tmp/flume/F lumeData.
1559747635010
```

10.7 本章小结

本章主要介绍了 Flume 相关知识、Flume 功能应用、Flume 组件设置、下载和解压 Flume、Flume 组件部署、使用 Flume 发送和接收信息等实操内容。

第四部分

大数据平台实施

第 11 章 大数据平台实施方案的理解

学习目标

- 掌握系统实施方案概述
- 熟悉客户需求分析
- 熟悉大数据平台实施方案
- 熟悉执行实施方案的过程
- 熟悉编写验证报告的方法

根据大数据平台项目的特点及项目的重要性，为了更好地完成实施工作，为项目提供最有力的服务保证，需要在对项目充分理解的基础上编制项目实施方案，制定整体工作方案，根据工作方案制定工作进度、工作流程等与项目有关的管理文档；根据客户的需求，需要按照项目实施方案提供的服务，做好项目实施与技术支持服务工作。本章包括系统实施方案概述、客户需求分析、编写大数据平台实施方案、执行实施方案过程、编写验证报告等内容。

11.1 系统实施方案概述

11.1.1 方案概述

建设某中小型企业大数据平台是一项复杂的系统工程，为了保障大数据平台完全满足采购方的需求、顺利实施相关业务系统及与技术对接等活动，必须要制订科学、合理、切实可行的实施计划。一方面从组织上进行落实，成立强有力的项目领导小组和经验丰富的项目实施队伍；另一方面制定严格的时间进度表，明确各关键节点的时间。同时还制定工作原则，以指导项目的全面实施，依据信息工程相关法律制度、结合实施本类项目的经验及采购人的实际需求，特制定本方案。

本项目主要是针对大数据平台的实施，项目实施任务重、工期紧，在企业资质、项目实施、本地化服务、应用集成及大型信息化项目实施统筹规划和项目管理方面具备较强的优势，能够保证本次项目按期完工，能够提供统一的项目施工组织入口，并且为项目上线后的正常运行提供优质高效的本地化服务。

针对大数据平台的技术特点，根据客户的需求，将按照以下项目实施方案提供服务，以及在工程的售后支持服务上为大数据平台提供专业的系统全程特色服务。在项目实施与售后服务过程中，将与采购方进行充分沟通和协调，做好项目实施与技术支持服务工作。为确保项目及时、高质、顺利地实施，在项目施工中，针对某中小型企业大数据平台建设、相关技术规范制定和运维保障服务项目制订详尽的工作计划，组成实施团队，并对风险进行评估，按照采购方的要求完成项目的实施。

11.1.2 项目实施思路

1．方案周密，计划清晰

某中小型企业大数据平台项目涉及多个生产业务系统。在项目实施过程中，将结合多个大数据建设项目的实施经验，为本项目做出合理的分工，协调好系统之间的关系，保证项目按期高质量的完成。

本项目建设时间短、用户范围广，因此决定了本项目实施中会面临种种风险，包括数据准备风险、业务流程变动风险等。为了保证系统的准时上线，制定了周密的施工方案，并制订相应的应急方案和风险应对计划，以此保证系统准时上线。

2．合理分工，有效协调

本项目涉及多个系统，在项目实施过程中，将结合大数据建设项目的实施经验，为本项目做出合理的分工，协调好各系统之间的关系，保证项目按期高质量的完成。为了保证进度，本项目将划分 1 名项目管理角色和 1 人现场驻场实施人员保障项目进度和项目质量。

3．并行实施，分步上线

本项目共分 4 个阶段完成，每个阶段的项目实施都有较大的工作量，为了保证项目进度，专门为本项目设计了高度并行的实施计划，各系统将同步开展，根据上线紧急程度分批上线，在保证质量的前提下尽量做到提前上线，提前运行。

11.1.3 项目实施流程

项目工程进度的合理安排是保障项目顺利实施的关键。根据项目的技术复杂性和系统规模，结合多年来参与许多类似大型实施项目的实际工程经验，提出本项目的实施方案流程建议，建议整个项目过程包括：

（1）确认客户需求。

（2）编写实施方案。

（3）与客户确认实施方案。

（4）执行实施方案。

（5）系统测试。

（6）用户培训。

（7）项目验收。

项目实施流程图如图 11-1 所示。

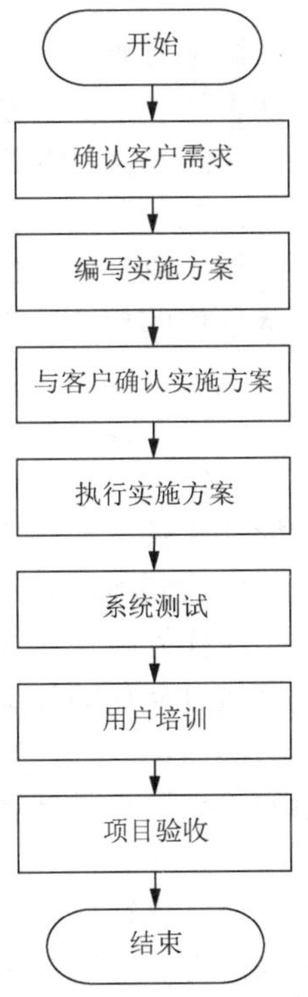

图 11-1　项目实施流程图

11.2　确认客户需求

11.2.1　确认需求分析准备

需求调研前的准备工作如下。

（1）充分了解客户的要求、客户的业务、客户的关注重点。

了解客户、项目的背景，如果事先客户给过类似的《大数据平台实施初步思路》之类的原始需求文档，那么首先要弄懂这个文档，了解客户的目的、为什么要做这个大数据平台、主要想解决什么问题、涉及的业务有哪些等，这是调研准备的基础。

（2）和客户负责人沟通，确定客户需求小组成员。

尽可能了解客户的组织机构，涉及软件使用的部门、参与调研的部门和人员、客户关键人是谁等，尽可能获得客户上层的支持，自上而下地开展需求调研会使调研工作更容易推动。客户需求小组成员要尽可能多地代表客户不同的用户层次。

（3）编制客户需求调研计划和调研提纲。

将提纲发给客户，让客户知道调研大概多长时间、需要哪些人参与、具体如何安排等。通过座谈、现场调研等形式，了解各参建单位的信息化建设程度，掌握各部门已建系统建设情况（包括采用服务器情况、网络情况、支撑的业务运行情况及特殊需求等），编制《用户需求说明书》，依据本平台系统的实际情况，制定平台欠缺功能、客户特殊需求功能、非共性需求列表，和本项目主管单位领导沟通后，制定项目要达到的目标。

（4）根据事先了解的初步用户需求，列出其中的难点，做到心中有数，并且记录前面了解需求的过程中不明白的地方，便于到现场后及时和客户沟通，确定客户需求。

11.2.2　进行确认需求调研

依据《用户需求说明书》需求文档要求，拆分细化、分解需求，将需求按照技术实现和功能组成分解系统开发的详细任务，指导进行软件功能的详细设计，明确详细设计的任务及详细设计所要达到的目标。

（1）按计划有步骤地确定客户需求调研。

按事先和客户商量好的调研计划稳步进行，如果现场临时出现变化，如参与调研的客户临时有事，或者调研的内容出现变化，应及时和客户确定新的调研安排，列出总的调研顺序。切忌想到哪说到哪，调研内容杂乱无序很有可能会出现遗漏而不能及时发现。

（2）掌控确定客户需求调研进程，推动调研工作顺利进行。

因为调研工作实际就是和客户聊天谈话，很可能就会跑题，越扯越远，另外客户的精力一般也容易不集中、走神，这时候，调研人员要能够掌控整个进程，什么时候及时把客户的思路拉回到正题上、什么时候适当地聊聊其他的话题调节气氛，都需要调研人员灵活掌握，总之，要尽快推动调研工作向前进行。

（3）认真仔细地倾听，及时地记录。

仔细地倾听就是要明白客户的完整的表达，不要觉得有些你已经懂了，经常打断客户来急切表达自己的看法，应等客户完整地把话说完再表达自己的想法。及时记录涉及客户业务、实际工作、客户想法的内容，不能以为当时听明白了就不去记录。

（4）先了解宏观需求，再了解细节需求。

遵从由总到分、由粗到细、由简单到复杂的调研过程，无论是让客户介绍他们的业务还是谈他们的想法，都要先从总的、大的方面说起，然后再是细节。如果直接进入细节，往往不能很好地抓住要点，不能把握总体的要求。

（5）挖掘客户最原始的需求，而不仅仅只是记录。

客户跟你说的内容只是他的一个理解，他的理解可能也有偏差，而且现在有的客户因为对软件比较了解，往往告诉你的不是需求，而是他的设计思路。例如，直接跟你说“你做个这样的功能，我一点就能出来什么什么”，对你来说，就需要多问几个为什么，“你为什么会这样做呢？”“你想看的结果是什么呢？目的是什么呢”等，一定要想办法了解到客户没有经过转化的最原始的需求，因为往往很多时候客户告诉你的想法并不能实现他原本的目的，而他以为能实现，所以就直接告诉你他的想法。需求调研人员如果没有了解到最原始的需求而只是把客户的想法记录下来，那么就会出现做出来的东西解决不了客户实际的问题。

这个过程往往同时也能够帮助缩小需求范围。例如，客户开始想好的一些功能，但是在深入分析思考后发现，因为存在某些问题这些功能无法实现，或者即使实现也会大幅增加工作量，比开始想象的复杂得多，那么在这样一个基础上应说服客户放弃这个想法。

（6）规避客户不合理的要求和较难实现的要求。

确定客户需求调研的过程中，不可避免地会出现客户提出一些现有条件下根本无法实现或者即使实现也非常困难的要求。这种情况就需要调研人员有聪明的头脑和快速反应能力，同时也需要调研人员有良好的沟通技巧，要能巧妙地说服客户放弃这种要求并且还要客户能够理解，而不致认为你在逃避问题、不想解决。一般可以采取以下方式：

① 客户提出要求后能马上了解客户提出这个要求的真实目的，然后快速思考出另外的同样能实现客户这个要求的简单方法。这是最好的方式。

② 必要时直接告诉客户无法实现这个要求并且给出合理理由，特别是在客户说某某系统已经实现了这个要求时。例如，可以告诉客户某某系统用的是某某平台，这个平台支持需要另外付费等。

③ 直接告诉客户这个要求虽然能实现，但是需要很大的精力和成本，而这个可能是客户无法承受的。当然你一定要能说出使客户听起来合理的理由。

这些都不是绝对的，需要调研人员有丰富的软件开发经验和灵活的头脑及较好的表达能力，临场发挥。

（7）注意需求调研的覆盖面，防止需求不具代表性。

这主要指防止提供需求的客户方面只有一个人，使实际软件需求变成个人需求。受制于这个人的所处层次，以及掌握的业务知识、与领导意图的符合度等限制，会带来较大的需求风险，稍有不慎就会给后面软件需求变更埋下伏笔。为避免这种风险，一方面调研人员需依据以往的经验和业务知识自己判断客户提出的需求是否合适、有没有过于强烈的个人特征等；另一方面，在调研开展的最初，想办法和客户的上层明确类似风险的存在，让客户领导在人员安排上避免这种情况，同时也让领导明白会存在这种情况，以后一旦这种情况真的出现，客户也不会说是调研人员的责任。

（8）及时总结、整理已经完成的调研内容。

每次调研回去后，及时把白天调研的内容整理出来，当时没来得及记的内容及时补记，同时再深入地分析、过一遍，确保没有遗漏的问题，列出所有的疑问，待到第二次调研时询问客户。

11.2.3　系统详细需求分析

系统详细需求分析主要对系统级的需求进行分析，首先应对需求分析提出的企业需求进一步确认，并对由于情况变化而带来的需求变化进行较为详细的分析。

（1）详细需求分析。具体包括详细功能需求分析、详细性能需求分析、详细资源需求分析、详细系统运行环境及限制条件分析。

（2）详细系统运行环境及限制条件分析、接口需求分析。具体包括对系统接口需求分析、结合软件资源接口需求分析。

11.3　编写大数据平台实施方案

11.3.1　大数据平台规划

1. 大数据平台物理拓扑图

大数据平台物理拓扑图如图 11-2 所示。

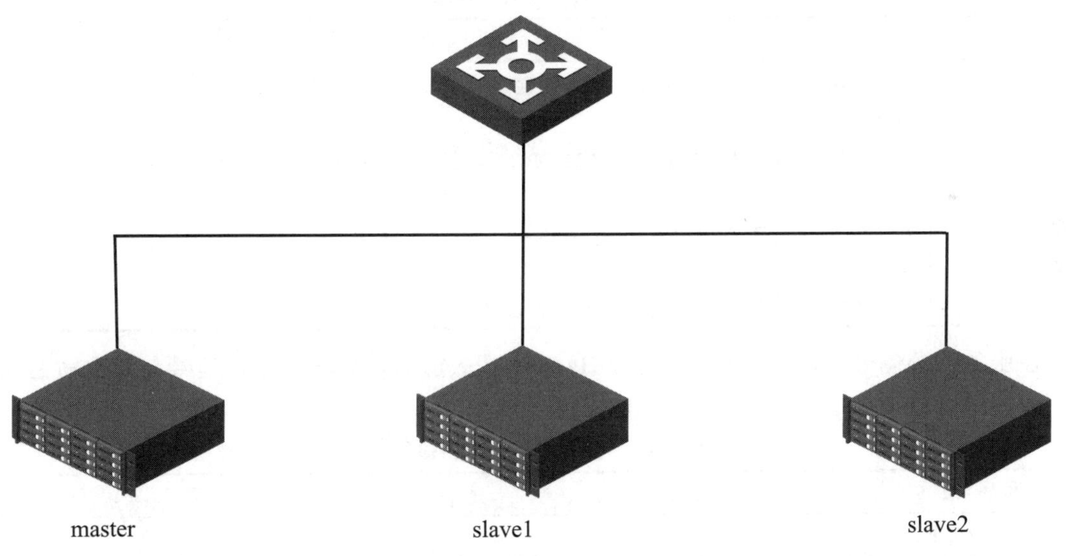

图 11-2　大数据平台物理拓扑图

本项目的实施共有 3 台物理服务器。对服务器的规划如下：规划 3 台服务器安装 H3C HDP 集群，用于半结构化数据和非结构化数据的处理。

2. 物理拓扑规划

通过服务器的 HDM（Hardware Device Management，硬件设备管理）口，对物理服务器进行管理和维护，规划设计与用户业务网相连的通道。整体拓扑主要包括两部分：管理区和业务区。

管理区：大数据平台内部资源之间的通信需要借助管理网络进行，这些内部资源包括管理服务器发出的管理流量、服务器主机节点的 IP 地址与管理服务器通信的流量、管理 IP 地址与管理服务器及服务器主机节点 IP 地址之间的网络通信流量。管理区包括机架服务器和管理网交换机。其中每台服务器 HDM 口使用千兆以太网线连接到管理网交换机，形成星形组网。管理网交换机作为网关。

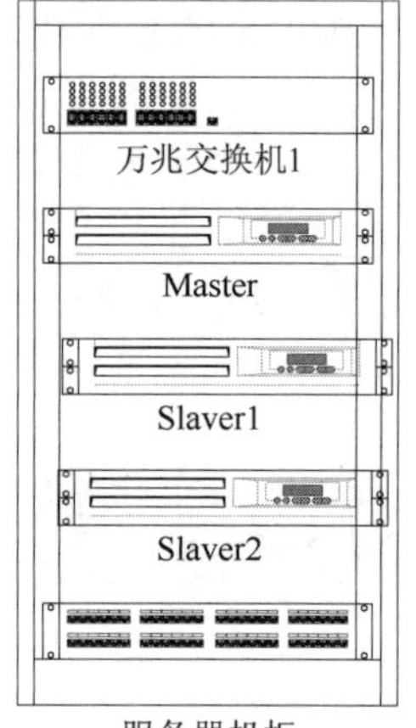

图 11-3　设备机柜布置规划图

业务区：集群整体与用户业务网相连的通道，是经过隔离的用户业务网络之间进行通信及对外通信的共享网络空间。

3. 设备机柜布置规划

设备机柜布置规划图如图 11-3 所示。

电源高可用通过规划使用两个及以上机柜来放置服务器。机柜应由两路电源供电，一路市电，一路不间断电源（Uninterruptible Power Supply，UPS）供电，保证输入电源的可靠性。

4. 服务器配置规划

在硬件配置方面，本项目按照至少 3 台物理服务器来规划，集群中各个物理服务器配置如表 11-1 所示。

表 11-1　服务器硬件配置表

项　目	性　能
服务器	CPU 模块：2 颗，主频 2.3GHz 以上，每颗 CPU 核心数 10 核以上。 内存模块：96GB 或以上。 硬盘模块：2×1.2TB SAS 10K；2 块 240GB 2.5 英寸（1 英寸=2.54 厘米）SSD 硬盘或更高配置，配置阵列卡。 网络端口：2 端口或以上千兆电接口网卡。 电源：1+1 冗余电源。 操作系统：CentOS 7.4 64bit 的 Linux 操作系统

在服务器角色方面，3 台服务器运行 Hadoop 相关服务，具体的设备型号与角色命名如表 11-2 所示。

表 11-2　设备型号与角色命名

设 备 型 号	角　色	命　名
机架服务器 1	Hadoop	master
机架服务器 2	Hadoop	slaver1
机架服务器 3	Hadoop	slaver2

在网络规划方面，包括了 IP 地址规划。IP 地址规划中的整个集群需要如下地址段，地址段：每个服务器需要一个 IP，共计 3 个。考虑今后集群的扩充，采用 24 位掩码。IP 地址规划具体如表 11-3 所示。

表 11-3　IP 地址规划

设 备 名 称	数据区地址	主机管理 HDM 地址	备　注
master			
slaver1			
slaver2			

11.3.2　大数据平台部署

1. 大数据平台版本

大数据平台版本文件形式为：DataEngine-<版本号>-<操作系统>-<系统架构>.tar.gz。需要用 tar xzf 命令进行解压。

2. 安装策略

安装的具体步骤如图 11-4 所示。

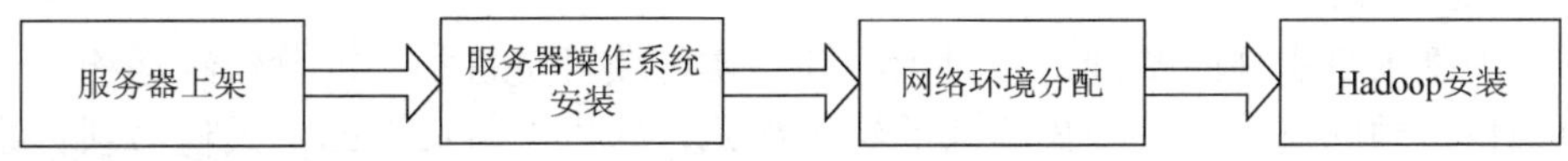

图 11-4　安装的具体步骤

安装过程采用定制部署策略，其中分成：

（1）服务器操作系统安装。

（2）网络地址配置。

（3）DataEngine 管理平台安装。

（4）DataEngine 部署 HDP 集群。

4 个阶段分步执行，可满足用户的组网要求和对安全方面的考虑，方便一些定制化功能的实现。

3. 平台安装流程

1）服务器操作系统安装

服务器上需要安装 CentOS 7.4 64bit 操作系统，通常有两种安装方式。

安装方式一：手动安装操作系统。

安装方式二：选择 PXE 自动安装操作系统，需要额外部署服务器。

本项目因服务器数量较少，因此使用安装方式一。安装时需要与预备好 CentOS 的 ISO 镜像文件通过 HDM 管理界面进行安装，安装过程按提示向导进行即可。其中，在选择系统安装类型时，推荐使用 minmal 选项安装。

2）网络环境分配

完成 CentOS 7.4 操作系统安装后，需要根据规划表中分配的地址和连接方式配置网卡 IP 地址。

3）平台安装及服务部署

详见“11.4 执行实施方案过程”。

11.3.3　项目实施计划

大数据平台搭建共分如下 4 个阶段。具体包括阶段一——基础平台部署；阶段二——

用户环境准备；阶段三——联调；阶段四——培训。详细项目实施计划如表 11-4 所示。

表 11-4　详细项目实施计划

序号	项　目	任 务 描 述	责 任 人	预计时间
1	基础平台部署	完成大数据平台的搭建	实施工程师	
2	用户环境准备	在数据迁移前，需要和用户确认环境准备情况，主要内容包括：用户资料和数据准备；用户内部程序的建立	用户、实施工程师配合	
3	联调	完成大数据平台的调优，主要内容包括：运行过程中平台功能完善；界面展示功能完善	实施工程师、用户	
4	培训	完成大数据平台操作维护的培训工作	项目经理、用户	

11.3.4　项目实施人员

1．项目组织模式

项目组织是项目实施的基础，针对大型项目实行项目负责制。项目组织结构设计的思路是运用项目管理的概念，采用矩阵式的组织形式，即以人事命令的形式任命项目经理并约定其权力和义务，以保证项目目标的实现。项目经理根据需要向职能部门和专业所协调配备所需的人力资源，形成临时性项目部，在执行项目的进度目标时，受项目经理领导，职能部室负责对员工进行技术培训，同时控制本专业的质量。

2．岗位职责描述

项目组在分配本项目的责任时，考虑到 IT 项目的特点，采取以下措施：充分授权。针对以前的项目经验，为了使项目组的资源能够有效地控制，各部门的责任主要负责人被赋予相应的权限，在职责范围内使各种资源在项目组中得到更好的利用。

有效沟通和创新。项目组驻场时采用集中办公，实现了全通道式沟通，加快解决问题的速度。这种措施最大的特点是各部门在一个融洽的环境里沟通，提高了工作效率。

项目经理岗位职责如表 11-5 所示。

表 11-5　项目经理岗位职责

姓　名	岗　位	职　责
张三	项目经理	适时与客户沟通，确立项目目标，建立组织机构，编制计划，负责项目全面管理；备件及后台保障工作；及时跟公司财务人员沟通，协助项目经理，进行项目中的商务工作；现场协助培训部门，完成现场培训工作

项目实施工程师岗位职责如表 11-6 所示。

表 11-6　项目实施工程师岗位职责

姓　名	岗　位	职　责
李四	实施工程师	负责设备安装上架；负责设备的配置、调试；负责现场设备及材料的管理；负责技术准备工作；负责现场技术的保障工作；负责系统调试，系统性能、功能测试；负责技术文档的记录、编写、提交

11.4　执行实施方案过程

11.4.1　实施内容

大数据分析平台的实施内容是大数据平台的软件安装与网络联调。

11.4.2　实施流程

1. 组建项目团队

正式合同签订后将成立项目组，任命项目经理，确定最终项目组成员，并告知采购方。

2. 与甲方确定总体计划

项目团队组建完成后，项目组将和甲方确定项目实施的具体事宜，如项目具体工期要求、技术要求等，项目组根据甲方具体要求及项目实际情况，制订合理的项目总体计划并获得甲方认可。

3. 部署环境准备

工程施工前，项目组将进行一些必要的准备工作，其中某些工作需要甲方给予密切配合。主要工作包括支撑软件到货的确认，部署环境的准备，如存储、计算能力等，其他可能影响现场施工问题的确认，各接口对接部门业务及技术事宜协调。在本阶段将向采购方项目负责人发出书面确认函，提出需要确认内容，并由采购方给予书面确认。根据书面确认结果，若施工条件具备，由双方协商确定现场施工的具体时间。本阶段将编制生成的施工文档，包括《项目实施方案》《阶段详细计划》等。

4. 系统安装和调试

在采购方及项目团队确认详尽的安装施工方案和施工时间后，具有丰富经验的资深工程施工人员将按时完成应用系统及数据库等部署。工作过程和内容主要包括同部署环境管理方协调硬件资源、现场确认施工条件是否具备。安装和调试，采购方批准安装调测申请，项目组进行系统安装、调试完成，双方签署有关安装完成的证明书。项目组配合用户方技术人员完成系统数据（用户、业务参数等）初始化，根据需要，提供现场培训或指导，解答相关的技术问题。详细解释并移交技术文件、用户手册等给采购方项目技术负责人。以上工作过程为各项条件均正常时的施工过程，若出现异常情况，现场施工人员和配合人员应向双方负责人进行汇报，由双方负责人协商确定处理办法。

5. 应用集成及数据集成

本项目各系统之间有着复杂的业务关系及数据关系，业务通过大数据平台集成，数据通过数据共享交换平台集成。在各系统部署完成后，需要和其他业务系统进行集成及联调，确保各个系统之间的网络及数据流是互联互通的，最终实现大数据平台与外部第三方系统等的集成和对接。

11.5　系统测试

在大数据平台部署、调试圆满完成后，首先由采购方组织相关部门或人员进行 2～7 天的封闭试运行，在此期间主要由用户测试系统功能、性能、稳定性是否达到试运行要求，项目组需要根据封闭试运行期间发现的问题及时修改系统。

在大数据平台完成封闭试运行一段时间后，开始项目初验，或者在系统正式运行前，需要对系统用户及运行维护人员进行系统使用培训及运行维护培训，培训方式可采取集中培训、现场培训等方式。

撰写大数据平台测试报告，表 11-7 所示为测试报告模板。

表 11-7　测试报告模板

项目编号	测试项目	测试子项目编号	测试子项目	级别	测试结果			
T01	平台管理	T01-01	一键部署大数据平台	推荐	OK	POK	NG	NT
		T01-02	定制部署大数据平台	推荐	OK	POK	NG	NT
		T01-03	大数据服务部署	普通	OK	POK	NG	NT
		T01-04	大数据服务启停	普通	OK	POK	NG	NT
		T01-05	大数据服务添加	普通	OK	POK	NG	NT
		T01-06	大数据集群动态扩容	普通	OK	POK	NG	NT
		T01-07	集中配置管理	普通	OK	POK	NG	NT
		T01-08	用户管理（三员分立）	推荐	OK	POK	NG	NT
		T01-09	用户管理（业务）	普通	OK	POK	NG	NT
		T01-10	节点及服务状态检查	普通	OK	POK	NG	NT
		T01-11	集群作业监控	普通	OK	POK	NG	NT
		T01-12	机架、主机、服务级可视化监控	普通	OK	POK	NG	NT
		T01-13	日志管理	推荐	OK	POK	NG	NT
		T01-14	集群健康检查	普通	OK	POK	NG	NT
		T01-15	故障管理	普通	OK	POK	NG	NT
T04	备份恢复测试	T04-01	平台参数配置和恢复	普通	OK	POK	NG	NT
		T04-02	HDFS 全量、增量备份和恢复	普通	OK	POK	NG	NT
		T04-03	HBase 全量、增量备份和恢复	普通	OK	POK	NG	NT
		T04-04	NameNode 主节点失效及恢复测试	普通	OK	POK	NG	NT
		T04-05	NameNode 备节点失效及恢复测试	普通	OK	POK	NG	NT
		T04-06	DataNode 节点故障及恢复测试	普通	OK	POK	NG	NT
		T04-07	HMaster 节点失效及恢复测试	普通	OK	POK	NG	NT
		T04-08	RegionServer 节点失效及恢复测试	普通	OK	POK	NG	NT
		T04-09	运维管理节点失效及恢复测试	普通	OK	POK	NG	NT
T06	业务功能测试	T06-01	任务调度测试	普通	OK	POK	NG	NT
		T06-02	ETL 测试	推荐	OK	POK	NG	NT
		T06-03	Hadoop 测试	普通	OK	POK	NG	NT
		T06-04	Hive 测试	普通	OK	POK	NG	NT
		T06-05	HBase 导入导出测试	普通	OK	POK	NG	NT

续表

项目编号	测试项目	测试子项目编号	测试子项目	级别	测试结果			
T06	业务功能测试	T06-06	Java/C 接口测试	普通	OK	POK	NG	NT
		T06-07	Flume 功能测试	普通	OK	POK	NG	NT
		T06-08	数据库查询测试	普通	OK	POK	NG	NT
		T06-09	结构化数据全文检索测试	普通	OK	POK	NG	NT
		T06-10	非结构化数据全文检索测试	普通	OK	POK	NG	NT
T07	性能测试	T07-01	Sqoop 导入导出	普通	OK	POK	NG	NT
		T07-02	Flume 数据处理	普通	OK	POK	NG	NT
		T07-03	ZooKeeper 测试	推荐	OK	POK	NG	NT

11.6　项目验收

大数据平台在达到了全部规定要求，项目组在提交全部相关文档、报告、软件包等交付物的前提下，可以向用户方提出验收申请。系统上线后，项目组向用户方提交初验申请，初验完成后进入合同约定的服务期。合同约定的服务期，从初验完成后开始计算。项目进入服务期后，将按照双方达成的约定和售后服务承诺要求进行服务期质保运维。

11.7　本章小结

本章主要根据大数据平台招标文件的要求及需要按照项目实施方案提供的服务，做好项目实施与技术支持服务工作。本章介绍了系统实施方案概述、客户需求分析、编写大数据平台实施方案、执行实施方案过程、编写验证报告等内容。

第12章 客户培训方案的制定

学习目标

- 掌握培训方案概述内容
- 掌握客户培训实施要点
- 掌握使用培训文档制作工具的方法
- 掌握大数据平台操作演示的方法

为了保证项目运营和日常维护质量，更好地满足大数据平台运行维护需求，需要在项目运行实施阶段针对平台使用人员制订详细的培训计划、设定阶梯状的培训目标，以满足不同层次的平台使用者的培训需求，这就需要在平台提供服务期间组织多方面、多层次的培训。本章主要介绍培训方案概述，使用培训文档制作工具制作甘特图（Gantt chart）、工作分解结构图及大数据平台操作演示等内容。

12.1 培训方案概述

项目建设最终将系统交付用户使用，项目培训是项目实施中的重要环节，通过项目培训对业主人员进行全面的技术培训，使业主单位人员达到能独立进行管理、故障处理、日常测试维护等工作，以便于我方提供的软、硬件能够正常、安全的运行。

按照某中小型企业大数据平台的培训需求，从以往的成功案例中总结了一套培训体系办法，使得全体使用本平台的人员得到周到、细致和系统的培训，这其中就包括建立专业的辅导团队，制定全面的辅导教材（其中包括文本教材、视听教材和现场培训案例等），建议采用现场培训。在培训体系范畴之内，通过整合国内外培训领域中的先进理念和管理方法，逐渐形成以下几种主要的培训理念：

（1）目的性强。通过系统的培训，使用户逐步熟练使用大数据平台，掌握本平台各个软件系统的基础知识、使用方法、操作规则和管理手段。

（2）针对性强。通过结合和支持方多年行业信息化平台系统实施运行中的深耕和运作而沉淀出来的行业和管理经验，并结合本项目用户特点和实际状况，提供适合客户自身特点和需求的培训方案。

（3）讲究实效。在该大数据平台项目提供服务和运维过程中，将与用户组成工作小组来共同完成培训方案的设计和完善，保证培训方案为客户所接受和认可。

（4）实践创新。通过引进最前沿的项目/平台培训管理方法论和工具集，并融合多样化的培训手段：幻灯片课件、音频课件、视频课件、远程教学及现场实践等培训渠道，以增强平台使用者或用户对培训课程的兴趣和参与性。

1．培训的总体目标

从培训对象、培训目的、培训内容、培训方式、培训批次等维度制定具体培训目标，如表 12-1 所示。

表 12-1 培训目标

培训对象	培训目的	培训内容	培训方式	培训批次
系统管理员	全面了解系统功能，掌握系统操作方法；可以独立完成大数据平台的日常维护，解决一般问题	系统体系结构、系统配置、系统管理、系统使用	集中培训和个别培训	不少于 1 次的集中培训，个别培训随时安排
系统使用人员	熟练掌握所涉及部分的操作；对其他操作人员进行系统应用指导，协助解决应用问题	系统使用及相关数据清洗分析操作	现场操作、系统演示	不少于 2 次的集中培训，个别培训随时安排

2．定培训课程和内容

系统使用范围广，用户层次多，不同用户层次使用的系统角色不相同，使用的内容和侧重点各不相同，那么在项目中将针对不同的用户层次提供针对性的用户培训，保障培训效果，使各层次的用户都能熟练掌握系统相关知识。

3．培训形式

在培训过程中将针对不同的用户和不同的培训内容采用不同的培训方案，以达到最佳的培训效果，培训方法及内容如下。

实践培训是指在项目实施过程中与我方工程师一道参与项目研发和实施过程，在实践过程中逐渐掌握培训内容。实践培训主要针对技术开发人员及系统维护和管理人员。在项目实施之初即邀请技术开发人员与我公司开发人员一起参与项目开发过程，从大量的实践过程中获取开发知识，以便于对系统的设计、开发语言、系统架构熟悉，为业主单位培养较全面、对系统理解较深的专业技术人员。

培训形式包括集中培训、现场培训、针对性培训。

12.2 客户培训方案要点

12.2.1 培训目标

为了满足本次项目的培训需求，配合支持方安排优秀的培训讲师、组织精良的培训教材、制订科学的培训计划，精心组织培训。本项目业务系统使用培训对象主要为相关部门及指定用户的系统操作人员及管理人员。培训内容包括系统目录梳理培训、系统管理培训和用户操作培训。培训服务要求包括提供培训资料和讲义，选派参与本系统开发的有资质和实践经验的专业人员针对本系统的配置进行完整全面的培训，培训方式包括技术讲课、操作示范和其他必须的业务指导和技术咨询。同时，培训师会针对用户需求和人员实际状况分别制订详细的培训计划，根据实际验收软件系统提供全套培训教材，并于培训开始前交给用户，征求意见，以确保培训工作顺利进行，达到预期的目的。培训目标一般包括三方面的内容：

（1）说明受训者应该做什么。

（2）阐明被培训后可被接受的能力水平。

（3）受训者完成指定学习成果的条件。

培训目标的确定应把握以下原则：

（1）使每项任务均有一项工作表现目标，让受训者了解受训后所达到的要求，具有可操作性。

（2）目标应针对具体的工作任务，要明确工作任务的划分和职责权限。

（3）目标应符合机构或企业今后的发展目标和长远规划。

达到的目标要保证项目的顺利进行：提高技术人员对相关技术和方案的熟悉程度，保证项目顺利进行。通过对项目单位技术人员的培训，使他们精通各个系统的概念和知识，熟悉相关管理技术，掌握设备、软件的安装与操作方法，掌握系统的操作与日常维护。通过对本项目业务用户的培训，使他们可以熟练地操作应用系统。

组织本项目各业务系统建设相关维护人员熟悉系统硬件、软件环境，进行系统管理、数据库管理、数据处理和安全管理的培训。

学完此课程后技术人员具备的能力：了解各个系统的工作原理及相关标准；能够熟练操作各个应用系统，正常使用各种功能；能够简单定位与排除大多数常见故障。通过对本项目业务用户的培训，使他们能够熟悉系统硬件、软件环境，进行系统管理、数据库管理、数据处理和安全管理。

12.2.2 培训对象

某中小型企业大数据平台的用户主要包括普通用户和维护人员。需要对各类用户进行集中培训，由于人数过多，需要分场次进行多次培训。

1. 普通用户

普通用户是应用系统的直接使用者，涉及系统的各方面功能，是对系统功能理解最深、业务最熟悉的用户群，然而普通用户层由于覆盖的面广，各部门主要使用的功能模块不尽相同，因此针对于普通用户将按照不同部门的侧重点进行分期培训，组织类似业务部门或单独部门进行培训，以便于各部门对各自业务系统使用的把握，以达到各用户能熟练掌握系统的使用方法。

2. 系统管理员和应用级管理员

系统管理员和应用级管理员是业主单位对系统进行管理维护的主要人员，这一用户群掌握一定的信息技术，针对应用系统管理员和平台维护员分别进行针对性的培训，主要侧重于系统的建设原理和规划、总体架构、常见问题的解决、系统安装配置等内容。系统的维护和管理工作需要对应用系统较熟悉，并且能处理运行过程中遇到的各类问题，因此软件维护人员和管理员将采用共同参与项目维护和实施的方式，从长期实践中逐渐掌握系统维护知识，提升其技术技能和对系统的认识。

12.2.3 培训形式

培训形式有集中培训、现场培训和针对性培训。

1. 集中培训

集中培训主要指培训组织者在规定的时间和规定的培训现场下将某中小型企业大数据平台的各方使用者组织起来后授权进行集中培训，主要培训内容包括平台技术人员在培训现场讲解系统的安装、使用、操作和维护等技能，逐一为用户方技术人员介绍平台系统的概况、平台基本功能和性能、平台权限的基本配置方法及平台对用户使用环境的适配性等技术要求，使得用户方技术人员对本项目涉及的环境和技术要求有所了解和认识；然后平台业务人员将采购方已事先打印好的培训材料及培训材料的电子版交给用户，并在培训现场结合培训材料的内容给用户讲解平台使用规范、标准规范等，在用户熟悉培训材料的内容之后，业务人员将会在现场进行操作演示，帮助采购方业务人员在最短时间内熟悉本平台所涉及的基本操作规范和使用方法。业务培训人员在完成功能讲解和现场演示之后，将会逐一解答受训人员的提问和咨询，最大程度上使现场培训的效果达到最佳。

2. 现场培训

现场培训就是配合支持方指派平台技术人员和资深业务人员前往用户现场对某中小型企业大数据平台的安装、使用、操作和维护等技能对相关受训人员进行培训。平台技术人员到达客户现场之后，首先为用户方技术人员介绍平台系统的概况、平台基本功能和性能、平台权限的基本配置方法及平台对用户使用环境的适配性等技术要求，使得用户方技术人员对本项目涉及的环境和技术要求有所了解和认识。在平台技术人员现场对用户使用环境调试完备之后，资深业务人员将培训材料的电子版交与用户。

3. 针对性培训

由于企业大数据平台除了为企业人员提供信息资源梳理和数据对接等功能外，还为各级领导及相关负责人提供数据分析等功能，这些功能由于其操作的特殊性和权限控制行为的界定，需要单独为用户方相关领导提供个别领导培训，针对领导使用需要提供系统的现场培训，主要培训内容为应用软件的特殊功能的操作使用。将数据进行整理归类、存档，并以图形化或基于地图的方式直观地展现给领导，系统对当前的数据进行实时分析，随着各相关单位数据地不断更新，展现最新的内容，有利于领导对当前环境的掌控，进行宏观控制。

12.2.4 培训内容

为了保证项目和运营建设质量，更好地满足项目的建设和运行需求，提高项目管理、建设、运维、业务应用人员（业务、技术）水平，在项目建设前、建设中和建成后组织多方面、多层次的培训。

主要的培训包括：

1. 基础培训

对涉及本项目的所有人员进行项目总体基础性培训，包括本项目基本概况、项目建设目的和意义、项目总体功能介绍、项目实施应用范围、项目试运行期注意事项。

2．应用系统培训

对涉及本项目的用户进行分类，分次分批进行培训，使使用者可以熟练地操作应用系统。

3．运行维护培训

组织共享平台相关维护人员熟悉系统硬件、软件环境，进行网络管理、系统管理和安全管理的培训，制订运行维护管理暂行办法等制度，提供详细的日常维护方法和工作流程。

12.2.5 培训计划

根据某中小型企业大数据平台项目整体工作阶段目标，在本项目建设过程中及系统服务期间的培养计划如表 12-2 所示。

表 12-2 培训计划

阶 段	培 训 内 容	授 课 方 式	耗时/小时
第 1 阶段	大数据分析平台培训——规划及部署方案（CentOS 安装部署、Hadoop 安装部署）	集中培训	3
第 2 阶段	大数据分析平台培训——大数据存储技术介绍（MySQL、HBase、Hive 等）	集中培训	3
	大数据分析平台培训——大数据计算框架介绍（MapReduce）	集中培训	3
	大数据分析平台培训——大数据采集技术（Flume）介绍	集中培训	3
	大数据分析平台培训——数据集成工具（Sqoop）介绍	集中培训	3
	大数据分析平台培训——大数据平台运维管理	集中培训	3

12.3 文档制作工具

为了更好地完成客户培训，需要掌握常见培训文档的制作方法，下面分别介绍使用 Micrsoft Excel 2016 电子表格工具制作甘特图和使用 Micrsoft Project 2016 工具制作工作分解结构图的方法。

12.3.1 制作甘特图

甘特图又称为横道图、条状图，以时间刻度展示项目的进展情况。因其简单清晰的优势，在项目管理中被广泛应用。甘特图由亨利 • 甘特于 1910 年开发，他通过条状图来显示项目、进度及与其他时间相关的系统进展的内在关系随着时间进展的情况。其中，横轴表示时间，纵轴表示活动（项目），线条表示在整个期间上计划和实际的活动完成情况。甘特图可以直观地表明任务计划在什么时候进行及实际进展与计划要求的对比。管理者由此可以非常便利地弄清每一项任务（项目）还剩下哪些工作要做，并可评估工作是提前还是滞后，亦或正常进行。甘特图是以作业排序为目的，将活动与时间联系起来的较早的工具之一，帮助企业描述工作中心，超时工作等资源的使用。典型甘特图如图 12-1 所示。

除此以外，甘特图还有简单、醒目和便于编制等特点。所以，甘特图对于项目管理是一种理想的控制工具。制作甘特图的方法有很多种，下面介绍用 Excel 表格来制作甘特图。

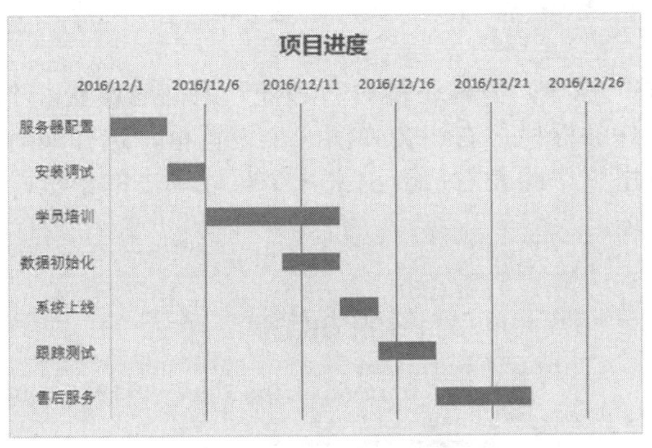

图 12-1　典型甘特图

1．制作作业进度表

建立一个新的 Excel 表格，按照图 12-2 所示依次对行和列进行命名，将表格填写完整。

	A	B	C
1	任务内容	计划开始日期	计划持续天数
2	客户需求分析	2020/9/1	1
3	编写实施方案	2020/9/3	0.5
4	服务器上架和配置	2020/9/5	1
5	大数据平台安装调试	2020/9/6	1
6	数据初始化	2020/9/6	1
7	大数据平台测试	2020/9/20	0.5
8	系统试运行	2020/9/21	0.5
9	大数据平台培训	2020/9/25	0.5
10	项目验收	2020/9/30	0.5

图 12-2　Excel 表格编制数据

2．用 Excel 启动图表制作向导程序

选中自己所填写的所有信息，选择 Excel 上方的“插入”选项，单击推荐的表格，会弹出一个可选框。选中所有数据，选择“插入”→“图表”→“条形图”→“堆积条形图”选项，生成图表如图 12-3 所示。

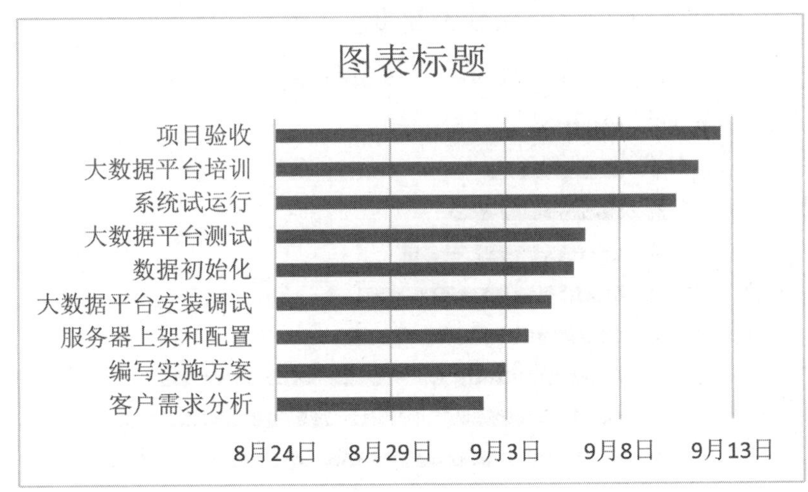

图 12-3　生成图表

3．生成初始图

图 12-4 所示为生成的图表，但是还得对它进行一系列的设置，才能使之变成真正的甘特图。首先选中坐标的任务标栏，右边会弹出一个设置框，选择最后一项，选中“逆序类别”复选框。之后，单击整个图表右边会出来几个可以单击的小框。单击第三个，选择里面的“选择数据源”选项。

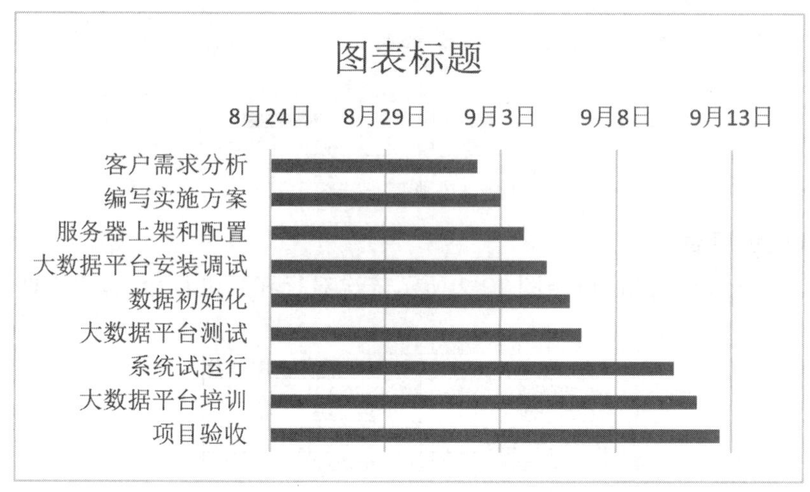

图 12-4　编辑数据源

4．修改图表，添加“持续天数”

之后单击图表上面的时间栏，会发现时间栏特别乱，而且日期不对，选择右边弹出来的设置框，在最后一类里面有最大值和最小值，里面写的是一串数字，把最小值改成制作甘特图的最小开始日期，最大值改成制作甘特图的最大完成日期。例如本章制作的这个甘特图，把最小值改成 2020-8-31，最大值改成 2020-9-21，输入完后会自动改成数字的格式，如图 12-5 所示。

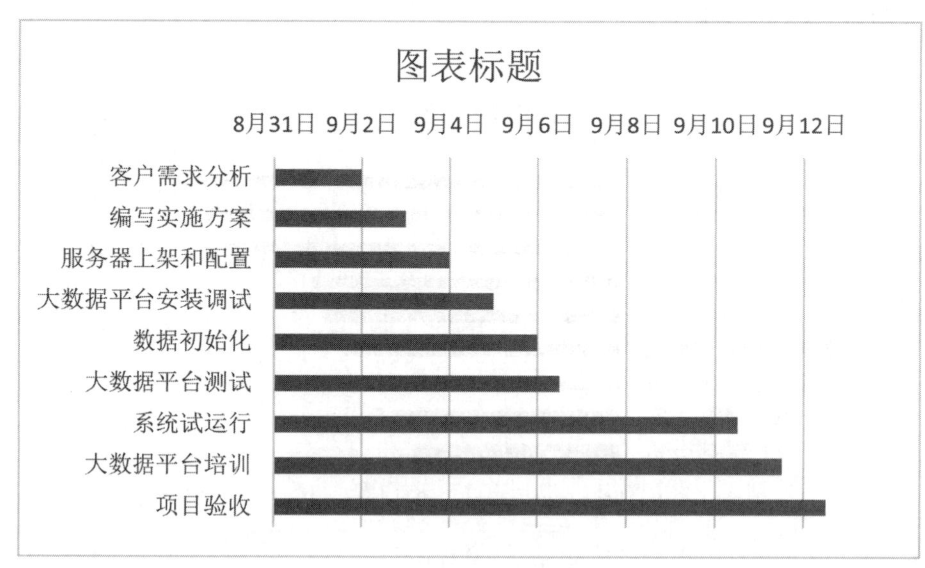

图 12-5　设置格式

5. 生成初始甘特图

单击开始时间，在右边弹出的设置栏里面把填充和边框都设置成无颜色的。这样甘特图就制作完成了，如图 12-6 所示。

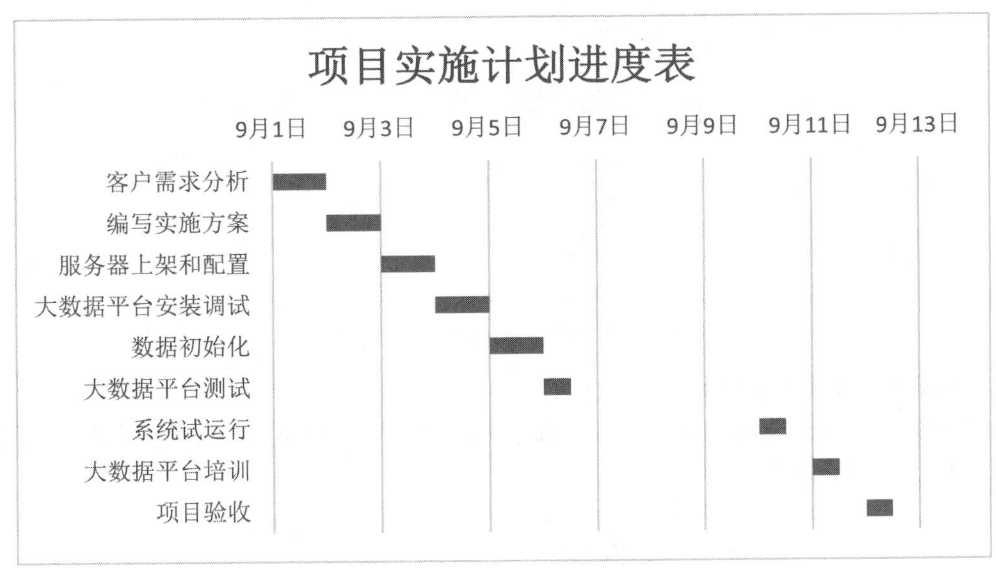

图 12-6　项目实施计划进度表

12.3.2　制作 WBS 图

创建工作分解结构（Work Breakdown Structure，WBS），是把项目工作按阶段可交付成果分解成较小的、更易于管理的组成部分的过程。WBS 的创建可以根据工作环境、团队规模及喜欢使用的程序来选择，通常有 4 种软件可以创建 WBS 的过程，分别是 Micrsoft Project、Word（导入 Project）、Visio 和思维导图。

WBS 是项目管理重要的专业术语之一。WBS 的基本定义：以可交付成果为导向对项目要素进行的分组，它归纳和定义了项目的整个工作范围每下降一层代表对项目工作的更详细定义。WBS 总是处于计划过程的中心，也是制订进度计划、资源需求、成本预算、风险管理计划和采购计划等的重要基础。WBS 同时也是控制项目变更的重要基础。项目范围是由 WBS 定义的，所以 WBS 也是一个项目的综合工具。WBS 图中每个任务都阐释成描述和其他任务的关系，以及和整个工程的关系。

Microsoft Project（MSP）是由微软公司开发、销售的项目管理软件程序。软件设计的目的在于协助项目经理发展计划、为任务分配资源、跟踪进度、管理预算和分析工作量。下面介绍利用 Microsoft Project 创建 WBS 的具体过程。

1. 在 Project 创建记录工作包和摘要内容

不论采用哪种方式记录工作包和摘要内容，最终把 WBS 导入 Project 文件中，这样才能把 WBS 转变为进度表。在 Project 中，可以根据实际情况轻松实现对各项任务的操作，如插入、调整、升级、降级和删除，具体如图 12-7 所示。

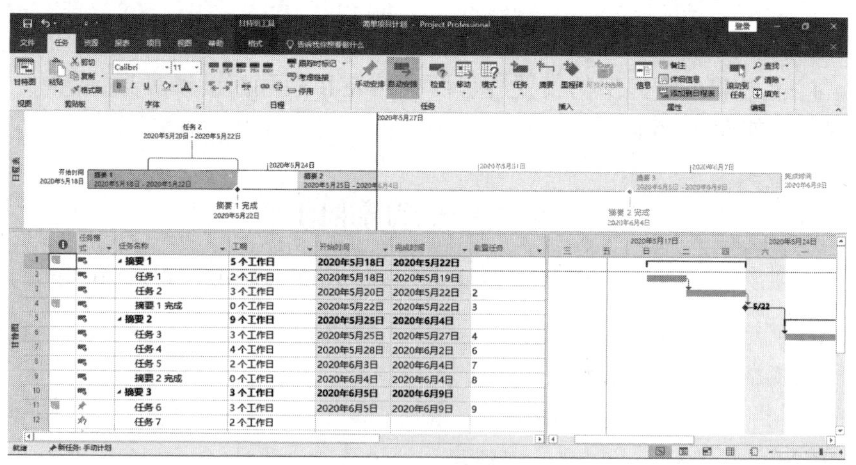

图 12-7　根据模板创建简单工作计划

2．创建摘要任务和子任务

为选中的子任务创建新的摘要任务，选中“摘要 1”后在弹出的对话框中输入摘要内容，具体如图 12-8 所示。

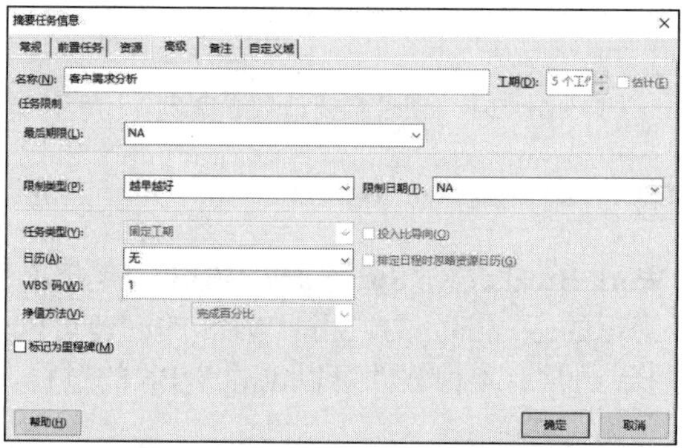

图 12-8　输入摘要任务信息图

接下来可以在摘要任务重插入新的子任务，具体如图 12-9 所示。

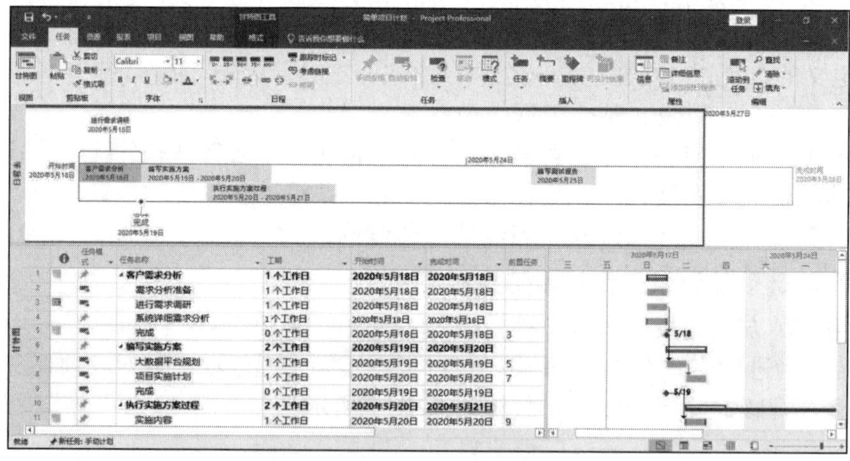

图 12-9　插入子任务图

3. 调整子任务

在页面中可以实现继续插入新的、独立的摘要任务，也可以根据实际需要提高某个子任务的级别、把摘要任务变成子任务、降低某个子任务的级别、把某个子任务移到另一个摘要任务下面，也可以删除子任务和删除摘要任务等操作。删除子任务如图 12-10 所示。

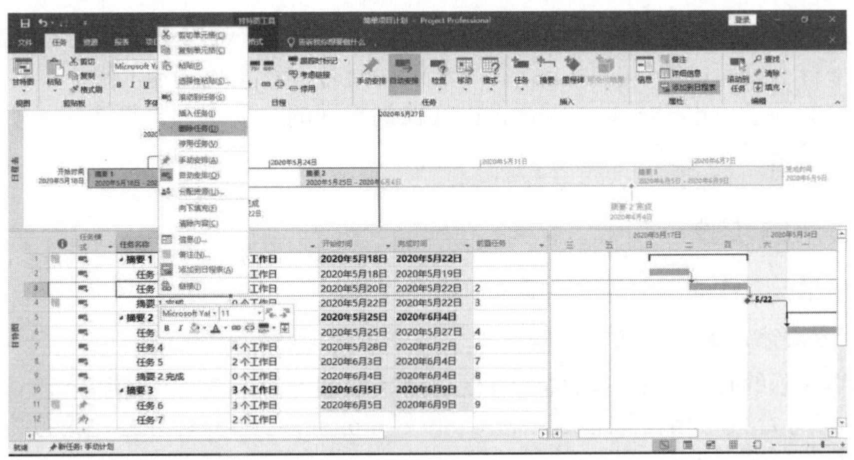

图 12-10　删除子任务

通过上述步骤可以编制得到项目的 WBS 图，具体如图 12-11 所示。

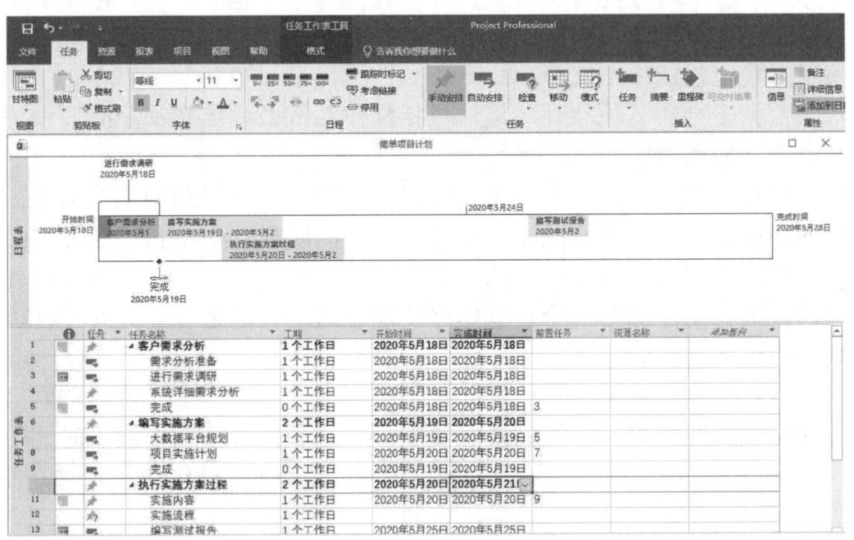

图 12-11　WBS 图

这样，WBS 图就制作完成了。

12.4　大数据平台操作演示

12.4.1　演示内容选取

一场好的系统演示和汇报或者培训，既是一场有效的技术讲解，也是一场优秀的演讲，亦是一场良好的销售艺术表演，实际也是一个个人能力和魅力展示的过程。演示的效果直接关系客户对软件系统的印象、对公司的整体印象，以及对演示者个人的印象。 哪些场景需要进行平台演示呢？一般来说有如下几个场合。

（1）部署上线以后给客户使用者进行培训。例如，大数据平台项目实施方用户、各级别用户 50 余人培训。

（2）上线以后，给领导演示介绍大数据平台系统或有客户的上级领导视察的场合。例如，大数据平台上线后，给客户的上级领导演示，同时进行系统演示汇报。

上述不同的场景，也即不同的听众，以及他们不同的关注点，直接决定了所采取的演示方式不同，以及演示内容不同。

12.4.2 演示的步骤

在大数据平台操作演示前需要做好如下准备工作。

1．分析本次演示的目的和听众群体

分析本次演示的目的和听众群体，以便确定采取的方式、演示的内容，以及中间注意的细节。编制演示/培训大纲，准备演示材料。做好充分准备，事先可以自己模拟演示一次，以免到时候想要的资料临时找不到。

2．编制演示方案

有了演示方案，演示时才能心中有数，让别人提意见时也有了一个参考的依据，今后演示方案也可以作为公司的知识积累和业务持续改进基础。

完整的演示方案应包括 3 个部分：

（1）演示大数据平台和其他软件环境，包括操作系统数据库和演示时要调用的其他应用程序或各种资源（如动画、动态库等）。

（2）演示的思路。演示一定要有一个整体思路贯穿，这个思路根据演讲的内容、听众的特点和演讲的环境而且尽可能按照企业业务准备，简明扼要说明自己是如何按照业务思路连串软件功能模块达到支撑业务模块的目的。演示思路要考虑你想告诉听众什么。先要确定演讲的目的。准备工作的每一个步骤始终要围绕这个目的进行。只有这样，才能保证你的演示方案有针对性且高效率。

（3）演讲词和配套操作顺序。要写清楚什么操作提供怎样的说辞，操作的时间在哪里，哪些需要提前操作或打开界面，以提高演示效率；哪些操作可能需要较长时间等待（如汇总），需要准备更充分的说辞；操作进入界面和数据位置，哪些操作在演示时不能做，这些都要逐段落实、写明。

一般认真准备了详细的演示方案，现场演示就不会失去思路，操作也不会零乱，往往可以达到很好的效果。演示方案的准备应该是公司级的行为，经过长期积累完善的演示方案就是一份积累了全公司业务经验和产品功能的解决方案，可以成为实施标准配置、产品规划需求和理念来源（准备售前演示过程也经常可以发现软件不足和可以改进的地方）；测试的标准业务测试大纲，培训的标准软件平台、咨询顾问部也可以按照这个演示套路定制解决方案，形成几个精练友好的业务解决方案范本。

3．准备好演示环境

不管是计算机、投影仪，还是演示的会场，不管是在客户处还是在公司，都要事先把

硬件、线路调好，然后在开始前一定要提前到现场做最后的调试，准备好后等待开始。防止临时出现问题，因为不管原因是什么、责任在谁，受影响的肯定是公司。

12.4.3　演示的技巧

在大数据平台操作演示时，掌握一些演示的技巧有利于顺利、成功地完成演示，具体来说有如下几个方面。

（1）调整心情，不要显得太紧张、激动，造成语速不协调、有结巴等；要姿态饱满、声音适中。有精神、有朝气、有信心，给客户一种积极的印象。准备一个好的开场白，做好自我介绍，交代背景及今天演示的安排，忌一上来直接打开界面开始实质内容的讲解。

（2）注意交代清楚各个方面的细节，特别是进行功能介绍时，对一般的听者来说，所有的内容都是陌生的，他们并不像演示者那样很清楚，哪些是重点、哪些不是重点，哪些比较简单、哪些比较复杂等，被演示者省略或者一笔带过的东西都要向听者交代清楚。注意采取“总—分—总”的方式。开始演示时，要总体介绍一下系统、主要实现了哪些业务、有哪些功能等；然后细化到每个功能时，首先还是要先总的介绍一下这个功能，然后详细的介绍，最后再做一个小的总结；演示的最后，再对所演示的内容做一个总结。注意语速不要过快，操作动作不要太快，不要着急、风风火火，注意阶段性的停顿。因为虽然演示者很了解系统，驾轻就熟，但客户之前对系统可能一无所知。避免较多的语气助词，如“嗯……”“那个……”。

（3）在演示过程中注意，移动鼠标指针时应有规律、有条理，不要随意地、无目的地移动。因为看演示的人，其眼睛往往就是盯着你鼠标指针的位置。另外，还需要有效地控制演示节奏，中间过程中往往会有讨论，可能会出现讨论时间过长、内容离主题渐远，这时，演示者要能及时适宜地控制节奏，继续演示内容。

（4）听汇报或者看演示的人，集中注意力的时间往往只有前 20 分钟，之后则会越来越精力不集中。所以演示者在作出一个精彩的开场，吸引其注意力之后，应不时地点出其关注的地方，从而不断地吸引其注意力。演示者应注意眼、手、口的配合。口到、手到，相互一致；眼睛同时注意观察听者的表情神态，随时根据观察到的听者的反映调整要说的内容。注意：不要只是鼠标指针在移动、翻页，而没有伴随口中的交代。因为你可能在查找你想要说的内容，但是听众并不知道，他不知道你在做什么，应避免没有解释只有操作的沉默期时间过长。

（5）注意听取演示过程中客户提出的问题，对提出的问题做合理的解释和记录。在大数据平台操作演示后，对于不同的演示效果，一般不会有人直接告诉你这次效果好还是不好，但是往往能从各个侧面分析反映出来。及时分析、总结每一次演示的效果，特别是不足的地方，然后注意在以后的演示中避免，那么你的讲解水平就会越来越高。

对于如何知道效果，可以试探性地问一问客户或者其他听的人，征求他们的意见，也需要自己认真回顾演示过程、演示当场的客户反应等来自我总结，主要从下面几个方面进行总结：

（1）自己演示/培训时的仪态仪表。有没有明显给人不舒服的地方，如弓腰、驼背、姿势不雅，声音太小，过多的语气助词等；有没有不好的习惯，如无实际目的时乱点鼠标、眼睛没有注视屏幕或者听众等。

（2）演讲的内容。分析、了解有没有遗漏的内容、有没有太过明显的错误、有没有哪些地方当时就感觉讲得不好等。对演示过程中记录的客户当场提出的问题再次进行分析，是否合理，以后如何更好地应对这些提出的问题。另外，如售前的演示介绍，演示完了之后是不是就没有下文了，客户没有再继续深入了解。是不是在介绍的时候没有把重点、亮点突出来，导致客户认为咱们的东西没什么新意，不符合他们的要求。

（3）演示完以后，客户是不是反复地问了很多问题，而这些问题中有相当部分是前面讲解时本应涉及而被遗漏或者忽略了的。

总结每一次演示，为下一次更好地演示做好准备。

12.4.4 演示注意事项

在项目培训中进行大数据平台演示可能存在一些误区，需要避免，具体包括如下几个方面。

（1）由于对演示系统熟悉导致准备不足。

虽然比较清楚整个系统的结构，但是每次演示并不是通篇地把每一个功能介绍一下，演示什么内容、哪些重点强调、哪些一笔带过、重点强调的内容如何演示才能让客户很快地理解等，都是要提前进行准备的。

（2）由于与客户比较熟悉，对演示不重视。

客户不一定会针对某次做得不好就一定怎样，但这种情况有了积累，不好的印象一旦形成，往往会造成不可挽回的损失。对演示者来说，最保险的就是做好每一次。给客户形成一个印象就是每件事都非常认真。

（3）扬长避短。总体上还是要依据真实情况，对一些必须要掩饰的则一定要有合理的解释和说明。

总体来说，无论演示或培训，包括平时的内部培训或者主题演讲，这些都是平时要做的事情，对于这些事情，一个统一的基本原则就是：认真对待，思想上要重视。在这个基础上再去落实每一项准备工作、每一个细节，同时还要注意经验的积累，那么肯定会做好这件事情。

12.5 本章小结

本章首先介绍了大数据平台在项目实施完成后制定客户培训方案、设计培训方案模板、按照客户培训实施要点进行客户培训方案设计，接着介绍了常见培训文档制作工具，最后介绍了大数据平台操作演示，包括演示内容的选取、演示步骤、演示技巧和演示注意事项等内容。

第五部分

大数据平台监控

第 13 章 大数据平台监控命令

学习目标

- 了解大数据平台运行、资源、服务等状态查询
- 掌握通过命令方式监控大数据平台状态的方法
- 掌握告警和日志信息监控的方法
- 能够处理状态异常基本问题

大数据平台监控属于大数据运维人员常规运维的主要工作范畴，既需要掌握大数据平台监控命令，又需要能够熟练操作大数据平台监控界面，并能利用平台的数据形成报表，针对报表对大数据平台的运行情况作出判断等。本章重点介绍大数据平台及相关组件的监控命令，包括 CentOS 操作系统，以及 Hadoop 及其相关组件 YARN、HDFS、HBase、Hive、ZooKeeper、Sqoop 和 Flume 等状态的查询。

13.1 大数据平台运行状态

大数据平台 Hadoop 的核心组件包含分布式存储 HDFS 和集群资源管理系统 YARN，而 HBase 是面向实时分布式数据库，Hive 是数据仓库，Sqoop 是数据库 ETL 工具，ZooKeeper 提供分布式协作服务，它们的关系如图 13-1 所示。

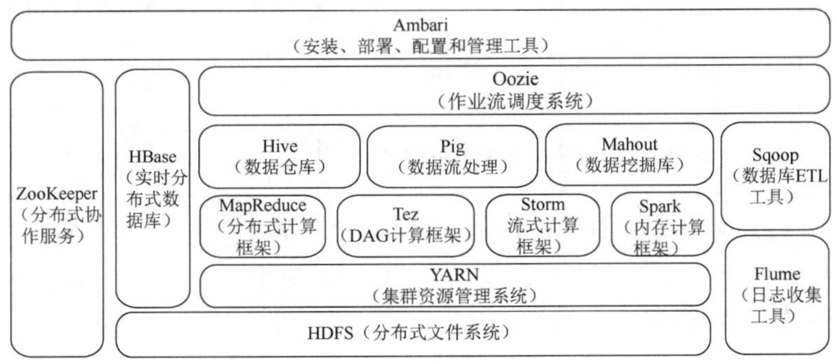

图 13-1 大数据平台组件关系图

13.1.1 大数据平台主机系统状态

大数据平台 Hadoop 是一个运行在集群环境下的大数据框架，包含分布式存储和分布式计算两大部分。Hadoop 属于软件，部署在硬件之上，它们的关系如图 13-2 所示。

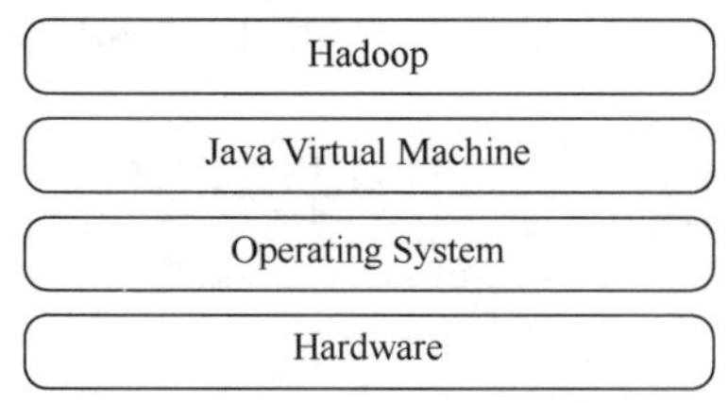

图 13-2　Hadoop 和硬件的关系

在过去，大数据处理主要是采用标准化的刀片式服务器和存储区域网络（Storage Area Network，SAN）来满足网格和处理密集型工作负载。然而随着数据量和用户数的大幅增长，基础设施的需求已经发生变化，硬件厂商必须建立创新体系来满足大数据对包括存储刀片、SAS（串行连接 SCSI）开关、外部 SATA 阵列和更大容量的机架单元的需求，即寻求一种新的方法来存储和处理复杂的数据。Hadoop 正是基于这样的目的应运而生的。Hadoop 的数据在集群上均衡分布，并通过复制副本来确保数据的可靠性和容错性。因为数据和对数据处理的操作都是分布在服务器上的，处理指令就可以直接地发送到存储数据的机器。这样一个集群的每个服务器上都需要存储和处理数据，因此必须对 Hadoop 集群的每个节点进行配置，以满足数据存储和处理要求。

Hadoop 框架中最核心的设计是为海量数据提供存储的 HDFS 和对数据进行计算的 MapReduce。MapReduce 的作业主要包括从磁盘或从网络读取数据，即 I/O 密集工作；作业需要利用 CPU 和内存进行数据计算，即 CPU 密集工作。Hadoop 集群的整体性能取决于 CPU、内存、网络及存储之间的性能平衡，如果其中的某部分的运行速度匹配不上整体速度，则这部分将成为性能瓶颈。因此，在选择硬件进行配置时要针对不同的工作节点选择合适的硬件类型。

为了更好地运行大数据平台，需要对安装平台的硬件、IP 地址资源进行规划。

本章大数据平台涉及的硬件、IP 地址配置如表 13-1 所示。

表 13-1　硬件、IP 地址配置

序　号	主 机 名	IP 地址	资源配置情况	备　注
1	master	192.168.1.6	CPU：2VC；内存：8GB；硬盘：40GB	安装了 Hadoop 和相关组件
2	slave1	192.168.1.7	CPU：1VC；内存：2GB；硬盘：40GB	
3	slave2	192.168.1.8	CPU：1VC；内存：2GB；硬盘：40GB	

由于大数据平台涉及的主机和 Hadoop 组件较多，为了保证其良好的兼容性和运行状态，需要对操作系统和组件的版本进行匹配，大数据平台操作系统版本和用户密码如表 13-2 所示，大数据平台软件名称和版本号如表 13-3 所示。

表 13-2　大数据平台操作系统版本和用户密码

序　号	主 机 名	操 作 系 统	用户名/密码
1	master	CentOS7.4-64bit	root/passwd hadoop/hadoop
2	slave1	CentOS7.4-64bit	root/passwd
3	slave2	CentOS7.4-64bit	root/passwd

表 13-3　大数据平台软件名称和版本号

序　号	软 件 名 称	版　本　号	备　注
1	Hadoop	2.7.1	安装在 master 主机
2	HBase	1.2.1	安装在 master 主机
3	Hive	2.0.0	安装在 master 主机
4	ZooKeeper	3.4.8	安装在 master 主机
5	Sqoop	1.4.7	安装在 master 主机
6	Flume	1.6.0	安装在 master 主机
7	MySQL	5.7.18	安装在 master 主机，用户名和密码分别为 root 和 Password123$

13.1.2　大数据平台 Hadoop 状态

以 Hadoop 为核心，整个大数据平台的应用与研发已经形成了一个基本完善的生态系统。大数据平台 Hadoop 由多个主要组件组成，它们之间相互作用，构成了 Hadoop 的基本架构。

分布式资源管理器是下一代的 MapReduce，即 MRv2，是在第一代 MapReduce 基础上演变而来的，主要是为了解决 Hadoop 扩展性较差、不支持多计算框架而提出的。YARN 是一个通用的运行时框架，用户可以编写自己的计算框架。

在当前数据呈爆炸式增长的形势下，单台计算机无论从存储还是从计算能力上都不能满足实际的需求。云计算的一大优势就是能够快速、高效地处理海量数据。为了保证数据的高可靠性，云计算通常采用分布式存储技术将数据存储在不同的物理设备中。这种模式不仅摆脱了硬件设备的限制，同时扩展性变得更好，能够快速响应用户需求的变化。

分布式存储与传统的网络存储并不完全一样，传统的网络存储系统通过集中的存储服务器存放所有数据，存储服务器成为系统性能的瓶颈，不能满足大规模存储应用的需要。分布式存储系统采用可扩展的系统结构，利用多台存储服务器分担存储的负荷，利用位置服务器定位存储信息，它不但可提高系统的可靠性、可用性和存取效率，还易于扩展。

大数据平台 Hadoop 主要由分布式资源管理器和分布式存储构成其计算机资源和存储资源的管理，这两部分的资源状态体现了大数据平台 Hadoop 的状态。

13.2　大数据平台资源状态

大数据平台资源主要包含计算资源和存储资源，计算资源管理包含 MapReduce 和

YARN 等组件，存储资源管理包含 HDFS、HBase 和 Hive 等组件。MapReduce 是一种编程模型，用于大规模数据集（大于 1TB）的并行运算。YARN 是 Hadoop 集群当中的资源管理系统模块，可为各类计算框架提供资源的管理和调度，主要用于管理集群当中的资源（服务器的各种硬件资源，包括 CPU、内存、磁盘、网络 I/O 等）及调度运行在 YARN 上面的各种任务。HDFS 将要储存的文件分散在不同的硬盘上，并记录它们的位置；HBase 是一个分布式的、面向列的开源数据库；Hive 是基于 Hadoop 的一个数据仓库工具，用来进行数据提取、转化、加载，这是一种可以存储、查询和分析存储在 Hadoop 中的大规模数据的机制。大数据平台资源状态可以通过各组件的用户界面对其状态进行查询。

13.2.1 YARN 资源状态

资源调度和隔离是 YARN 作为一个资源管理系统，重要且基础的两个功能。资源调度由 ResourceManager 完成，而资源隔离由各个 NodeManager 实现。ResourceManager 将某个 NodeManager 上的资源分配给任务（这就是所谓的“资源调度”）后，NodeManager 需按照要求为任务提供相应的资源，甚至保证这些资源应具有独占性，为任务运行提供基础和保证，这就是所谓的资源隔离。内存资源多少决定任务执行的结果，如果内存不够，任务可能运行失败，相比之下，CPU 资源则不同，它只会决定任务执行的速度，不会对任务的成败产生影响。

YARN 对 CPU 资源的管理，目前 CPU 被划分为虚拟 CPU，这里的虚拟 CPU 是 YARN 自己引入的概念，初衷是考虑到不同节点 CPU 性能可能不同，每个 CPU 的计算能力也是不一样的。例如，某个物理 CPU 的计算能力可能是另一个物理 CPU 的 2 倍，这时候，用户可以通过为第一个物理 CPU 多配置几个虚拟 CPU 弥补这种差异。用户提交作业时，可以指定每个任务需要的虚拟 CPU 个数。

YARN 对内存资源的管理，YARN 允许用户配置每个节点上可用的物理内存资源，注意，这里是“可用的”，因为一个节点上的内存会被若干个服务共享，例如，一部分给了 YARN，一部分给了 HDFS，一部分给了 HBase 等。

13.2.2 HDFS 资源状态

大数据平台 Hadoop 的出现解决了传统的单机处理模式受内存、计算能力限制的问题，利用集群的存储和计算能力为海量数据提供了可靠的存储和处理能力。

大数据平台 Hadoop 提供了一系列数据并行处理工具和应用解决方案，并具有高度可伸缩性，可以根据数据规模和需求来动态地增加或删除节点。用户可以在不了解其底层细节的情况下，方便地在普通硬件上架设大规模的集群系统，开发分布式程序，从而充分地利用集群系统的能力进行高速运算和存储，而 HDFS 提供了海量数据的分布式存储。

在一个大数据环境下，HDFS 集群由大量物理机器构成，每台机器由很多硬件组成，因为某一个硬件异常而使 HDFS 集群出错的概率是很高的，因此 HDFS 集群的一个核心设计目标就是能够快速检测硬件异常并快速从异常中恢复工作。在 HDFS 集群上运行的应用要求访问流式数据，为适用于批处理而非交互式处理，在设计 HDFS 集群时更加强调高吞吐量而非低延迟。在 HDFS 中，典型的文件大小是 GB 级甚至 TB 级的，因此 HDFS 设计的重点是支持大文件，并且可以通过扩展物理机器的数量来支持更大的集群。HDFS 提供的访问模型是一次写入、多次读取的模型。文件在完成写入操作后就不需要再修改了，采用这种简单的一致性模型，可以支持更高的吞吐量，以及文件追加。

HDFS 利用了计算机系统的数据本地化原理，认为数据离 CPU 越近，性能更高。HDFS 提供的接口可以让应用感知到数据的物理存储位置。HDFS 集群能够方便地从一个平台迁移到另一个平台。HDFS 是可扩展的分布式文件系统，适用于大型的、分布式的、对大量数据进行访问的场景。Hadoop 运行于廉价的普通硬件上，具有高容错性与高吞吐量。HDFS 集群由一个 Master（NameNode）和多个 Slave（DataNode）组成。

HDFS 包括 NameNode、DataNode、SecondaryNode 三个进程。通过 jps 可以查询到其进程是否在运行状态。

13.2.3　HBase 状态

HBase（Hadoop Database）是一个高可靠、高性能、基于列存储方式、可伸缩的分布式存储系统，利用 HBase 技术可在廉价计算机上搭建起大规模的结构化存储集群。

HBase 适合存储大表数据（表的规模可以达到数十亿行和数百万列），对大表数据的读写可以达到实时级别。HBase 采用 HDFS 作为文件存储系统。在典型的大数据系统中，利用 Spark 和 Hadoop 的 MapReduce 来处理 HBase 中的海量数据，利用 ZooKeeper 作为协同服务。HBase 集群由主备 master 进程和多个 RegionServer 进程组成。

在 HDFS 中，HBase 上的数据是以 HFile 二进制的形式存储在 Block 中的，对于 HDFS 来说，HBase 是完全透明的。

HBase 的响应速度快是因为其特殊的存储模型和访问机制，HBase 中有两张表：Meta 表和 Root 表。Meta 表记录了用户的 Region 信息，包含了多个 Region 及其所在的 RegionServer 服务器地址；Root 表则记录了 Meta 表的 Region 信息。因此，Root 只有一个 Region。客户端可以快速定位到要查找的数据所在的 RegionServer。当要对 HBase 进行增、删、改、查等数据操作时，HBase 的客户端首先访问分布式协调服务器 ZooKeeper，通过 ZooKeeper 可以访问 Root 表的地址，因为 Root 表里面记录了 Meta 表的地址，通过 Meta 表就可以找到数据所在的位置，并将数据操作命令发送给 RegionServer，该 RegionServer 接收并执行该命令从而完成本次数据操作。

可以使用 jps 命令查询是否有一个正在运行的名为 HMaster 的进程。在独立模式下，HBase 运行状态相关的守护进程，有 HMaster、HRegionServer 和 ZooKeeper 守护进程。亦可通过访问网址 http://master:16010 来查看 HBase 的状态。

13.2.4　Hive 状态

Hive 数据仓库软件有助于使用 SQL 读取、写入和管理驻留在分布式存储中的大型数据集。结构可以投射到已经存储的数据上。Hive 提供了一个命令行工具和 JDBC 驱动程序来将用户连接到配置单元。Hive 是基于 Hadoop 的一个数据仓库工具。Hive 本身不提供数据存储功能，使用 HDFS 作数据存储；Hive 也不是分布式计算框架，Hive 的核心工作就是把 SQL 语句翻译成 MR 程序；Hive 也不提供资源调度系统，也是默认由 Hadoop 当中的 YARN 集群来调度，可以将结构化的数据映射为一张数据库表，并提供 HQL（Hive SQL）查询功能。

Hive 架构以 Driver 为核心，Driver 可以解析语法，最难的就是解析 SQL 的语法，只要正确解析 SQL 语法，其内部就可用 MapReduce 模板程序很容易地组装起来。例如，做一个 join 操作，最重要的是解析语法，知道语法中有什么操作，解析出来会得到一些语法树，根据这些语法树，去找一些 MapReduce 模板程序，把它组装起来。

Hive 有了 Driver 之后，还需要借助 MetaStore。MetaStore 中记录了 Hive 中所建的库、表、分区、分桶等信息，描述信息都在 MetaStore 中。如果使用 MySQL 作为 Hive 的 MetaStore，需要注意的是，所建的表不是直接建在 MySQL 中，而是把这个表的很多描述信息分在 MySQL 中记录，如 tables 表、字段表。在 Hive 里建的表存储在 HDFS 上，Hive 会自动把它的目录规划为“/usr/hive/warehouse/库文件/库目录/表目录”。

Hive 对 Hadoop MapReduce 任务进行封装，面对的不再是一个个的 MR 任务，而是一条条的 SQL 语句。Hive 对 session 的状态监控，体现在对每个任务和作业的状态监控。

13.3 大数据平台服务状态

大数据平台服务包含多个组件，各个组件有相应的进程，为了查看大数据平台服务状态，可以通过了解这些服务的功能，查询相应的进程情况，了解进程的状态。

13.3.1 ZooKeeper 服务状态

在分布式系统中，大部分分布式应用需要一个主控制器、协调器或控制器来管理物理分布的子进程（如资源、任务分配等）。目前，大部分应用需要开发私有的协调程序，缺乏一个通用的机制，而 ZooKeeper 提供了通用的分布式锁服务，用以协调分布式应用。

ZooKeeper 是 Google 的 Chubby 一个开源的实现，是 Hadoop 分布式协调服务。它包含了一个简单的原语集，分布式应用程序可以基于它实现同步服务、配置维护和命令服务等。ZooKeeper 集群搭建的要求：必须要有奇数台。

ZooKeeper 的角色：

领导者（Leader）：负责进行投票的发起和决议，更新系统状态。

学习者（Learned），包括跟随者（Follower）和观察者（Observer）：Follower 用于接收客户端请求并向客户端返回结果，在选举过程中参与投票。

每个 ZooKeeper 集群启动时，集群中 ZooKeeper 服务数量就已经确定了，ZooKeeper 是基于 paxos 算法实现的，属于分布式集群一致性算法，在 ZooKeeper 中将这一算法演绎为集群分布式协调可持续服务。

在每个 ZooKeeper 的配置文件中配置集群中的所有机器，例如：

```
server.1=192.168.1.6:2888:3888
server.2=192.168.1.7:2888:3888
server.3=192.168.1.8:2888:3888
```

配置中每个 server.X 记录代表集群中的一个服务，QuorumPeerConfig 会构建一个 QuorumServer 对象，其中的 server.X 中的 X 代表 ZooKpeer 的 sid，每个 ZooKeeper 都会编辑自己的 sid 在 dataDir 目录下的 myid 文件中，sid 标记每个服务，在快速选举中起作用。

QuorumPeerMain 是 ZooKeeper 集群的启动入口类，是用来加载配置启动 QuorumPeer 线程的，该进程的启动正常与否，直接影响 ZooKeeper 的运行状态。

13.3.2　Sqoop 服务状态

Sqoop 是一个用来完成 Hadoop 和关系型数据库之间的数据相互转移的工具，它可以将关系型数据库（如 MySQL、Oracle、Postgres 等）中的数据导入 Hadoop 的 HDFS 中，也可以将 HDFS 的数据导入关系型数据库中。

关系型数据库长期且广泛地使用保存了大量的数据，Hadoop 平台也存储着海量数据。数据无论是从关系型数据库转换到 Hadoop 平台，还是从 Hadoop 平台转换到关系型数据库，由于数据量巨大，转换效率和速度都是需要充分考虑的。在数据导入/导出时，不能因为数据转换影响了平台和相关服务的工作状态，这在数据转换工具设计及部署时都需要认真考虑，把数据转换安排在合适的时段，如安排在系统较为闲暇的时间段等，充分利用分布式计算与存储的优势。Sqoop 恰好可以很好地完成数据转换工作。Sqoop 的服务状态对于大数据平台数据整合及提高数据整合的效率、速度等，功不可没。

13.3.3　Flume 服务状态

在实际生产中，通过中间系统（如 Flume）将数据推送到 HDFS 或类似的存储系统是很普遍的。这些系统能在数据生产端和最终目的地之间起缓冲作用，使得偶然突发写入 HDFS 和 HBase 集群的请求变得持续而平稳。

通常，在 Hadoop 集群上会保存和处理海量数据，这些数据来自成百甚至上千数量的服务器，如此庞大数量的服务器将数据写入 HDFS 或者 HBase 集群，会因为各种原因导致大量问题。

首先，HDFS 或 HBase 在同一时间可能有成千上万的文件写入，一个文件被创建或者一个新块被分配，都会在 NameNode 节点产生一组复杂的操作。大量的操作同时发生在 HDFS 或 HBase 服务器节点上，可能会给服务器造成巨大的压力。

其次，大量数据写入小规模的集群时，连接这些主机的网络可能会不堪重负，从而造成严重的延迟。

最后，大量的应用程序在流量高峰期大量写入 HDFS 或 HBase，HDFS 或 HBase 如果不能以低延迟的方式处理这些峰值流量，则可能会导致数据丢失。

为了解决以上问题，Flume 被设计成为一个灵活的分布式系统，其创建的 Agent 管道可提供持久的 Channel，保证不会丢失数据。

Flume 是一个可以将数据生产端的海量数据移动到存储、索引或分析数据的系统。它可以将数据的消费者和生产者解耦，使得在一方不知情的情况下改变另一方的数据变得很容易。除了解耦，它还提供故障隔离，并在数据生成端和存储系统之间添加一个额外的缓冲区。Flume 服务状态正常与否，直接影响数据传输效率和正确率。

13.4　通过命令监控大数据平台的运行状态

13.4.1　通过命令查看大数据平台状态

大数据分析平台的实施内容主要包括大数据集成平台、大数据平台、分布式数据库集群系统、运维管理平台的软件安装与网络联调。

许多大数据开发与运维通常是在 Linux 环境下进行的，相比 Linux 操作系统，Windows 操作系统是封闭的操作系统，开源的大数据软件很受限制。因此，从事大数据开发与运维相关的工作岗位，还需掌握 Linux 基础操作命令。

1．查看 Linux 操作系统的信息（uname -a）

```
[root@master ~]# uname -a
Linux master 3.10.0-693.el7.x86_64 #1 SMP Tue Aug 22 21:09:27 UTC 2017 x86_64
x86_64 x86_64 GNU/Linux
```

结果显示，该 Linux 节点名称为 master，内核发行号为 3.10.0-693.e17.x86_64。

2．查看硬盘信息

1）查看所有分区（fdisk -l）

```
[root@master ~]# fdisk -l

磁盘 /dev/sda: 42.9 GB, 42949672960 字节，83886080 个扇区
Units = 扇区 of 1 * 512 = 512 bytes
扇区大小(逻辑/物理): 512 字节 / 512 字节
I/O 大小(最小/最佳): 512 字节 / 512 字节
磁盘标签类型: dos
磁盘标识符: 0x0009e895

   设备 Boot      Start         End      Blocks   Id  System
/dev/sda1   *        2048     2099199     1048576   83  Linux
/dev/sda2         2099200    83886079    40893440   8e  Linux LVM

磁盘 /dev/mapper/centos-root: 39.7 GB, 39720058880 字节，77578240 个扇区
Units = 扇区 of 1 * 512 = 512 bytes
扇区大小(逻辑/物理): 512 字节 / 512 字节
I/O 大小(最小/最佳): 512 字节 / 512 字节


磁盘 /dev/mapper/centos-swap: 2147 MB, 2147483648 字节，4194304 个扇区
Units = 扇区 of 1 * 512 = 512 bytes
扇区大小(逻辑/物理): 512 字节 / 512 字节
I/O 大小(最小/最佳): 512 字节 / 512 字节
```

结果显示，硬盘空间为 42.9GB。

2）查看所有交换分区（swapon -s）

```
[root@master ~]# swapon -s
文件名                         类型            大小     已用     权限
/dev/dm-1                      partition       2097148  0        -1
```

结果显示，交换分区为 2097148。

3）查看文件系统占比（df -h）

```
[root@master ~]# df -h
文件系统                     容量   已用    可用   已用% 挂载点
/dev/mapper/centos-root      37G    4.3G    33G    12%   /
```

```
devtmpfs                    3.9G   0    3.9G   0%   /dev
tmpfs                       3.9G   0    3.9G   0%   /dev/shm
tmpfs                       3.9G 8.7M  3.9G   1%   /run
tmpfs                       3.9G   0    3.9G   0%   /sys/fs/cgroup
/dev/sda1                   1014M 143M 872M   15% /boot
tmpfs                       781M   0    781M   0%  /run/user/0
```

结果显示，挂载点“/”的容量为 37GB，已使用 4.3GB。

3. 查看网络 IP 地址（ifconfig）

```
[root@master ~]# ifconfig
ens33: flags=4163<UP,BROADCAST,RUNNING,MULTICAST>  mtu 1500
        inet 192.168.1.6  netmask 255.255.255.0  broadcast 192.168.1.255
        inet6 fe80::6b63:dc78:878e:35f3  prefixlen 64  scopeid 0x20<link>
        inet6 fe80::2e35:1d99:a67d:6df9  prefixlen 64  scopeid 0x20<link>
        inet6 fe80::84a9:35d5:e08d:bfeb  prefixlen 64  scopeid 0x20<link>
        ether 00:0c:29:f9:05:0e  txqueuelen 1000  (Ethernet)
        RX packets 373  bytes 41380 (40.4 KiB)
        RX errors 0  dropped 0  overruns 0  frame 0
        TX packets 452  bytes 50188 (49.0 KiB)
        TX errors 0  dropped 0 overruns 0  carrier 0  collisions 0

lo: flags=73<UP,LOOPBACK,RUNNING>  mtu 65536
        inet 127.0.0.1  netmask 255.0.0.0
        inet6 ::1  prefixlen 128  scopeid 0x10<host>
        loop  txqueuelen 1  (Local Loopback)
        RX packets 0  bytes 0  (0.0 B)
        RX errors 0  dropped 0  overruns 0  frame 0
        TX packets 0  bytes 0  (0.0 B)
        TX errors 0  dropped 0 overruns 0  carrier 0  collisions 0
```

结果显示 ens33 的 IP 地址为 192.168.1.6，子网掩码为 255.255.255.0；回环地址为 127.0.0.1，子网掩码为 255.0.0.0。

4. 查看所有监听端口（netstat -lntp）

```
[root@master ~]# netstat -lntp
Active Internet connections (only servers)
Proto Recv-Q Send-Q Local Address  Foreign Address  State  PID/Program name
tcp      0      0    0.0.0.0:22      0.0.0.0:*      LISTEN     932/sshd
tcp6     0      0    :::22           :::*           LISTEN     932/sshd
tcp6     0      0    :::3306         :::*           LISTEN     1074/mysqld
[root@master ~]#
```

结果显示，在监听的端口分别为 22、3306。

5. 查看所有已经建立的连接（netstat -antp）

```
[hadoop@master bin]$ netstat -antp
(Not all processes could be identified, non-owned process info
 will not be shown, you would have to be root to see it all.)
Active Internet connections (servers and established)
```

```
Proto Recv-Q Send-Q Local Address   Foreign Address  State   PID/Program name
tcp      0      0  0.0.0.0:50070    0.0.0.0:*     LISTEN      1453/java
tcp      0      0  0.0.0.0:22       0.0.0.0:*     LISTEN  -
tcp      0      0  192.168.1.6:9000 0.0.0.0:*     LISTEN      1453/java
tcp      0      0  0.0.0.0:50090    0.0.0.0:*     LISTEN      1628/java
tcp      0      0  192.168.1.6:50608 192.168.1.6:9000  TIME_WAIT  -
tcp      0      0  192.168.1.6:22   192.168.1.1:49438  ESTABLISHED -
tcp      0      0  192.168.1.6:9000 192.168.1.8:39198  ESTABLISHED 1453/java
tcp      0      0  192.168.1.6:9000 192.168.1.7:49666  ESTABLISHED 1453/java
tcp6     0      0  192.168.1.6:3888 :::*           LISTEN      3925/java
tcp6     0      0  :::22            :::*           LISTEN      -
tcp6     0      0  192.168.1.6:8088 :::*           LISTEN      1821/java
tcp6     0      0  192.168.1.6:8030 :::*           LISTEN      1821/java
tcp6     0      0  192.168.1.6:8031 :::*           LISTEN      1821/java
tcp6     0      0  192.168.1.6:8032 :::*           LISTEN      1821/java
tcp6     0      0  192.168.1.6:8033 :::*           LISTEN      1821/java
tcp6     0      0  :::2181          :::*           LISTEN      3925/java
tcp6     0      0  :::40648         :::*           LISTEN      3925/java
tcp6     0      0  :::3306          :::*           LISTEN      -
tcp6     0      0  192.168.1.6:8031  192.168.1.7:51526  ESTABLISHED 1821/java
tcp6     0      0  192.168.1.6:8031  192.168.1.8:42024  ESTABLISHED 1821/java
```

结果显示，已经连接上的本地端口分别为 50608、22、9000、8031 等。

6．实时显示进程状态（top）

该命令可以查看进程对 CPU、内存的占比等。

```
[root@master ~]# top
top - 21:32:44 up  1:02,  2 users,  load average: 0.00, 0.02, 0.05
Tasks: 112 total,   1 running, 111 sleeping,   0 stopped,   0 zombie
%Cpu(s):  0.0 us,0.0 sy,0.0 ni,100.0 id,0.0 wa,0.0 hi,0.0 si,0.0 st
KiB Mem :  7994076 total,  7441732 free,   320652 used,   231692 buff/cache
KiB Swap:  2097148 total,  2097148 free,        0 used,  7401476 avail Mem

   PID USER  PR  NI    VIRT    RES    SHR S  %CPU %MEM     TIME+ COMMAND
   685 root  20   0  305296   6300   4924 S   0.3  0.1   0:08.90 vmtoolsd
     1 root  20   0  190736   3780   2488 S   0.0  0.0   0:04.80 systemd
     2 root  20   0       0      0      0 S   0.0  0.0   0:00.01 kthreadd
     3 root  20   0       0      0      0 S   0.0  0.0   0:00.03 ksoftirqd/0
     5 root   0 -20       0      0      0 S   0.0  0.0   0:00.00 kworker/0:0H
     6 root  20   0       0      0      0 S   0.0  0.0   0:00.27 kworker/u256:0
     7 root  rt   0       0      0      0 S   0.0  0.0   0:00.49 migration/0
     8 root  20   0       0      0      0 S   0.0  0.0   0:00.00 rcu_bh
     9 root  20   0       0      0      0 S   0.0  0.0   0:00.63 rcu_sched
    10 root  rt   0       0      0      0 S   0.0  0.0   0:00.02 watchdog/0
    11 root  rt   0       0      0      0 S   0.0  0.0   0:00.01 watchdog/1
    12 root  rt   0       0      0      0 S   0.0  0.0   0:00.77 migration/1
    13 root  20   0       0      0      0 S   0.0  0.0   0:00.09 ksoftirqd/1
    15 root   0 -20       0      0      0 S   0.0  0.0   0:00.00 kworker/1:0H
```

```
    16 root  rt   0       0      0      0 S   0.0  0.0   0:00.01 watchdog/2
    17 root  rt   0       0      0      0 S   0.0  0.0   0:00.76 migration/2
    18 root  20   0       0      0      0 S   0.0  0.0   0:00.14 ksoftirqd/2
    20 root  0  -20       0      0      0 S   0.0  0.0   0:00.00 kworker/2:0H
    21 root  rt   0       0      0      0 S   0.0  0.0   0:00.01 watchdog/3
    22 root  rt   0       0      0      0 S   0.0  0.0   0:00.68 migration/3
    23 root  20   0       0      0      0 S   0.0  0.0   0:00.02 ksoftirqd/3
    25 root  0  -20       0      0      0 S   0.0  0.0   0:00.00 kworker/3:0H
    27 root  20   0       0      0      0 S   0.0  0.0   0:00.01 kdevtmpfs
    28 root  0  -20       0      0      0 S   0.0  0.0   0:00.00 netns
    29 root  20   0       0      0      0 S   0.0  0.0   0:00.00 khungtaskd
    30 root  0  -20       0      0      0 S   0.0  0.0   0:00.00 writeback
    31 root  0  -20       0      0      0 S   0.0  0.0   0:00.00 kintegrityd
```

7. 查看 CPU 信息（cat /proc/cpuinfo）

```
[root@master ~]# cat /proc/cpuinfo
Processor : 0
vendor_id : GenuineIntel
cpu family : 6
model : 85
model name : Intel(R) Xeon(R) Gold 5118 CPU @ 2.30GHz
stepping : 4
microcode : 0x2000050
cpu MHz : 2294.123
cache size : 16896 KB
physical id : 0
siblings : 2
core id : 0
cpu cores : 2
apicid : 0
initial apicid : 0
fpu : yes
fpu_exception : yes
cpuid level : 22
wp : yes
flags  : fpu vme de pse tsc msr pae mce cx8 apic sep mtrr pge mca cmov pat pse36 clflush dts mmx fxsr sse sse2 ss ht syscall nx pdpe1gb rdtscp lm constant_tsc arch_perfmon pebs bts nopl xtopology tsc_reliable nonstop_tsc aperfmperf eagerfpu pni pclmulqdq ssse3 fma cx16 pcid sse4_1 sse4_2 x2apic movbe popcnt tsc_deadline_timer aes xsave avx f16c rdrand hypervisor lahf_lm abm 3dnowprefetch epb fsgsbase tsc_adjust bmi1 hle avx2 smep bmi2 invpcid rtm rdseed adx smap xsaveopt dtherm ida arat pln pts hwp hwp_act_window hwp_epp hwp_pkg_req
bogomips : 4589.21
clflush size : 64
cache_alignment : 64
address sizes : 42 bits physical, 48 bits virtual
power management:
```

```
processor : 1
vendor_id : GenuineIntel
cpu family : 6
model : 85
model name : Intel(R) Xeon(R) Gold 5118 CPU @ 2.30GHz
stepping : 4
microcode : 0x2000050
cpu MHz : 2294.123
cache size : 16896 KB
physical id : 0
siblings : 2
core id : 1
cpu cores : 2
apicid : 1
initial apicid : 1
fpu : yes
fpu_exception : yes
cpuid level : 22
wp : yes
flags : fpu vme de pse tsc msr pae mce cx8 apic sep mtrr pge mca cmov pat pse36 clflush dts mmx fxsr sse sse2 ss ht syscall nx pdpe1gb rdtscp lm constant_tsc arch_perfmon pebs bts nopl xtopology tsc_reliable nonstop_tsc aperfmperf eagerfpu pni pclmulqdq ssse3 fma cx16 pcid sse4_1 sse4_2 x2apic movbe popcnt tsc_deadline_timer aes xsave avx f16c rdrand hypervisor lahf_lm abm 3dnowprefetch epb fsgsbase tsc_adjust bmi1 hle avx2 smep bmi2 invpcid rtm rdseed adx smap xsaveopt dtherm ida arat pln pts hwp hwp_act_window hwp_epp hwp_pkg_req
bogomips : 4589.21
clflush size : 64
cache_alignment : 64
address sizes : 42 bits physical, 48 bits virtual
power management:

processor : 2
vendor_id : GenuineIntel
cpu family : 6
model : 85
model name : Intel(R) Xeon(R) Gold 5118 CPU @ 2.30GHz
stepping : 4
microcode : 0x2000050
cpu MHz : 2294.123
cache size : 16896 KB
physical id : 1
siblings : 2
core id : 0
cpu cores : 2
apicid : 2
```

```
initial apicid : 2
fpu : yes
fpu_exception : yes
cpuid level : 22
wp : yes
flags : fpu vme de pse tsc msr pae mce cx8 apic sep mtrr pge mca cmov pat pse36 clflush dts mmx fxsr sse sse2 ss ht syscall nx pdpe1gb rdtscp lm constant_tsc arch_perfmon pebs bts nopl xtopology tsc_reliable nonstop_tsc aperfmperf eagerfpu pni pclmulqdq ssse3 fma cx16 pcid sse4_1 sse4_2 x2apic movbe popcnt tsc_deadline_timer aes xsave avx f16c rdrand hypervisor lahf_lm abm 3dnowprefetch epb fsgsbase tsc_adjust bmi1 hle avx2 smep bmi2 invpcid rtm rdseed adx smap xsaveopt dtherm ida arat pln pts hwp hwp_act_window hwp_epp hwp_pkg_req
bogomips : 4589.21
clflush size : 64
cache_alignment : 64
address sizes : 42 bits physical, 48 bits virtual
power management:

processor : 3
vendor_id : GenuineIntel
cpu family : 6
model : 85
model name : Intel(R) Xeon(R) Gold 5118 CPU @ 2.30GHz
stepping : 4
microcode : 0x2000050
cpu MHz : 2294.123
cache size : 16896 KB
physical id : 1
siblings : 2
core id : 1
cpu cores : 2
apicid : 3
initial apicid : 3
fpu : yes
fpu_exception : yes
cpuid level : 22
wp : yes
flags : fpu vme de pse tsc msr pae mce cx8 apic sep mtrr pge mca cmov pat pse36 clflush dts mmx fxsr sse sse2 ss ht syscall nx pdpe1gb rdtscp lm constant_tsc arch_perfmon pebs bts nopl xtopology tsc_reliable nonstop_tsc aperfmperf eagerfpu pni pclmulqdq ssse3 fma cx16 pcid sse4_1 sse4_2 x2apic movbe popcnt tsc_deadline_timer aes xsave avx f16c rdrand hypervisor lahf_lm abm 3dnowprefetch epb fsgsbase tsc_adjust bmi1 hle avx2 smep bmi2 invpcid rtm rdseed adx smap xsaveopt dtherm ida arat pln pts hwp hwp_act_window hwp_epp hwp_pkg_req
bogomips : 4589.21
clflush size : 64
cache_alignment : 64
```

```
address sizes : 42 bits physical, 48 bits virtual
power management:
```

结果显示，该 CPU 为 4 核，Intel(R) Xeon(R) Gold 5118 CPU @ 2.30GHz。

8．查看内存信息（cat /proc/meminfo）

该命令可以查看总内存、空闲内存等信息。

```
[root@master ~]# cat /proc/meminfo
MemTotal:        7994076 kB
MemFree:         7441996 kB
MemAvailable:    7401740 kB
Buffers:            2112 kB
Cached:           176408 kB
SwapCached:            0 kB
Active:           265072 kB
Inactive:         137936 kB
Active(anon):     224980 kB
Inactive(anon):     8332 kB
Active(file):      40092 kB
Inactive(file):   129604 kB
Unevictable:           0 kB
Mlocked:               0 kB
SwapTotal:       2097148 kB
SwapFree:        2097148 kB
Dirty:                 0 kB
Writeback:             0 kB
AnonPages:        224516 kB
Mapped:            29664 kB
Shmem:              8824 kB
Slab:              53172 kB
SReclaimable:      22956 kB
SUnreclaim:        30216 kB
KernelStack:        4464 kB
PageTables:         3948 kB
NFS_Unstable:          0 kB
Bounce:                0 kB
WritebackTmp:          0 kB
CommitLimit:     6094184 kB
Committed_AS:     780596 kB
VmallocTotal:   34359738367 kB
VmallocUsed:      191112 kB
VmallocChunk:   34359310332 kB
HardwareCorrupted:     0 kB
AnonHugePages:    180224 kB
HugePages_Total:       0
HugePages_Free:        0
HugePages_Rsvd:        0
HugePages_Surp:        0
```

```
Hugepagesize:        2048 kB
DirectMap4k:        81728 kB
DirectMap2M:      3063808 kB
DirectMap1G:      7340032 kB
```

13.4.2　通过命令查看 Hadoop 状态

通过命令操作 Hadoop 的启动与关闭。

1．切换到 hadoop 用户

若当前的用户为 root，应切换到 hadoop 用户进行操作。

```
[root@master hadoop]# su hadoop
```

2．切换到 Hadoop 的安装目录

```
[hadoop@master usr]$ cd /usr/local/src/hadoop/
```

3．启动 Hadoop

```
[hadoop@master hadoop]$ start-all.sh
This script is Deprecated. Instead use start-dfs.sh and start-yarn.sh
Starting namenodes on [master]
master: starting namenode, logging to /usr/local/src/hadoop/logs/hadoop-hadoop-namenode-master.out
192.168.1.7: starting datanode, logging to /usr/local/src/hadoop/logs/hadoop-hadoop-datanode-slave1.out
192.168.1.8: starting datanode, logging to /usr/local/src/hadoop/logs/hadoop-hadoop-datanode-slave2.out
Starting secondary namenodes [0.0.0.0]
0.0.0.0: starting secondarynamenode, logging to /usr/local/src/hadoop/logs/hadoop-hadoop-secondarynamenode-master.out
starting yarn daemons
starting resourcemanager, logging to /usr/local/src/hadoop/logs/yarn-hadoop-resourcemanager-master.out
192.168.1.8: starting nodemanager, logging to /usr/local/src/hadoop/logs/yarn-hadoop-nodemanager-slave2.out
192.168.1.7: starting nodemanager, logging to /usr/local/src/hadoop/logs/yarn-hadoop-nodemanager-slave1.out
[hadoop@master hadoop]$
```

4．关闭 Hadoop

```
[hadoop@master hadoop]$ stop-all.sh
This script is Deprecated. Instead use stop-dfs.sh and stop-yarn.sh
Stopping namenodes on [master]
master: stopping namenode
192.168.1.8: stopping datanode
192.168.1.7: stopping datanode
Stopping secondary namenodes [0.0.0.0]
0.0.0.0: stopping secondarynamenode
stopping yarn daemons
stopping resourcemanager
```

```
192.168.1.7: stopping nodemanager
192.168.1.8: stopping nodemanager
no proxyserver to stop
[hadoop@master hadoop]$
```

13.5 通过命令监控大数据平台的资源状态

13.5.1 通过命令查看 YARN 状态

在 YARN 中，ResourceManager 负责集群中所有资源的统一管理和分配，它接收来自各个节点（NodeManager）的资源汇报信息，并把这些信息按照一定的策略分配给各个应用程序（实际上是 ApplicationManager）与每个节点的 NodeManagers 和每个应用的 ApplicationMasters（AMs）一起工作。

（1）NodeManagers 遵循来自 ResourceManager 的指令来管理单一节点上的可用资源。

（2）ApplicationMasters 负责与 ResourceManager 协商资源，与 NodeManagers 合作启动容器。

使用命令对 YARN 进行启动与关闭操作。

（1）切换到目录/usr/local/src/hadoop。

```
[hadoop@master ~]$cd /usr/local/src/hadoop
```

（2）在 Master 主机上执行 start-all.sh 命令。

```
[hadoop@master ~]$start-all.sh
```

（3）此时 NodeManager 和 ResourceManager 不会启动，需要在 Master 上执行以下命令：

```
[hadoop@master hadoop]$ yarn-daemon.sh start nodemanager
starting nodemanager, logging to /usr/local/src/hadoop/logs/yarn-hadoop-nodemanager-master.out
[hadoop@master hadoop]$
```

（4）启动 ResourceManager。

```
[hadoop@master hadoop]$ yarn-daemon.sh start resourcemanager
starting resourcemanager, logging to /usr/local/src/hadoop/logs/yarn-hadoop-resourcemanager-master.out
[hadoop@master hadoop]$
```

（5）执行 jps 命令，发现 Master 上有 NodeManager 进程和 ResourceManager 进程，则 YARN 启动完成。

```
[hadoop@master ~]$jps
```

执行结果如下，说明 YARN 已启动。

```
[hadoop@master hadoop]$ jps
2817 NameNode
3681 ResourceManager
3477 NodeManager
3909 Jps
2990 SecondaryNameNode
[hadoop@master hadoop]$
```

13.5.2 通过命令查看 HDFS 状态

HDFS 是 Hadoop 中的主服务，管理文件系统命名空间和对集群中存储的文件的访问。在本教材中，统一使用 hdfs dfs 命令对 HDFS 进行操作。

1. 目录操作

切换到 hadoop 目录，执行 cd /usr/local/src/hadoop 命令。

```
[hadoop@master hadoop]$ cd /usr/local/src/hadoop
```

查看 HDFS 目录。

```
[hadoop@master hadoop]$ ./bin/hdfs dfs -ls
```

2. 查看 HDSF 的报告

执行 bin/hdfs dfsadmin -report 命令。

```
[hadoop@master hadoop]$ bin/hdfs dfsadmin -report
Configured Capacity: 79401328640 (73.95 GB)
Present Capacity: 75129376768 (69.97 GB)
DFS Remaining: 75129131008 (69.97 GB)
DFS Used: 245760 (240 KB)
DFS Used%: 0.00%
Under replicated blocks: 8
Blocks with corrupt replicas: 0
Missing blocks: 0
Missing blocks (with replication factor 1): 0

-------------------------------------------------
Live datanodes (2):

Name: 192.168.1.8:50010 (slave2)
Hostname: slave2
Decommission Status : Normal
Configured Capacity: 39700664320 (36.97 GB)
DFS Used: 122880 (120 KB)
Non DFS Used: 2135302144 (1.99 GB)
DFS Remaining: 37565239296 (34.99 GB)
DFS Used%: 0.00%
DFS Remaining%: 94.62%
Configured Cache Capacity: 0 (0 B)
Cache Used: 0 (0 B)
Cache Remaining: 0 (0 B)
Cache Used%: 100.00%
Cache Remaining%: 0.00%
Xceivers: 1
Last contact: Mon May 04 21:54:13 CST 2020


Name: 192.168.1.7:50010 (slave1)
```

```
Hostname: slave1
Decommission Status : Normal
Configured Capacity: 39700664320 (36.97 GB)
DFS Used: 122880 (120 KB)
Non DFS Used: 2136649728 (1.99 GB)
DFS Remaining: 37563891712 (34.98 GB)
DFS Used%: 0.00%
DFS Remaining%: 94.62%
Configured Cache Capacity: 0 (0 B)
Cache Used: 0 (0 B)
Cache Remaining: 0 (0 B)
Cache Used%: 100.00%
Cache Remaining%: 0.00%
Xceivers: 1
Last contact: Mon May 04 21:54:13 CST 2020
```

3．查看 HDFS 空间情况

执行 hdfs dfs -df 命令。

```
[hadoop@master hadoop]$ hdfs dfs -df /
Filesystem                    Size        Used     Available    Use%
hdfs://192.168.1.6:9000  79401328640  262144  75129102336    0%
[hadoop@master hadoop]$
```

13.5.3　通过命令查看 HBase 状态

HBase 是一个分布式的、面向列的开源数据库，是 Apache 的 Hadoop 项目的子项目。HBase 不同于一般的关系数据库，一个不同之处是 HBase 是一个适合于非结构化数据存储的数据库，另一个不同之处是 HBase 是基于列的而不是基于行的模式。

1．查看 HBase 版本信息

执行 hbase shell 命令，进入 HBase 命令交互界面。

```
[hadoop@master hadoop]$ hbase shell
SLF4J: Class path contains multiple SLF4J bindings.
SLF4J:    Found    binding    in    [jar:file:/usr/local/src/hbase/lib/
slf4j-log4j12-1.7.5.jar!/org/slf4j/impl/StaticLoggerBinder.class]
SLF4J:  Found  binding  in  [jar:file:/usr/local/src/hadoop/share/hadoop/
common/lib/slf4j-log4j12-1.7.10.jar!/org/slf4j/impl/StaticLoggerBinder.class]
SLF4J:  See  http://www.slf4j.org/codes.html#multiple_bindings  for  an
explanation.
SLF4J: Actual binding is of type [org.slf4j.impl.Log4jLoggerFactory]
HBase Shell; enter 'help<RETURN>' for list of supported commands.
Type "exit<RETURN>" to leave the HBase Shell
Version  1.2.1,  r8d8a7107dc4ccbf36a92f64675dc60392f85c015,  Wed  Mar  30
11:19:21 CDT 2016

hbase(main):001:0>
```

输入 version，查询 HBase 版本。

```
hbase(main):001:0> version
1.2.1, r8d8a7107dc4ccbf36a92f64675dc60392f85c015, Wed Mar 30 11:19:21 CDT 2016
```

结果显示 HBase 版本为 1.2.1。

2. 查询 HBase 状态

在 HBase 命令交互界面执行 status 命令。

```
hbase(main):002:0> status
1 active master, 0 backup masters, 3 servers, 0 dead, 0.6667 average load
```

结果显示 1 台活动 master，0 台备份 masters，共 3 台服务主机，平均加载时间为 0.6667 秒。

还可以简单查询 HBase 的状态，执行 status 'simple'命令。

```
hbase(main):003:0> status 'simple'
active master:  master:16000 1589125905790
0 backup masters
3 live servers
    master:16020 1589125908065
        requestsPerSecond=0.0, numberOfOnlineRegions=1, usedHeapMB=28, maxHeapMB=1918, numberOfStores=1, numberOfStorefiles=1, storefileUncompressedSizeMB=0, storefileSizeMB=0, memstoreSizeMB=0, storefileIndexSizeMB=0, readRequestsCount=5, writeRequestsCount=1, rootIndexSizeKB=0, totalStaticIndexSizeKB=0, totalStaticBloomSizeKB=0, totalCompactingKVs=0, currentCompactedKVs=0, compactionProgressPct=NaN, coprocessors=[MultiRowMutationEndpoint]
    slave1:16020 1589125915820
        requestsPerSecond=0.0, numberOfOnlineRegions=0, usedHeapMB=17, maxHeapMB=440, numberOfStores=0, numberOfStorefiles=0, storefileUncompressedSizeMB=0, storefileSizeMB=0, memstoreSizeMB=0, storefileIndexSizeMB=0, readRequestsCount=0, writeRequestsCount=0, rootIndexSizeKB=0, totalStaticIndexSizeKB=0, totalStaticBloomSizeKB=0, totalCompactingKVs=0, currentCompactedKVs=0, compactionProgressPct=NaN, coprocessors=[]
    slave2:16020 1589125917741
        requestsPerSecond=0.0, numberOfOnlineRegions=1, usedHeapMB=15, maxHeapMB=440, numberOfStores=1, numberOfStorefiles=1, storefileUncompressedSizeMB=0, storefileSizeMB=0, memstoreSizeMB=0, storefileIndexSizeMB=0, readRequestsCount=4, writeRequestsCount=0, rootIndexSizeKB=0, totalStaticIndexSizeKB=0, totalStaticBloomSizeKB=0, totalCompactingKVs=0, currentCompactedKVs=0, compactionProgressPct=NaN, coprocessors=[]
0 dead servers
Aggregate load: 0, regions: 2
```

结果显示更多的关于 Master、Slave1 和 Slave2 主机的服务端口、请求时间等详细信息。

如果需要查询更多 HBase 状态，执行 help 'status'命令。

```
hbase(main):004:0> help 'status'
Show cluster status. Can be 'summary', 'simple', 'detailed', or 'replication'. The
default is 'summary'. Examples:

  hbase> status
  hbase> status 'simple'
  hbase> status 'summary'
  hbase> status 'detailed'
  hbase> status 'replication'
  hbase> status 'replication', 'source'
  hbase> status 'replication', 'sink'
hbase(main):005:0>
```

结果显示所有关于 status 的命令。

3. 启动运行 HBase

切换到 HBase 安装目录/usr/local/src/hbase，命令如下。

```
[hadoop@master hadoop]$cd /usr/local/src/hbase
[hadoop@master src]$ hbase version
HBase 1.2.1
Source code repository git://asf-dev/home/busbey/projects/hbase revision=8d8a7107dc4ccbf36a92f64675dc60392f85c015
Compiled by busbey on Wed Mar 30 11:19:21 CDT 2016
From source with checksum f4bb4a14bb4e0b72b46f729dae98a772
```

结果显示 HBase1.2.1，说明 HBase 正在运行，版本号为 1.2.1。

如果没有启动，则执行 start-hbase.sh 命令来启动 HBase。

```
[hadoop@master hbase]$ start-hbase.sh
starting master, logging to /usr/local/src/hbase/logs/hbase-hadoop-master-master.out
Java HotSpot(TM) 64-Bit Server VM warning: ignoring option PermSize=128m; support was removed in 8.0
Java HotSpot(TM) 64-Bit Server VM warning: ignoring option MaxPermSize=128m; support was removed in 8.0
master: starting regionserver, logging to /usr/local/src/hbase/logs/hbase-hadoop-regionserver-master.out
slave1: starting regionserver, logging to /usr/local/src/hbase/logs/hbase-hadoop-regionserver-slave1.out
slave2: starting regionserver, logging to /usr/local/src/hbase/logs/hbase-hadoop-regionserver-slave2.out
master: Java HotSpot(TM) 64-Bit Server VM warning: ignoring option PermSize=128m; support was removed in 8.0
master: Java HotSpot(TM) 64-Bit Server VM warning: ignoring option MaxPermSize=128m; support was removed in 8.0
slave1: Java HotSpot(TM) 64-Bit Server VM warning: ignoring option PermSize=128m; support was removed in 8.0
slave1: Java HotSpot(TM) 64-Bit Server VM warning: ignoring option MaxPermSize=128m; support was removed in 8.0
```

```
slave2: Java HotSpot(TM) 64-Bit Server VM warning: ignoring option PermSize=128m; support was removed in 8.0
slave2: Java HotSpot(TM) 64-Bit Server VM warning: ignoring option MaxPermSize=128m; support was removed in 8.0
```

停止 HBase 服务，则执行 stop-hbase.sh 命令。

```
[hadoop@master hbase]$ stop-hbase.sh
stopping hbasecat……
```

没有错误提示，显示$提示符时，即停止了 HBase 服务。

13.5.4 通过命令查看 Hive 状态

Hive 是基于 Hadoop 的一个数据仓库工具，可以将结构化的数据文件映射为一张数据库表，并提供简单的 SQL 查询功能，可以将 SQL 语句转换为 MapReduce 任务进行运行。其优点是学习成本低，可以通过类 SQL 语句快速实现简单的 MapReduce 统计，不必开发专门的 MapReduce 应用，十分适合数据仓库的统计分析。

Hive 是建立在 Hadoop 上的数据仓库基础构架。它提供了一系列的工具，可以用来进行数据提取转化加载（extract transform load，ETL），这是一种可以存储、查询和分析存储在 Hadoop 中的大规模数据的机制。Hive 定义了简单的类 SQL 查询语言，称为 HQL，它允许熟悉 SQL 的用户查询数据。同时，这个语言也允许熟悉 MapReduce 的开发者开发自定义的 mapper 和 reducer 来处理内建的 mapper 和 reducer 无法完成的复杂的分析工作。

1. 启动 Hive

切换到/usr/local/src/hive 目录，输入 hive 命令，按 Enter 键。

```
[hadoop@master hadoop]$ cd /usr/local/src/hive
[hadoop@master hive]$ hive
[hadoop@master hadoop]$ hive
SLF4J: Class path contains multiple SLF4J bindings.
SLF4J: Found binding in [jar:file:/usr/local/src/hive/lib/hive-jdbc-2.0.0-standalone.jar!/org/slf4j/impl/StaticLoggerBinder.class]
SLF4J: Found binding in [jar:file:/usr/local/src/hive/lib/log4j-slf4j-impl-2.4.1.jar!/org/slf4j/impl/StaticLoggerBinder.class]
SLF4J: Found binding in [jar:file:/usr/local/src/hadoop/share/hadoop/common/lib/slf4j-log4j12-1.7.10.jar!/org/slf4j/impl/StaticLoggerBinder.class]
SLF4J: See http://www.slf4j.org/codes.html#multiple_bindings for an explanation.
SLF4J: Actual binding is of type [org.apache.logging.slf4j.Log4jLoggerFactory]

Logging initialized using configuration in jar:file:/usr/local/src/hive/lib/hive-common-2.0.0.jar!/hive-log4j2.properties
Hive-on-MR is deprecated in Hive 2 and may not be available in the future versions. Consider using a different execution engine (i.e. spark, tez) or using Hive 1.X releases.
hive>
```

当显示 hive>时，表示启动成功，进入 Hive shell 状态。

2. Hive 操作基本命令

注意：Hive 命令行语句后面一定要加分号。

（1）查看数据库。

```
hive> show databases;
OK
default
Time taken: 0.011 seconds, Fetched: 1 row(s)
```

显示默认的数据库 default。

（2）查看 default 数据库所有表。

```
hive> use default;
hive> show tables;
OK
Time taken: 0.026 seconds
```

显示 default 数据中没有任何表。

（3）创建表 stu，表的 id 为整数型，name 为字符型。

```
hive> create table stu(id int,name string);
OK
Time taken: 0.53 seconds
```

（4）为表 stu 插入一条信息，id 号为 1001，name 为张三。

```
hive> insert into stu values (1001,"zhangsan");
WARNING: Hive-on-MR is deprecated in Hive 2 and may not be available in the future versions. Consider using a different execution engine (i.e. spark, tez) or using Hive 1.X releases.
Query ID = hadoop_20200515102811_1bccf3d2-88e3-4403-b25b-1e51e6e215b5
Total jobs = 3
Launching Job 1 out of 3
Number of reduce tasks is set to 0 since there's no reduce operator
Starting Job = job_1588987665170_0001, Tracking URL = http://master:8088/proxy/application_1588987665170_0001/
Kill Command = /usr/local/src/hadoop/bin/hadoop job -kill job_1588987665170_0001
Hadoop job information for Stage-1: number of mappers: 1; number of reducers: 0
2020-05-15 10:34:16,557 Stage-1 map = 0%,  reduce = 0%
2020-05-15 10:34:37,656 Stage-1 map = 100%,  reduce = 0%, Cumulative CPU 5.63 sec
MapReduce Total cumulative CPU time: 5 seconds 630 msec
Ended Job = job_1588987665170_0001
Stage-4 is selected by condition resolver.
Stage-3 is filtered out by condition resolver.
Stage-5 is filtered out by condition resolver.
Moving data to: hdfs://192.168.1.6:9000/user/hive/warehouse/stu/.hive-staging_hive_2020-05-15_10-33-51_327_8147862916316704428-1/-ext-10000
Loading data to table default.stu
```

```
MapReduce Jobs Launched:
Stage-Stage-1: Map: 1   Cumulative CPU: 5.63 sec   HDFS Read: 4177 HDFS Write:
78 SUCCESS
Total MapReduce CPU Time Spent: 5 seconds 630 msec
OK
Time taken: 47.769 seconds
```

按照以上操作，继续插入两条信息：id 和 name 分别为 1002、1003 和 lisi、wangwu。

（5）插入数据后查看表的信息。

```
hive> show tables;
OK
stu
values__tmp__table__1
Time taken: 0.017 seconds, Fetched: 2 row(s)
```

（6）查看表 stu 的结构。

```
hive> desc stu;
OK
id                      int
name                    string
Time taken: 0.031 seconds, Fetched: 2 row(s)
```

（7）查看表 stu 的内容。

```
hive> select * from stu;
OK
1001       zhangsan
1002       lisi
1003       wangwu
Time taken: 0.101 seconds, Fetched: 3 row(s)
```

3. 通过 Hive 命令行界面查看文件系统和历史命令

（1）查看本地文件系统，执行! ls /usr/local/src;命令。

```
hive> ! ls /usr/local/src;
ant
flume
hadoop
hbase
hive
hive_src
java
kafka
sqoop
zookeeper
```

（2）查看 HDFS 文件系统，执行 dfs -ls /;命令。

```
hive> dfs -ls /;
Found 5 items
drwxr-xr-x   - hadoop supergroup          0 2020-05-04 22:06 /bigdata
-rw-r--r--   3 hadoop supergroup         12 2020-05-04 22:12 /bigdatafile
```

```
drwxr-xr-x   - hadoop supergroup          0 2020-05-10 23:51 /hbase
drwx-wx-wx   - hadoop supergroup          0 2020-05-15 10:33 /tmp
drwxrwxrwx   - hadoop supergroup          0 2020-04-23 14:08 /user
```

（3）查看在 Hive 中输入的所有历史命令。

进入当前用户 hadoop 的目录/home/hadoop，查看.hivehistory 文件。

```
[hadoop@master home]$ cd /home/hadoop
[hadoop@master ~]$ cat .hivehistory
show databases;
use default;
show tables;
desc stu;
select * from stu;
insert into stu values (1001,"zhangsan");
insert into stu values (1002,"lisi");
insert into stu values (1003,"wangwu");
select * from stu;
exit;
```

结果显示，之前在 Hive 命令行界面下运行的所有命令（含错误命令）都显示出来了，有助于进行维护、故障排查等工作。

13.6 通过命令监控大数据平台的服务状态

13.6.1 通过命令查看 ZooKeeper 状态

（1）启动 ZooKeeper，执行 zkServer.sh start 命令，结果显示如下。

```
[hadoop@master hadoop]$ zkServer.sh start
ZooKeeper JMX enabled by default
Using config: /usr/local/src/zookeeper/bin/../conf/zoo.cfg
Starting zookeeper ... STARTED
```

（2）查看 ZooKeeper 状态，执行 zkServer.sh status 命令，结果显示如下。

```
[hadoop@master hadoop]$ zkServer.sh status
ZooKeeper JMX enabled by default
Using config: /usr/local/src/zookeeper/bin/../conf/zoo.cfg
Mode: follower
```

以上结果中，Mode:follower 表示为 ZooKeeper 的跟随者。

（3）查看运行进程。

QuorumPeerMain：QuorumPeerMain 是 ZooKeeper 集群的启动入口类，是用来加载配置启动 QuorumPeer 线程的。

执行 jps 命令以查看进程情况。

```
[hadoop@master hadoop]$ jps
3987 Jps
3925 QuorumPeerMain
1628 SecondaryNameNode
```

```
1453 NameNode
1821 ResourceManager
```

此时 QuorumPeerMain 进程已启动。

（4）在成功启动 ZooKeeper 服务后，输入 zkCli.sh 命令，连接到 ZooKeeper 服务。

```
[hadoop@master hadoop]$ zkCli.sh
Connecting to localhost:2181
2020-05-15 14:47:11,157 [myid:] - INFO  [main:Environment@100] - Client environment:zookeeper.version=3.4.8--1, built on 02/06/2016 03:18 GMT
2020-05-15 14:47:11,160 [myid:] - INFO  [main:Environment@100] - Client environment:host.name=master
2020-05-15 14:47:11,160 [myid:] - INFO  [main:Environment@100] - Client environment:java.version=1.8.0_152
2020-05-15 14:47:11,162 [myid:] - INFO  [main:Environment@100] - Client environment:java.vendor=Oracle Corporation
2020-05-15 14:47:11,162 [myid:] - INFO  [main:Environment@100] - Client environment:java.home=/usr/local/src/java/jre
2020-05-15 14:47:11,162 [myid:] - INFO  [main:Environment@100] - Client environment:java.class.path=/usr/local/src/zookeeper/bin/../build/classes:/usr/local/src/zookeeper/bin/../build/lib/*.jar:/usr/local/src/zookeeper/bin/../lib/slf4j-log4j12-1.6.1.jar:/usr/local/src/zookeeper/bin/../lib/slf4j-api-1.6.1.jar:/usr/local/src/zookeeper/bin/../lib/netty-3.7.0.Final.jar:/usr/local/src/zookeeper/bin/../lib/log4j-1.2.16.jar:/usr/local/src/zookeeper/bin/../lib/jline-0.9.94.jar:/usr/local/src/zookeeper/bin/../zookeeper-3.4.8.jar:/usr/local/src/zookeeper/bin/../src/java/lib/*.jar:/usr/local/src/zookeeper/bin/../conf:.::/usr/local/src/java/lib:/usr/local/src/java/jre/lib:/usr/local/src/sqoop/lib
2020-05-15 14:47:11,162 [myid:] - INFO  [main:Environment@100] -Client environment:java.library.path=/usr/java/packages/lib/amd64:/usr/lib64:/lib64:/lib:/usr/lib
2020-05-15 14:47:11,162 [myid:] - INFO  [main:Environment@100] - Client environment:java.io.tmpdir=/tmp
2020-05-15 14:47:11,163 [myid:] - INFO  [main:Environment@100] - Client environment:java.compiler=<NA>
2020-05-15 14:47:11,163 [myid:] - INFO  [main:Environment@100] - Client environment:os.name=Linux
2020-05-15 14:47:11,163 [myid:] - INFO  [main:Environment@100] - Client environment:os.arch=amd64
2020-05-15 14:47:11,163 [myid:] - INFO  [main:Environment@100] - Client environment:os.version=3.10.0-693.el7.x86_64
2020-05-15 14:47:11,163 [myid:] - INFO  [main:Environment@100] - Client environment:user.name=hadoop
2020-05-15 14:47:11,163 [myid:] - INFO  [main:Environment@100] - Client environment:user.home=/home/hadoop
2020-05-15 14:47:11,163 [myid:] - INFO  [main:Environment@100] - Client environment:user.dir=/usr/local/src/hadoop
```

```
2020-05-15 14:47:11,164 [myid:] - INFO  [main:ZooKeeper@438] - Initiating client connection, connectString=localhost:2181 sessionTimeout=30000 watcher=org.apache.zookeeper.ZooKeeperMain$MyWatcher@42110406
Welcome to ZooKeeper!
2020-05-15 14:47:11,191 [myid:] - INFO  [main-SendThread(localhost:2181):ClientCnxn$SendThread@1032] - Opening socket connection to server localhost/127.0.0.1:2181. Will not attempt to authenticate using SASL (unknown error)
JLine support is enabled
2020-05-15 14:47:11,249 [myid:] - INFO  [main-SendThread(localhost:2181):ClientCnxn$SendThread@876] - Socket connection established to localhost/127.0.0.1:2181, initiating session
2020-05-15 14:47:11,260 [myid:] - INFO  [main-SendThread(localhost:2181):ClientCnxn$SendThread@1299] - Session establishment complete on server localhost/127.0.0.1:2181, sessionid = 0x171f70f3bda20ea, negotiated timeout = 30000

WATCHER::

WatchedEvent state:SyncConnected type:None path:null
[zk: localhost:2181(CONNECTED) 0]
```

结果显示已经连接成功，系统输出 ZooKeeper 的相关环境配置信息，并在屏幕中输出“Welcome to ZooKeeper!”等信息。

输入 help 命令之后，屏幕会输出如下可用的 ZooKeeper 命令。

```
[zk: localhost:2181(CONNECTED) 0] help
ZooKeeper -server host:port cmd args
        stat path [watch]
        set path data [version]
        ls path [watch]
        delquota [-n|-b] path
        ls2 path [watch]
        setAcl path acl
        setquota -n|-b val path
        history
        redo cmdno
        printwatches on|off
        delete path [version]
        sync path
        listquota path
        rmr path
        get path [watch]
        create [-s] [-e] path data acl
        addauth scheme auth
        quit
        getAcl path
        close
        connect host:port
```

```
[zk: localhost:2181(CONNECTED) 1]
```

（5）使用 Watch 监听/hbase 目录，一旦/hbase 内容有变化，系统将会有提示。打开监视，执行 get /hbase 1 命令。

```
[zk: localhost:2181(CONNECTED) 0] get /hbase 1

cZxid = 0x100000002
ctime = Thu Apr 23 16:02:29 CST 2020
mZxid = 0x100000002
mtime = Thu Apr 23 16:02:29 CST 2020
pZxid = 0x20000008d
cversion = 26
dataVersion = 0
aclVersion = 0
ephemeralOwner = 0x0
dataLength = 0
numChildren = 16
[zk: localhost:2181(CONNECTED) 1] set /hbase value-update

WATCHER::cZxid = 0x100000002


WatchedEvent state:SyncConnected type:NodeDataChanged path:/hbase
ctime = Thu Apr 23 16:02:29 CST 2020
mZxid = 0x20000c6d3
mtime = Fri May 15 15:03:41 CST 2020
pZxid = 0x20000008d
cversion = 26
dataVersion = 1
aclVersion = 0
ephemeralOwner = 0x0
dataLength = 12
numChildren = 16
[zk: localhost:2181(CONNECTED) 2] get /hbase
value-update
cZxid = 0x100000002
ctime = Thu Apr 23 16:02:29 CST 2020
mZxid = 0x20000c6d3
mtime = Fri May 15 15:03:41 CST 2020
pZxid = 0x20000008d
cversion = 26
dataVersion = 1
aclVersion = 0
ephemeralOwner = 0x0
dataLength = 12
```

```
numChildren = 16
[zk: localhost:2181(CONNECTED) 3]
```

结果显示，当执行 set /hbase value-update 命令后，数据版本由 0 变成 1，说明/hbase 处于监控中。

13.6.2 通过命令查看 Sqoop 状态

Sqoop 是一款开源的工具，主要用于在 Hadoop（Hive）与传统的数据库（MySQL、PostgreSQL 等）间进行数据的传递，可以将一个关系型数据库（如 MySQL、Oracle、PostgreSQL 等）中的数据导进 Hadoop 的 HDFS 中，也可以将 HDFS 的数据导进关系型数据库中。

（1）查询 Sqoop 版本号，验证 Sqoop 是否启动成功。

首先切换到/usr/local/src/sqoop 目录，执行./bin/sqoop-version 命令。

```
[hadoop@master sqoop]$ ./bin/sqoop-version
Warning: /usr/local/src/sqoop/../hcatalog does not exist! HCatalog jobs will fail.
Please set $HCAT_HOME to the root of your HCatalog installation.
Warning: /usr/local/src/sqoop/../accumulo does not exist! Accumulo imports will fail.
Please set $ACCUMULO_HOME to the root of your Accumulo installation.
20/05/06 17:40:16 INFO sqoop.Sqoop: Running Sqoop version: 1.4.7
Sqoop 1.4.7
git commit id 2328971411f57f0cb683dfb79d19d4d19d185dd8
Compiled by maugli on Thu Dec 21 15:59:58 STD 2017
```

结果显示 Sqoop 1.4.7，说明 Sqoop 版本号为 1.4.7，并启动成功。

（2）测试 Sqoop 是否能够成功连接数据库。

切换到 Sqoop 的目录，执行 bin/sqoop list-databases --connect jdbc:mysql://master: 3306/--username root --password Password123$命令，命令中的“master:3306”为数据库主机名和端口。

```
[hadoop@master hadoop]$cd /usr/local/src/sqoop
[hadoop@master sqoop]$ bin/sqoop list-databases --connect jdbc:mysql://master:3306/ --username root --password Password123$
Warning: /usr/local/src/sqoop/../hcatalog does not exist! HCatalog jobs will fail.
Please set $HCAT_HOME to the root of your HCatalog installation.
Warning: /usr/local/src/sqoop/../accumulo does not exist! Accumulo imports will fail.
Please set $ACCUMULO_HOME to the root of your Accumulo installation.
20/05/15 12:15:57 INFO sqoop.Sqoop: Running Sqoop version: 1.4.7
20/05/15 12:15:57 WARN tool.BaseSqoopTool: Setting your password on the command-line is insecure. Consider using -P instead.
```

```
20/05/15 12:15:57 INFO manager.MySQLManager: Preparing to use a MySQL streaming resultset.
Fri May 15 12:15:57 CST 2020 WARN: Establishing SSL connection without server's identity verification is not recommended. According to MySQL 5.5.45+, 5.6.26+ and 5.7.6+ requirements SSL connection must be established by default if explicit option isn't set. For compliance with existing applications not using SSL the verifyServerCertificate property is set to 'false'. You need either to explicitly disable SSL by setting useSSL=false, or set useSSL=true and provide truststore for server certificate verification.
information_schema
hive
mysql
performance_schema
sys
```

结果显示，可以连接到MySQL，并可查看到Master主机中MySQL的所有库实例，如information_schema、hive、mysql、performance_schema和sys等数据库。

（3）执行sqoop help命令，若可以看到如下内容，代表Sqoop启动成功。

```
[hadoop@master sqoop]$ sqoop help
Warning: /usr/local/src/sqoop/../hcatalog does not exist! HCatalog jobs will fail.
Please set $HCAT_HOME to the root of your HCatalog installation.
Warning: /usr/local/src/sqoop/../accumulo does not exist! Accumulo imports will fail.
Please set $ACCUMULO_HOME to the root of your Accumulo installation.
20/05/15 13:42:02 INFO sqoop.Sqoop: Running Sqoop version: 1.4.7
usage: sqoop COMMAND [ARGS]

Available commands:
  codegen            Generate code to interact with database records
  create-hive-table  Import a table definition into Hive
  eval               Evaluate a SQL statement and display the results
  export             Export an HDFS directory to a database table
  help               List available commands
  import             Import a table from a database to HDFS
  import-all-tables  Import tables from a database to HDFS
  import-mainframe   Import datasets from a mainframe server to HDFS
  job                Work with saved jobs
  list-databases     List available databases on a server
  list-tables        List available tables in a database
  merge              Merge results of incremental imports
  metastore          Run a standalone Sqoop metastore
  version            Display version information

See 'sqoop help COMMAND' for information on a specific command.
```

结果显示了Sqoop的常用命令和功能，如表13-4所示。

表 13-4　Sqoop 的常用命令和功能

序　号	命　令	功　能
1	import	将数据导入集群
2	export	将集群数据导出
3	codegen	生成与数据库记录交互的代码
4	create-hive-table	创建 Hive 表
5	eval	查看 SQL 执行结果
6	import-all-tables	导入某个数据库下所有表到 HDFS 中
7	job	生成一个 job
8	list-databases	列出所有数据库名
9	list-tables	列出某个数据库下所有的表
10	merge	将 HDFS 中不同目录下数据合在一起，并存放在指定的目录中
11	metastore	记录 Sqoop job 的元数据信息，如果不启动 metastore 实例，则默认的元数据存储目录为：~/.sqoop
12	help	打印 Sqoop 帮助信息
13	version	打印 Sqoop 版本信息

13.6.3　通过命令查看 Flume 状态

检查 Flume 安装是否成功，执行 flume-ng version 命令，查看 Flume 的版本。

```
[hadoop@master hadoop]$ flume-ng version
Flume 1.6.0
Source code repository: https://git-wip-us.apache.org/repos/asf/flume.git
Revision: 2561a23240a71ba20bf288c7c2cda88f443c2080
Compiled by hshreedharan on Mon May 11 11:15:44 PDT 2015
From source with checksum b29e416802ce9ece3269d34233baf43f
[hadoop@master hadoop]$
```

启动 Flume Agent a1 日志控制台。

```
[hadoop@master flume]$ /usr/local/src/flume/bin/flume-ng agent --conf .
/conf --conf-file ./example.conf --name a1 -Dflume.root.logger=INFO,console
```

在/home/hadoop/flumetest 目录下模拟产生新的日志文件。

```
[hadoop@master flume]$ echo “Hello Flume!” > test.log
```

查看结果。

```
[hadoop@master flume]$ hdfs dfs -lsr /flume
drwxr-xr-x - hadoop supergroup      0 2020-05-15 15:16  /flume/20200515
-rw-r--r-- 2 hadoop supergroup     11 2020-05-15 15:16  /flume/20200515/
events-. 1545376595231
```

13.7　本章小结

本章主要介绍了大数据平台 Hadoop 及相关组件的功能和常用命令，并使用简单的命令监控大数据平台服务运行状态、平台资源状态和服务状态等。

第 14 章 大数据平台监控界面和报表

学习目标

- 了解大数据平台相关运行状态
- 掌握通过界面方式监控大数据平台状态的方法
- 掌握告警和日志信息监控的方法
- 掌握制作平台运行相关状态报表的方法

大数据平台集成的功能较多，保存的数据规模大，访问次数也非常频繁，因此大数据平台运行过程中需要加强状态监控，以便能够实时分析平台的负载能力，提高平台的资源利用率。本章将详细介绍采用界面方式对大数据平台服务运行状态进行监控，从运行状态、平台资源状态等多个方面分析平台状况，以便能够及时地处理突发事件，保证大数据平台安全稳定运行。

14.1 大数据平台常用组件

大数据平台组件众多，往往通过命令行方式来进行管理，但是命令行在输入过程中很容易出错，所以本章主要介绍通过大数据平台的用户界面的方式对平台的组件进行管理监控，这样更加直观，维护更便利。

大数据平台常用组件端口号汇总如表 14-1 所示。

表 14-1 大数据平台常用组件端口号汇总

组　件	端口及说明
Hadoop	50070：HDFS WEB UI 端口 8020：高可用的 HDFS RPC 端口 9000：非高可用的 HDFS RPC 端口 8088：YARN 的 WEB UI 接口

续表

组　　件	端口及说明
Hadoop	8485：JournalNode 的 RPC 端口 8019：ZKFC 端口 19888：Jobhistory WEB UI 端口
ZooKeeper	2181：客户端连接 ZooKeeper 的端口 2888：ZooKeeper 集群内通信使用，Leader 监听此端口 3888：ZooKeeper 端口用于选举 leader
HBase	60010：HBase 的 Master 的 WEB UI 端口（旧的），新的是 16010 60030：HBase 的 RegionServer 的 WEB UI 管理端口
Hive	9999：Hive WEB UI 端口 10000：Hive 的 JDBC 端口

表 14-1 中属于 WEB UI 端口的，可以通过浏览器进行访问、查看其服务状态等。

14.2　通过界面监控大数据平台的运行状态

14.2.1　通过界面查看大数据平台状态

通过大数据平台 Hadoop 的用户界面可以查看平台的计算资源和存储资源。打开 http://master:8088/cluster/nodes 页面，可以查看大数据平台的状态汇总信息，如图 14-1 所示。

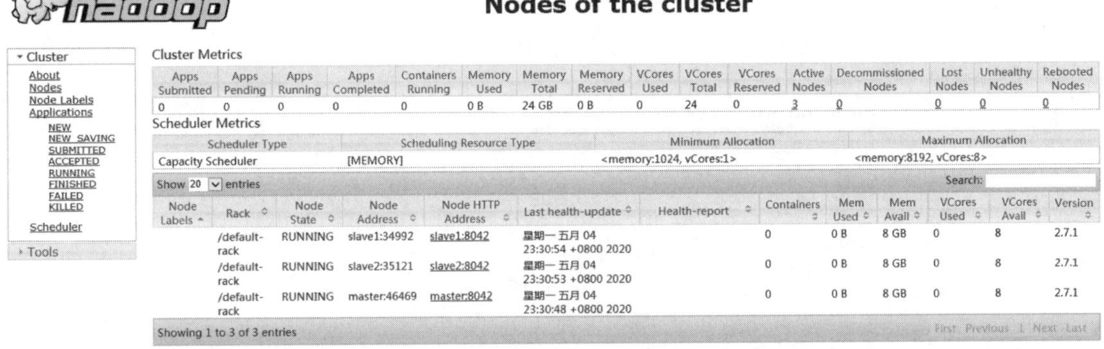

图 14-1　大数据平台的状态汇总信息

如图 14-1 所示，集群中内存总计 24GB，虚拟核数总计 24 个，活动节点 3 个；集群中包含 3 台主机，主机名分别为 master、slave1 和 slave2，活动内存为 8GB，活动虚拟核数为 8 个。

14.2.2　通过界面查看 Hadoop 状态

大数据平台 Hadoop 提供了一个简单的 Web 访问接口，网址是 http://192.168.1.6:50070，可以查看 Hadoop 的运行状态，主菜单包含 Overview（总览）、Datanodes（数据节点）、Datanode Volume Failures（数据节点挂载失败）、Snapshot（快照）等状态，如图 14-2 所示。

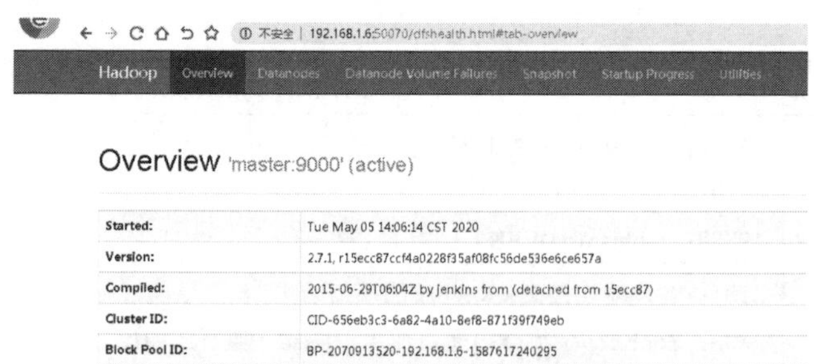

图 14-2　Hadoop 菜单界面

通过图 14-2 很容易获知 Hadoop 的运行状态。菜单功能如下。

（1）Overview（总览）：查看 Hadoop 启动时间、版本号、命名节点日志状态、命名节点存储状态等信息。

（2）Datanodes（数据节点）：查看正在运行、停止运行的数据节点信息。

（3）Datanode Volume Failures（数据节点挂载失败）：查看挂载失败的数据节点。

（4）Snapshot（快照）：查看快照建立、删除的信息。

（5）Startup Progress（启动进程）：查看启动进程信息。

查看 Hadoop 的详细汇总信息，如图 14-3 所示。

Hadoop　Overview　Datanodes　Datanode Volume Failures　Snapshot　Startup Progress　Utilities

Overview 'master:9000' (active)

Started:	Mon May 04 21:46:43 CST 2020
Version:	2.7.1, r15ecc87ccf4a0228f35af08fc56de536e6ce657a
Compiled:	2015-06-29T06:04Z by jenkins from (detached from 15ecc87)
Cluster ID:	CID-656eb3c3-6a82-4a10-8ef8-871f39f749eb
Block Pool ID:	BP-2070913520-192.168.1.6-1587617240295

Summary

Security is off.

Safemode is off.

53 files and directories, 13 blocks = 66 total filesystem object(s).

Heap Memory used 67.75 MB of 316 MB Heap Memory. Max Heap Memory is 889 MB.

Non Heap Memory used 54.84 MB of 56.17 MB Commited Non Heap Memory. Max Non Heap Memory is -1 B.

Configured Capacity:	73.95 GB
DFS Used:	256 KB (0%)
Non DFS Used:	3.98 GB
DFS Remaining:	69.97 GB (94.62%)
Block Pool Used:	256 KB (0%)
DataNodes usages% (Min/Median/Max/stdDev):	0.00% / 0.00% / 0.00% / 0.00%
Live Nodes	2 (Decommissioned: 0)
Dead Nodes	0 (Decommissioned: 0)
Decommissioning Nodes	0
Total Datanode Volume Failures	0 (0 B)
Number of Under-Replicated Blocks	13
Number of Blocks Pending Deletion	0
Block Deletion Start Time	2020年5月4日 21:46:43

NameNode Journal Status

Current transaction ID: 4950

Journal Manager	State
FileJournalManager (root=/usr/local/src/hadoop/dfs/name)	EditLogFileOutputStream (/usr/local/src/hadoop/dfs/name/current/edits_inprogress_0000000000000004950)

NameNode Storage

Storage Directory	Type	State
/usr/local/src/hadoop/dfs/name	IMAGE_AND_EDITS	Active

Hadoop, 2015.

图 14-3　Hadoop 的详细汇总信息

通过图 14-3 可以了解 Hadoop 的相关信息。

（1）Overview（概况）。Hadoop 概况参数如表 14-2 所示。

表 14-2　Hadoop 概况参数

序　号	参 数 项	信 息 内 容
1	Started（启动时间）	2020.05.04 21:46:43
2	Version（版本号）	Hadoop 的版本号为 2.7.1
3	Compiled（编译）	2015-06-29T06:04Z by jenkins from (detached from 15ecc87)
4	Cluster ID（集群 ID）	CID-656eb3c3-6a82-4a10-8ef8-871f39f749eb
5	Block Pool ID（数据块池 ID）	BP-2070913520-192.168.1.6-1587617240295

（2）Summary（概要）。在 Summary 中的结果显示，Security（安全状态）和 Safemode（安全模式）处于关闭状态；HDFS 的 Configured Capacity（存储空间配置）容量为 73.95GB，空闲空间（DFS Remaining）为 69.97 GB。

（3）还显示了名称节点日志状态（NameNode Journal Status）和名称节点存储（NameNode Storage）的具体路径等。

14.3　通过界面监控大数据平台的资源状态

大数据平台包含多个组件，各个组件有相应的进程，为了查看大数据平台资源状态，我们可以通过查询相应的进程情况，了解进程的状态，从而有助于掌握大数据平台资源状态。

14.3.1　通过界面监控 YARN 的状态

在配置好 Hadoop 集群之后，可以通过浏览器登录“http://master:8088”，查询 YARN 的状态，如图 14-4 所示。

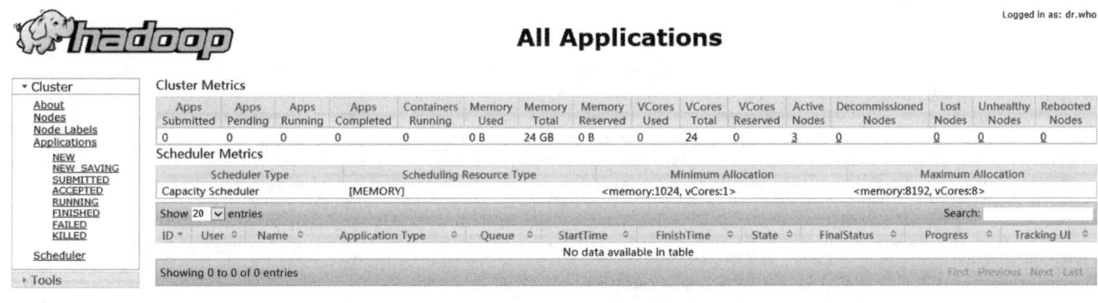

图 14-4　YARN 状态查询

从图 14-4 可以获知 YARN 的内存总额为 24GB、虚拟核心为 24 个、活动节点为 3 个等相关信息。

在大数据平台 Hadoop 中查看 MapReduce 的运行状态，登录 http://master:8088/logs/userlogs，显示如图 14-5 所示。

Directory: /logs/userlogs/

Parent Directory
application_1552234595927_0002/ 4096 bytes Mar 11, 2019 1:43:16 AM

图 14-5　查看 MapReduce 的运行状态

单击进去就能看到所有任务了，如图 14-6 所示。

Directory: /logs/userlogs/application_1552234595927_0002/

Parent Directory
container_1552234595927_0002_01_000001/ 4096 bytes Mar 11, 2019 1:45:06 AM
container_1552234595927_0002_01_000002/ 4096 bytes Mar 11, 2019 1:43:10 AM
container_1552234595927_0002_01_000003/ 4096 bytes Mar 11, 2019 1:43:16 AM

图 14-6　查询 MapReduce 的任务

选择其中一个任务，查看任务状态，如图 14-7 所示。

Directory:
/logs/userlogs/application_1552234595927_0002/container_1552234595927_0002_01_000002/

Parent Directory
stderr 0 bytes Mar 11, 2019 1:43:10 AM
stdout 0 bytes Mar 11, 2019 1:43:10 AM
syslog 3419 bytes Mar 11, 2019 1:43:13 AM

图 14-7　查看 MapReduce 的任务状态

图 14-7 中输出参数的含义如下。

（1）stderr：输出 System.Err 的信息。

（2）stdout：输出 System.Out 的信息。

（3）syslog：输出日志工具（如 Slf4j、Log4j）的信息。

14.3.2 通过界面监控 HDFS 状态

在配置完 Hadoop 集群之后，可以通过浏览器登录“http://master:50070”访问 HDFS 文件系统，选择“Utilities”→“Browse The File System”选项，出现的界面如图 14-8 所示。

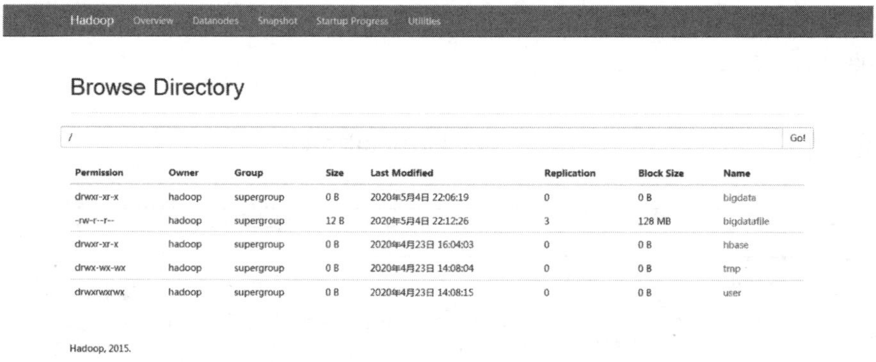

Hadoop Overview Datanodes Snapshot Startup Progress Utilities

Browse Directory

/ Go!

Permission	Owner	Group	Size	Last Modified	Replication	Block Size	Name
drwxr-xr-x	hadoop	supergroup	0 B	2020年5月4日 22:06:19	0	0 B	bigdata
-rw-r--r--	hadoop	supergroup	12 B	2020年5月4日 22:12:26	3	128 MB	bigdatafile
drwxr-xr-x	hadoop	supergroup	0 B	2020年4月23日 16:04:03	0	0 B	hbase
drwx-wx-wx	hadoop	supergroup	0 B	2020年4月23日 14:08:04	0	0 B	tmp
drwxrwxrwx	hadoop	supergroup	0 B	2020年4月23日 14:08:15	0	0 B	user

Hadoop, 2015.

图 14-8　HDFS 文件系统状态查询

从图 14-8 中可以看到 HDFS 目录中的文件夹和文件，并显示文件属性、大小和修改日期等信息。

HDFS 文件夹打开和文件下载的操作方法如下。

1．打开文件夹

在地址栏中输入相应的 HDFS 文件夹名称，单击“Go！”按钮或者直接按 Enter 键，即可打开相应的文件夹，如图 14-9 所示。

Hadoop　Overview　Datanodes　Snapshot　Startup Progress　Utilities

Browse Directory

/hbase　Go!

Permission	Owner	Group	Size	Last Modified	Replication	Block Size	Name
drwxr-xr-x	hadoop	supergroup	0 B	2020/5/4 下午10:06:19	0	0 B	bigdata
-rw-r--r--	hadoop	supergroup	12 B	2020/5/4 下午10:12:26	3	128 MB	bigdatafile
drwxr-xr-x	hadoop	supergroup	0 B	2020/5/27 下午4:19:57	0	0 B	hbase
drwxrwx---	hadoop	supergroup	0 B	2020/5/23 下午6:28:01	0	0 B	history
drwxr-xr-x	hadoop	supergroup	0 B	2020/5/23 下午6:33:33	0	0 B	input
drwx-wx-wx	hadoop	supergroup	0 B	2020/5/27 上午10:10:15	0	0 B	tmp
drwxrwxrwx	hadoop	supergroup	0 B	2020/4/23 下午2:08:15	0	0 B	user

Hadoop, 2015.

图 14-9　输入文件夹名称 HBase

显示 HBase 中的文件和文件夹，如图 14-10 所示。

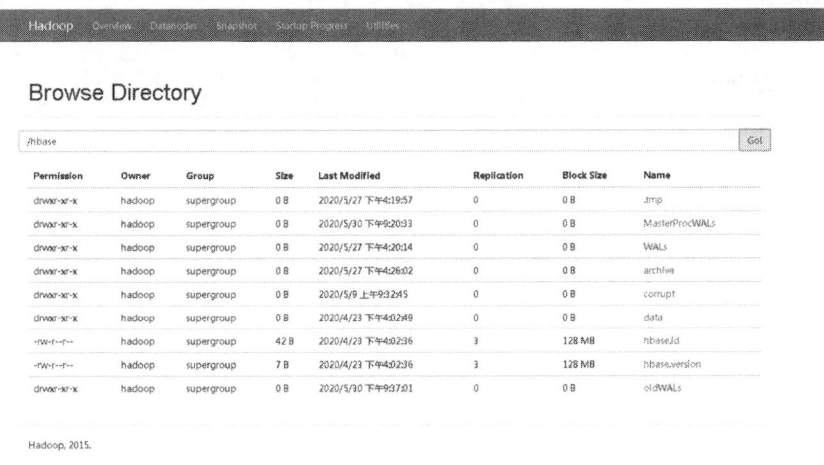

Hadoop　Overview　Datanodes　Snapshot　Startup Progress　Utilities

Browse Directory

/hbase　Go!

Permission	Owner	Group	Size	Last Modified	Replication	Block Size	Name
drwxr-xr-x	hadoop	supergroup	0 B	2020/5/27 下午4:19:57	0	0 B	.tmp
drwxr-xr-x	hadoop	supergroup	0 B	2020/5/30 下午9:20:33	0	0 B	MasterProcWALs
drwxr-xr-x	hadoop	supergroup	0 B	2020/5/27 下午4:20:14	0	0 B	WALs
drwxr-xr-x	hadoop	supergroup	0 B	2020/5/27 下午4:26:02	0	0 B	archive
drwxr-xr-x	hadoop	supergroup	0 B	2020/5/9 上午9:32:45	0	0 B	corrupt
drwxr-xr-x	hadoop	supergroup	0 B	2020/4/23 下午4:02:49	0	0 B	data
-rw-r--r--	hadoop	supergroup	42 B	2020/4/23 下午4:02:36	3	128 MB	hbase.id
-rw-r--r--	hadoop	supergroup	7 B	2020/4/23 下午4:02:36	3	128 MB	hbase.version
drwxr-xr-x	hadoop	supergroup	0 B	2020/5/30 下午9:37:01	0	0 B	oldWALs

Hadoop, 2015.

图 14-10　显示 HBase 中的文件和文件夹

2．下载 HDFS 中的文件

单击需要下载的文件，如 bigdatafile 文件，如图 14-11 所示，弹出下载文件对话框，如图 14-12 所示，单击“Download”链接，即可下载目标文件到本地文件夹。

Hadoop　Overview　Datanodes　Snapshot　Startup Progress　Utilities

Browse Directory

/hbase　Go!

Permission	Owner	Group	Size	Last Modified	Replication	Block Size	Name
drwxr-xr-x	hadoop	supergroup	0 B	2020/5/4 下午10:06:19	0	0 B	bigdata
-rw-r--r--	hadoop	supergroup	12 B	2020/5/4 下午10:12:26	3	128 MB	bigdatafile
drwxr-xr-x	hadoop	supergroup	0 B	2020/5/27 下午4:19:57	0	0 B	hbase
drwxrwx---	hadoop	supergroup	0 B	2020/5/23 下午6:28:01	0	0 B	history
drwxr-xr-x	hadoop	supergroup	0 B	2020/5/23 下午6:33:33	0	0 B	input
drwx-wx-wx	hadoop	supergroup	0 B	2020/5/27 上午10:10:15	0	0 B	tmp
drwxrwxrwx	hadoop	supergroup	0 B	2020/4/23 下午2:08:15	0	0 B	user

Hadoop, 2015.

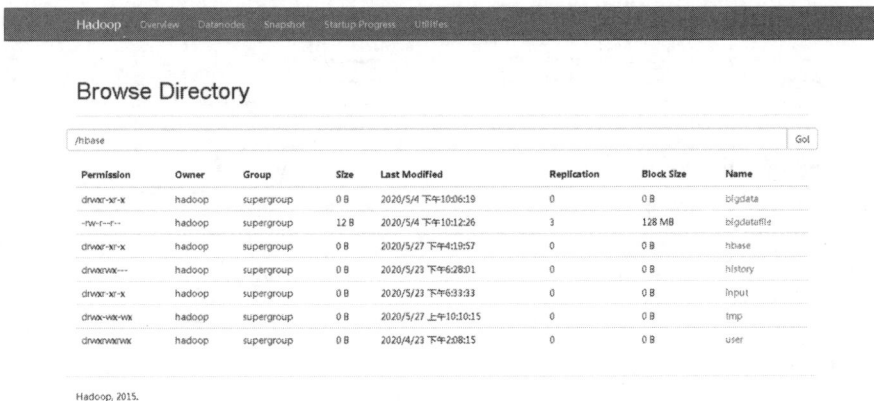

图 14-11　HDFS 中的文件

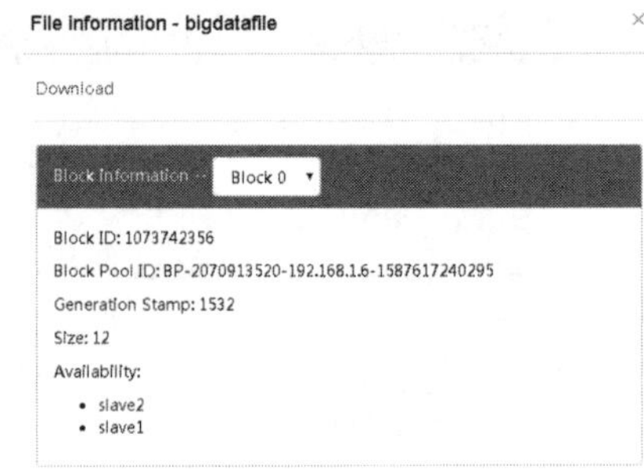

图 14-12　下载文件对话框

14.3.3　通过界面监控 HBase 的状态

安装部署完 HBase 后，可以通过用户界面来访问 HBase 的状态、日志等相关信息。访问 Web 用户界面的地址分别为 master:16010、slave1:16030、slave2:16030。

HBase 的用户界面主页访问地址为 http://master:16010，如图 14-13 所示。

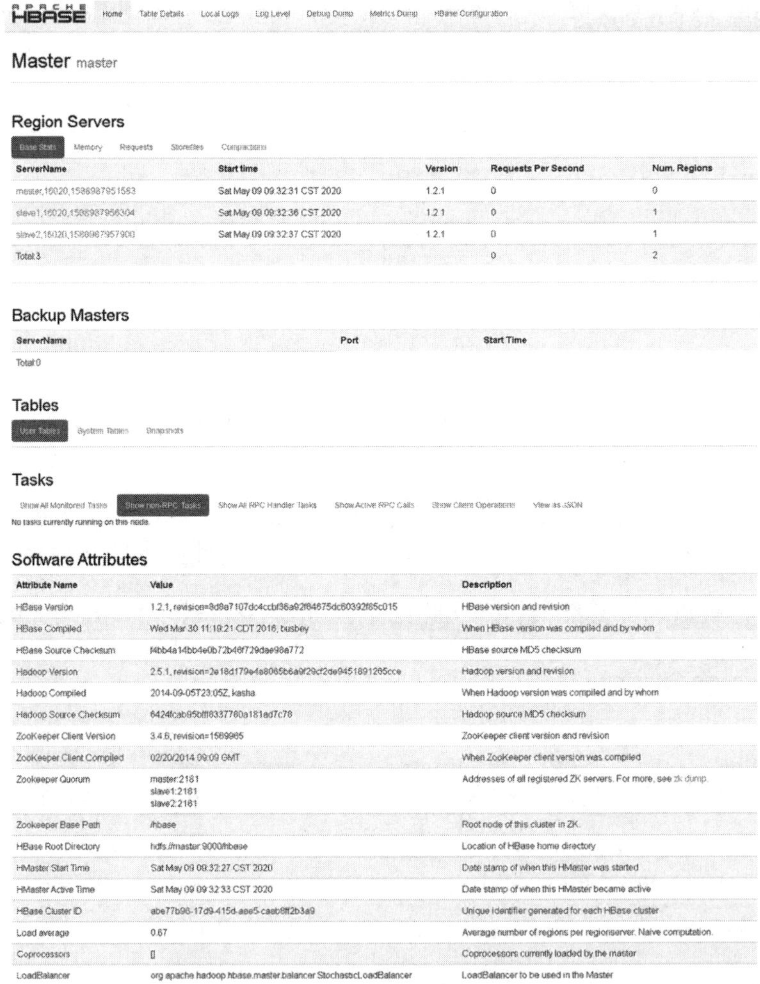

图 14-13　HBase 的用户界面主页

HBase 的用户界面主页菜单有“Table Details”（表信息）、“Local Logs”（本地日志）、“Log Level”（日志等级）、“Debug Dump”（调试转储）、“Metrics Dump”（指标转储）、“HBase Configuration”（HBase 配置）。

在图 14-13 中的“Region Servers”（区域服务器群）中可以查看主机状态、内存、请求、存储文件和压缩情况等；列表中共有 3 台主机，主机名分别为 master、slave1 和 slave2。单击 master 主机，可以查看该主机的详细指标信息，如图 14-14 所示。

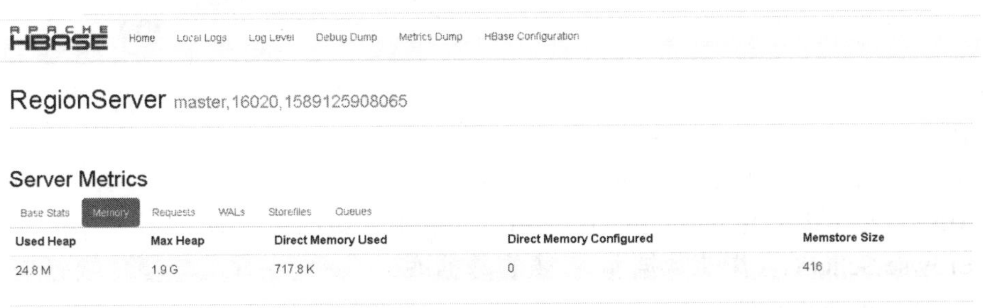

图 14-14　查看 master 主机详细指标信息

查看 HBase 里面的表信息：单击菜单栏中的“Table Details”命令可查看所有的表信息，如图 14-15 所示。

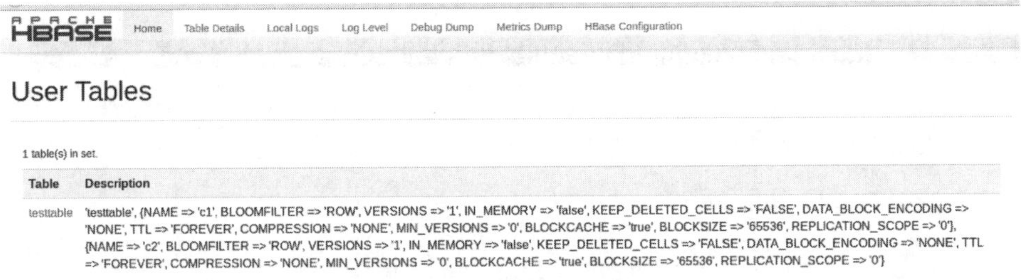

图 14-15　查看 HBase 表信息

在 Tables 选项组中单击“System Tables”命令查看系统表，主要是元数据和命名空间，如图 14-16 所示。

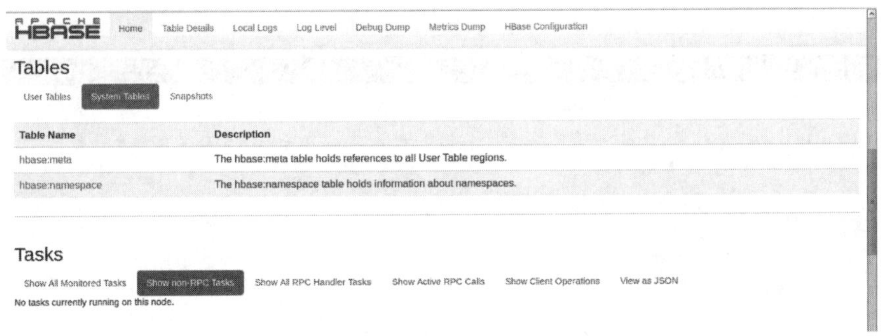

图 14-16　查看系统表的信息

14.3.4　通过界面监控 Hive 的状态

在浏览器的地址栏中输入 http://master:9999/hwi，按 Enter 键即可显示 Hive Web Interface

的主界面，如图 14-17 所示。

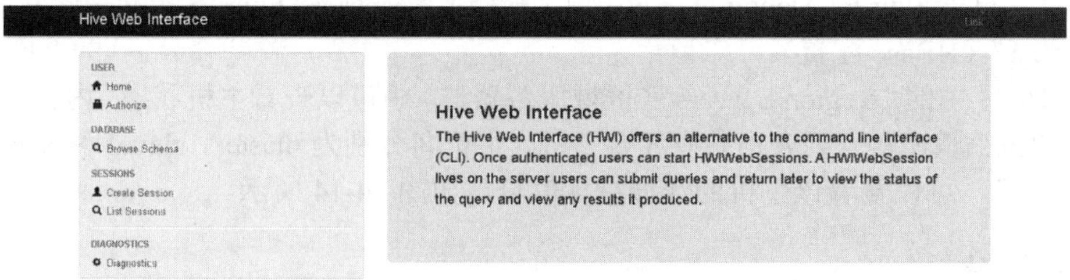

图 14-17　Hive Web Interface 主界面

Hive 用户界面的主菜单命令如下。

（1）Home（主页）：Hive Web Interface 的主页面。

（2）Authorize（认证）：通过输入用户和组的权限来访问数据库。

（3）Browse Schema（浏览数据库）：查看数据库。

（4）Create Session（创建会话）：创建一条 Hive 会话。

（5）List Session（查看会话）：查看会话列表。

（6）Diagnostics（诊断）：获取系统相关属性和环境变量。

单击“Authorize”命令，在出现的界面中输入用户名和所属的组进行授权，即可使用该用户进行操作。例如，使用 hadoop 用户和 hadoop 组进行授权，如图 14-18 所示。

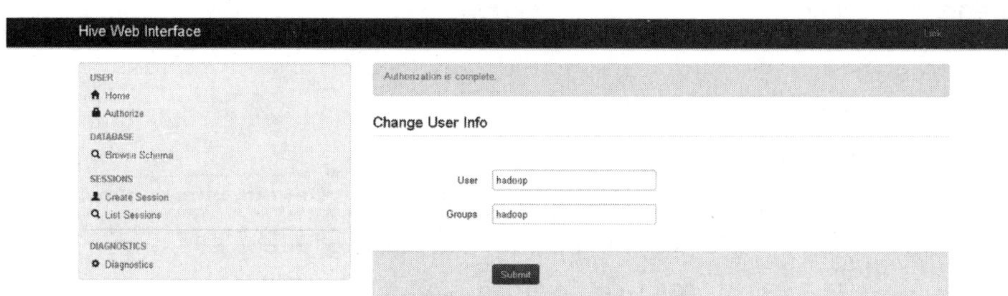

图 14-18　用户授权完成

单击“Browse Schema”命令，即可查看在大数据平台中创建的数据库，如图 14-19 所示。

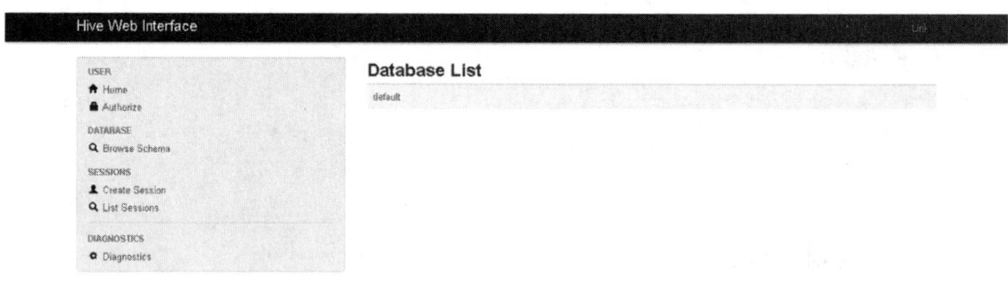

图 14-19　查看数据库列表

图 14-19 显示，当前有一个数据库，名称为“default”，单击“default”数据库，可以查看表名和描述，如图 14-20 所示。

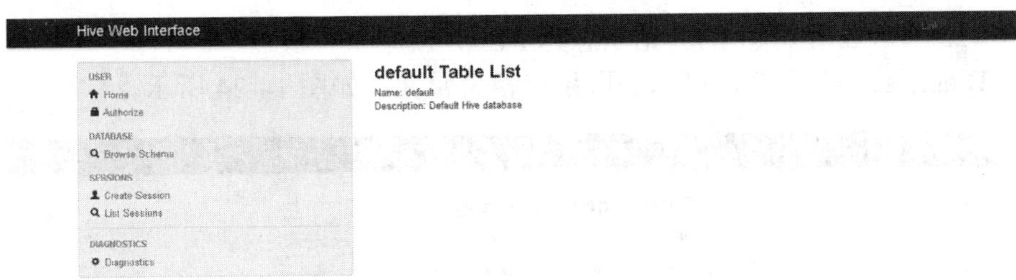

图 14-20　查看数据库的表名和描述

创建会话：单击“Create Session”命令，在出现的界面中的“Session Name”文本框中输入“s1”，单击“Submit”按钮提交，如图 14-21 所示。

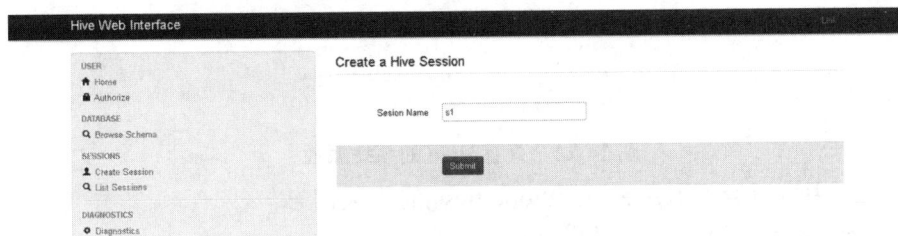

图 14-21　创建一个 Hive 会话

设置如图 14-22 所示，图中输入查询语句，结果文件名为 s1，将“Start Query”改为“YES”，并单击“Submit”按钮。

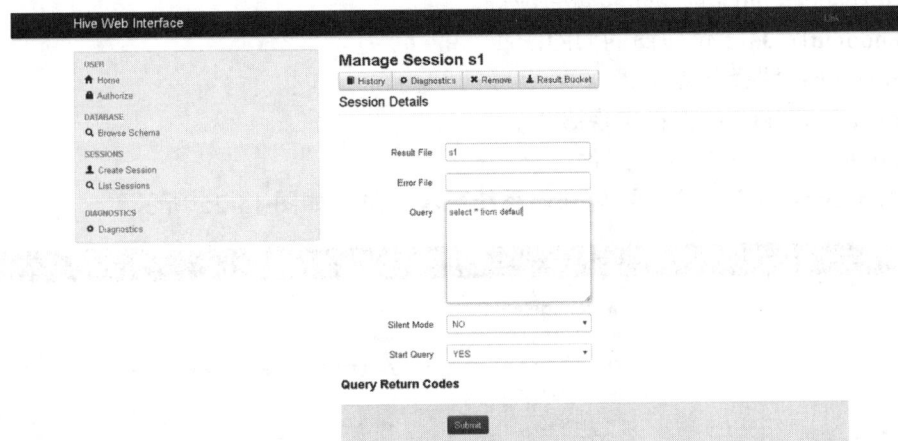

图 14-22　对会话 s1 进行设置

单击“List Session”命令，将会显示当前的会话，如图 14-23 所示。

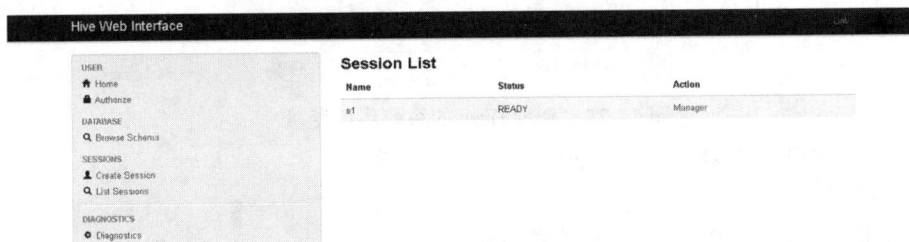

图 14-23　查看 session s1 的会话状态

从图 14-23 中可以看到 s1 的会话状态为 READY。

单击“Diagnostics”命令，可以获取系统相关属性，如图 14-24 所示。

Hive Web Interface　　Link

USER
Home
Authorize
DATABASE
Browse Schema
SESSIONS
Create Session
List Sessions
DIAGNOSTICS
Diagnostics

System.getProperties()

Name	Value
java.runtime.name	Java(TM) SE Runtime Environment
sun.boot.library.path	/usr/local/src/java/jre/lib/amd64
java.vm.version	25.152-b16
hadoop.root.logger	INFO,console
hwi-args	
java.vm.vendor	Oracle Corporation
java.vendor.url	http://java.oracle.com/
path.separator	:
java.vm.name	Java HotSpot(TM) 64-Bit Server VM
file.encoding.pkg	sun.io

图 14-24　查看 Hive 的系统属性

在图 14-24 中可以查看 System.getProperties()的相关信息。

java.runtime.name：Java 运行环境。

sun.boot.library.path：Sun 启动程序路径。

java.vm.version：Java 虚拟机实现版本。

hadoop.root.logger：Hadoop 登录记录器。

java.vm.vendor：Java 虚拟机实现供应商。

java.vendor.url：Java 供应商的 URL。

path.separator：路径分隔符。

java.vm.name：Java 虚拟机实现版本。

file.encoding.pkg：文件编码组件。

单击“Diagnostics”命令，可以获取系统环境变量，如图 14-25 所示。

Hive Web Interface　　Link

System.getenv()

Name	Value
PATH	/usr/local/bin:/bin:/usr/bin:/usr/local/src/java/bin:/usr/local/src/java/jre/bin:/usr/local/src/hadoop/bin:/
HADOOP_CONF_DIR	/usr/local/src/hadoop/etc/hadoop
HISTCONTROL	ignoredups
HADOOP_SECURE_DN_PID_DIR	
HADOOP_PID_DIR	
JRE_HOME	/usr/local/src/java/jre
MAIL	/var/spool/mail/hadoop
LD_LIBRARY_PATH	:/usr/local/src/hadoop/lib/native
HADOOP_HOME_WARN_SUPPRESS	true
LOGNAME	hadoop

图 14-25　查看 Hive 的系统环境变量

在图 14-25 中可以查看 System.getenv()的相关信息。

PATH：路径。

HADOOP_CONF_DIR：Hadoop 配置目录。

HISTCONTROL：控制命令历史记录。

HADOOP_SECURE_DN_PID_DIR：Hadoop 安全链接的进程目录。
HADOOP_PID_DIR：Hadoop 进程目录。
JRE_HOME：Jre 主目录。
MAIL：邮件目录。
LD_LIBRARY_PATH：动态链接库路径。
HADOOP_HOME_WARN_SUPPRESS：Hadoop 主页告警抑制。
LOGNAME：登录账号。

14.4　本章小结

本章主要介绍了大数据平台 Hadoop 及其相关组件的功能，并使用命令方式和图形界面方式监控大数据平台服务运行状态、平台资源状态等。

第 15 章 日志和告警信息监控

学习目标

- 了解大数据平台日志信息
- 了解大数据平台告警信息
- 掌握大数据平台日志和告警信息的查看
- 掌握常见告警问题的解决方法

大数据平台涉及的硬件、操作系统和 Hadoop 相关的组件，以及设施设备或组件的运行正常与否，需要通过日志和告警信息来获知，系统运维管理员根据日志和告警信息来处理相关的事务，确保大数据平台的稳定运行。本章将有针对性地介绍大数据平台的日志和告警信息的存放位置，如何查看日志和告警信息，如何根据日志和告警信息进行分析，并对常见错误日志和告警问题进行分析与处理。

15.1 大数据平台日志信息

15.1.1 Hadoop 日志简介

在 Hadoop 1.×中，日志都存储在运行 Mapper 和 Reducer 的任务节点上。Hadoop 2.×同样支持这种行为，事实上这是 Apache 发布版的默认方式。但是现在有另一种可供选择的方式来收集作业完成后产生的日志，将日志放到 HDFS，这样可以避免在 Hadoop 1.×中的大量日志的管理问题。在企业中，Hadoop 集群很少被具有同构需求的单一的小组使用，而是同时被多种不同的小组使用。不同的小组有不同的日志文件，一个全局的配置需要满足具有最长日志保留时间的组的需求，这将增加在数据节点上管理磁盘的操作成本。

Hadoop 2.×对日志管理做了改进，包括以下方面：

（1）日志聚合在 HDFS 中进行。日志不再必须被删除或者截断，因为它们存在于分布式文件系统（Distributed File System，DFS）中，DFS 能够使日志保存更长的时间。

（2）特定节点管理器上运行的容器所产生的所有日志都将被写在一个日志文件中（其位置可配置）。这个日志文件能被压缩。

（3）聚合的日志将在多个层面上维护。日志目录的层次结构如下。

① 应用级日志目录。

② 每个节点上的日志文件包括运行在这个节点上的应用程序所使用的全部容器的日志。

（4）支持具有细粒度配置功能的命令行工具以细粒度的方式访问日志（应用程序 ID 和容器 ID）。它可以使用标准工具（如 grep）从命令行搜索日志文件，而不用移动到本地磁盘。

（5）基于 Web 的用户界面与日志聚合无关。无论它们是聚合或非聚合，用户都可以查看和下载日志。例如，使用浏览器访问 http://master:50070，单击“Utilities”→“Logs”命令，即可查看 Hadoop 的相关日志信息。

15.1.2　大数据平台主机日志信息

大数据平台运行在 Linux 主机上，Linux 主机的运行情况与大数据平台息息相关。Linux 主机在运行时，不断产生日志文件，掌握主机日志的相关信息，就可以了解 Linux 主机的健康状态，从而及时介入主机的运行，保障大数据平台运行的安全和稳定。

日志文件对于诊断和解决系统中的问题很有帮助，因为在 Linux 操作系统中运行的程序通常会把系统消息和错误消息写入相应的日志文件，这样系统一旦出现问题就会“有据可查”。此外，当主机遭受袭击时，日志文件还可以帮助寻找袭击者留下的痕迹。

1. 日志文件的功能和分类

日志文件的功能是记录系统、程序运行中发生的各种事件，通过阅读日志，有助于人们诊断和解决系统故障。

日志文件的分类如下。

（1）内核及系统日志：由系统服务 syslog 统一进行管理，日志格式基本相似。

（2）用户日志：记录系统用户登录及退出系统的相关信息。

（3）程序日志：由各种应用程序独立管理的日志文件，记录格式不统一。

2. 日志消息的级别

从配置文件/etc/rsyslog.conf 中可以看到，受 rsyslogd 服务管理的日志文件都是 Linux 操作系统中主要的日志文件，它们记录了 Linux 操作系统中内核、用户认证、电子邮件、计划任务等基本的系统消息。在 Linux 内核中，根据日志消息的重要程度，将其分为不同的优先级别（序号越小，优先级越高，消息越重要），如表 15-1 所示。

表 15-1　日志消息的级别

序　号	级　别	表示内容
1	EMEKG（紧急）	会导致主机系统不可用的情况
2	ALEKKT（警告）	必须马上采取措施解决的问题
3	CRIT（严重）	比较严重的情况
4	ERR（错误）	运行出现错误
5	WARNING（提醒）	可能会影响系统功能的事件
6	NOTICE（注意）	不会影响系统但值得注意
7	INFO（信息）	一般信息
8	DEBUG（调试）	程序或系统调试信息等

15.2 大数据平台告警信息

通过支撑大数据平台的操作系统的告警信息，能够了解硬件平台的工作状态，而硬件的工作状态是否正常，会影响操作系统对硬件资源的调度，从而影响大数据平台运行的稳定性。鉴于此，通过操作系统获知硬件的告警信息，让运维管理员能及时处理硬件层面的事务。大数据平台部署在 Linux 环境中，掌握在 Linux 操作系统下处理告警信息是大数据平台运维人员必备的能力。

15.3 查看大数据平台日志信息

15.3.1 查看大数据平台主机日志

Linux 操作系统本身和大部分服务器程序的日志文件都默认放在目录/var/log/下。一部分程序共用一个日志文件，一部分程序使用单个日志文件，而有些大型服务器程序由于日志文件不止一个，所以会在/var/log/目录中建立相应的子目录来存放日志文件，这样既保证了日志文件目录的结构清晰，又可以快速定位日志文件。有相当一部分日志文件只有 root 用户才有权限读取，这保证了相关日志信息的安全性。

使用 hadoop 用户登录 Linux 主机，切换到/var/log 目录，执行 ll 命令查询该目录所有日志文件。

```
[hadoop@master hadoop]$ cd /var/log
[hadoop@master log]$ ll
总用量 2272
drwxr-xr-x. 2 root   root      204 4月  23 18:57 anaconda
drwx------. 2 root   root       23 4月  23 18:57 audit
-rw-------. 1 root   root        0 5月  24 03:17 boot.log
-rw-------  1 root   root        0 5月  18 03:11 boot.log-20200518
-rw-------  1 root   root        0 5月  19 03:40 boot.log-20200519
-rw-------  1 root   root        0 5月  20 03:26 boot.log-20200520
-rw-------  1 root   root        0 5月  21 03:47 boot.log-20200521
-rw-------  1 root   root        0 5月  22 03:27 boot.log-20200522
-rw-------  1 root   root        0 5月  23 03:21 boot.log-20200523
-rw-------  1 root   root        0 5月  24 03:17 boot.log-20200524
-rw-------  1 root   utmp     1920 5月  24 12:40 btmp
-rw-------. 1 root   utmp        0 4月  23 18:54 btmp-20200504
drwxr-xr-x. 2 chrony chrony      6 8月   4 2017 chrony
-rw-------  1 root   root     3152 5月  24 15:01 cron
-rw-------  1 root   root    11874 5月   4 21:29 cron-20200504
-rw-------  1 root   root    31449 5月  10 03:43 cron-20200510
-rw-------  1 root   root    54034 5月  18 03:11 cron-20200518
-rw-------  1 root   root    40445 5月  24 03:17 cron-20200524
-rw-r--r--  1 root   root   124149 5月   9 09:12 dmesg
```

```
-rw-r--r--  1 root   root   123941 5月   7 21:57 dmesg.old
-rw-r--r--. 1 root   root     1842 5月  24 13:21 firewalld
-rw-r--r--. 1 root   root      193 4月  23 18:54 grubby_prune_debug
-rw-r--r--. 1 root   root   292584 5月  24 15:09 lastlog
-rw-------  1 root   root        0 5月  24 03:17 maillog
-rw-------  1 root   root   585296 4月  27 21:43 maillog-20200504
-rw-------  1 root   root        0 5月   4 21:29 maillog-20200510
-rw-------  1 root   root        0 5月  10 03:43 maillog-20200518
-rw-------  1 root   root        0 5月  18 03:11 maillog-20200524
-rw-------  1 root   root     3898 5月  24 15:09 messages
-rw-------  1 root   root   141627 5月   4 21:19 messages-20200504
-rw-------  1 root   root   435302 5月  10 03:01 messages-20200510
-rw-------  1 root   root    29663 5月  18 03:01 messages-20200518
-rw-------  1 root   root    22282 5月  24 03:01 messages-20200524
-rw-r--r--  1 mysql  mysql   85512 5月  24 15:10 mysqld.log
drwxr-xr-x. 2 root   root        6 4月  23 18:57 rhsm
-rw-------  1 root   root      528 5月  24 12:41 secure
-rw-------  1 root   root     1325 5月   4 21:19 secure-20200504
-rw-------  1 root   root    22121 5月   9 09:32 secure-20200510
-rw-------  1 root   root     7065 5月  16 00:52 secure-20200518
-rw-------  1 root   root     3169 5月  23 18:03 secure-20200524
-rw-------  1 root   root        0 5月  24 03:17 spooler
-rw-------  1 root   root        0 4月  26 03:50 spooler-20200504
-rw-------  1 root   root        0 5月   4 21:29 spooler-20200510
-rw-------  1 root   root        0 5月  10 03:43 spooler-20200518
-rw-------  1 root   root        0 5月  18 03:11 spooler-20200524
-rw-------. 1 root   root        0 4月  23 18:53 tallylog
drwxr-xr-x. 2 root   root       23 4月  23 18:57 tuned
-rw-r--r--. 1 root   root     9978 5月   9 09:12 vmware-vgauthsvc.log.0
-rw-r--r--. 1 root   root    20397 5月   9 09:12 vmware-vmsvc.log
-rw-rw-r--. 1 root   utmp    31488 5月  24 13:19 wtmp
-rw-------  1 root   root     1728 4月  23 12:56 yum.log
```

结果包含了以下多种功能的日志文件，下面逐一查看这些日志内容。

1. 查看内核及公共消息日志（/var/log/messages）

内核及公共信息日志是许多进程日志文件的汇总，可以切换到 root 用户，采用 cat 或 tail 命令查看该文件。

```
[hadoop@master log]$ su root
password:
[root@master log]# cat messages
May 24 03:17:01 master rsyslogd: [origin software="rsyslogd" swVersion=
"8.24.0" x-pid="679" x-info="http://www.rsyslog.com"] rsyslogd was HUPed
May 24 04:01:01 master systemd: Started Session 376 of user root.
May 24 04:01:01 master systemd: Starting Session 376 of user root.
May 24 05:01:01 master systemd: Started Session 377 of user root.
May 24 05:01:01 master systemd: Starting Session 377 of user root.
May 24 06:01:01 master systemd: Started Session 378 of user root.
```

```
May 24 06:01:01 master systemd: Starting Session 378 of user root.
May 24 07:01:01 master systemd: Started Session 379 of user root.
May 24 07:01:01 master systemd: Starting Session 379 of user root.
May 24 08:01:01 master systemd: Started Session 380 of user root.
May 24 08:01:01 master systemd: Starting Session 380 of user root.
May 24 09:01:01 master systemd: Started Session 381 of user root.
May 24 09:01:01 master systemd: Starting Session 381 of user root.
May 24 09:41:08 master systemd: Starting Cleanup of Temporary Directories...
May 24 09:41:08 master systemd: Started Cleanup of Temporary Directories.
May 24 10:01:01 master systemd: Started Session 382 of user root.
May 24 10:01:01 master systemd: Starting Session 382 of user root.
May 24 11:01:01 master systemd: Started Session 383 of user root.
May 24 11:01:01 master systemd: Starting Session 383 of user root.
May 24 12:01:01 master systemd: Started Session 384 of user root.
May 24 12:01:01 master systemd: Starting Session 384 of user root.
May 24 12:12:39 master su: (to root) root on pts/0
May 24 12:40:22 master su: (to hadoop) root on pts/0
May 24 12:40:42 master su: FAILED SU (to root) root on pts/0
May 24 12:40:51 master su: (to root) root on pts/0
May 24 13:01:01 master systemd: Started Session 385 of user root.
May 24 13:01:01 master systemd: Starting Session 385 of user root.
May 24 13:21:24 master systemd: Starting firewalld - dynamic firewall daemon...
May 24 13:21:26 master systemd: Started firewalld - dynamic firewall daemon.
May 24 13:21:26 master systemd: Reached target Network (Pre).
May 24 13:21:26 master systemd: Starting Network (Pre).
May 24 13:21:26 master kernel: ip6_tables: (C) 2000-2006 Netfilter Core Team
May 24 13:21:26 master kernel: Ebtables v2.0 registered
May 24 13:21:27 master kernel: nf_conntrack version 0.5.0 (65536 buckets, 262144 max)
May 24 13:21:27 master kernel: bridge: filtering via arp/ip/ip6tables is no longer available by default. Update your scripts to load br_netfilter if you need this.
May 24 13:21:27 master kernel: Netfilter messages via NETLINK v0.30.
May 24 13:21:27 master kernel: ip_set: protocol 6
May 24 13:21:27 master firewalld[104456]: WARNING: ICMP type 'beyond-scope' is not supported by the kernel for ipv6.
May 24 13:21:27 master firewalld[104456]: WARNING: beyond-scope: INVALID_ICMPTYPE: No supported ICMP type., ignoring for run-time.
May 24 13:21:27 master firewalld[104456]: WARNING: ICMP type 'failed-policy' is not supported by the kernel for ipv6.
May 24 13:21:27 master firewalld[104456]: WARNING: failed-policy: INVALID_ICMPTYPE: No supported ICMP type., ignoring for run-time.
May 24 13:21:27 master firewalld[104456]: WARNING: ICMP type 'reject-route' is not supported by the kernel for ipv6.
May 24 13:21:27 master firewalld[104456]: WARNING: reject-route: INVALID_ICMPTYPE: No supported ICMP type., ignoring for run-time.
```

```
May 24 13:21:40 master systemd: Stopping firewalld - dynamic firewall daemon...
May 24 13:21:41 master kernel: Ebtables v2.0 unregistered
May 24 13:21:42 master systemd: Stopped firewalld - dynamic firewall daemon.
May 24 14:01:01 master systemd: Started Session 386 of user root.
May 24 14:01:01 master systemd: Starting Session 386 of user root.
May 24 15:01:01 master systemd: Started Session 387 of user root.
May 24 15:01:01 master systemd: Starting Session 387 of user root.
May 24 15:09:54 master su: (to hadoop) root on pts/0
May 24 15:24:53 master su: (to root) root on pts/0
```

以上结果不仅包含了 master 主机用户切换的日志，而且包含了服务的状态，如防火墙服务状态的记录："Started firewalld-dynamic firewall daemon"和"Stopped firewalld - dynamic firewall daemon."。

2. 查看计划任务日志/var/log/cron

该文件会记录 crontab 计划任务的创建、执行信息。执行 cat cron 命令，显示如下。

```
[root@master log]# cat cron
May 24 03:17:01 master run-parts(/etc/cron.daily)[88520]: finished logrotate
May 24 03:17:01 master run-parts(/etc/cron.daily)[88508]: starting man-db.cron
May 24 03:17:02 master run-parts(/etc/cron.daily)[88533]: finished man-db.cron
May 24 03:17:02 master anacron[88090]: Job `cron.daily' terminated
May 24 03:17:02 master anacron[88090]: Normal exit (1 job run)
May 24 04:01:01 master CROND[89710]: (root) CMD (run-parts /etc/cron.hourly)
May 24 04:01:01 master run-parts(/etc/cron.hourly)[89710]: starting 0anacron
May 24 04:01:01 master run-parts(/etc/cron.hourly)[89719]: finished 0anacron
May 24 05:01:01 master CROND[91290]: (root) CMD (run-parts /etc/cron.hourly)
May 24 05:01:01 master run-parts(/etc/cron.hourly)[91290]: starting 0anacron
May 24 05:01:01 master run-parts(/etc/cron.hourly)[91299]: finished 0anacron
May 24 06:01:01 master CROND[92855]: (root) CMD (run-parts /etc/cron.hourly)
May 24 06:01:01 master run-parts(/etc/cron.hourly)[92855]: starting 0anacron
May 24 06:01:01 master run-parts(/etc/cron.hourly)[92864]: finished 0anacron
May 24 07:01:01 master CROND[94414]: (root) CMD (run-parts /etc/cron.hourly)
May 24 07:01:01 master run-parts(/etc/cron.hourly)[94414]: starting 0anacron
May 24 07:01:01 master run-parts(/etc/cron.hourly)[94423]: finished 0anacron
May 24 08:01:01 master CROND[95975]: (root) CMD (run-parts /etc/cron.hourly)
May 24 08:01:01 master run-parts(/etc/cron.hourly)[95975]: starting 0anacron
May 24 08:01:01 master run-parts(/etc/cron.hourly)[95984]: finished 0anacron
May 24 09:01:01 master CROND[97536]: (root) CMD (run-parts /etc/cron.hourly)
May 24 09:01:01 master run-parts(/etc/cron.hourly)[97536]: starting 0anacron
May 24 09:01:01 master run-parts(/etc/cron.hourly)[97545]: finished 0anacron
May 24 10:01:01 master CROND[99143]: (root) CMD (run-parts /etc/cron.hourly)
May 24 10:01:01 master run-parts(/etc/cron.hourly)[99143]: starting 0anacron
May 24 10:01:01 master run-parts(/etc/cron.hourly)[99152]: finished 0anacron
May 24 11:01:01 master CROND[100743]: (root) CMD (run-parts /etc/cron.hourly)
May 24 11:01:01 master run-parts(/etc/cron.hourly)[100743]: starting 0anacron
May 24 11:01:01 master run-parts(/etc/cron.hourly)[100752]: finished 0anacron
May 24 12:01:01 master CROND[102303]: (root) CMD (run-parts /etc/cron.hourly)
```

```
May 24 12:01:01 master run-parts(/etc/cron.hourly)[102303]: starting 0anacron
May 24 12:01:01 master run-parts(/etc/cron.hourly)[102312]: finished 0anacron
May 24 13:01:01 master CROND[103904]: (root) CMD (run-parts /etc/cron.hourly)
May 24 13:01:01 master run-parts(/etc/cron.hourly)[103904]: starting 0anacron
May 24 13:01:01 master run-parts(/etc/cron.hourly)[103913]: finished 0anacron
May 24 14:01:01 master CROND[105657]: (root) CMD (run-parts /etc/cron.hourly)
May 24 14:01:01 master run-parts(/etc/cron.hourly)[105657]: starting 0anacron
May 24 14:01:01 master run-parts(/etc/cron.hourly)[105666]: finished 0anacron
May 24 15:01:01 master CROND[107242]: (root) CMD (run-parts /etc/cron.hourly)
May 24 15:01:01 master run-parts(/etc/cron.hourly)[107242]: starting 0anacron
May 24 15:01:01 master run-parts(/etc/cron.hourly)[107251]: finished 0anacron
```

3．查看系统引导日志/var/log/dmesg

该文件会记录硬件设备信息（device），属纯文本，也可以用 dmesg 命令查看。由于文件内容比较多，这里只截取了一部分内容，显示如下。

```
[root@master log]$ dmesg
......
[52.361746] NET: Registered protocol family 40
[52.913901] IPv6: ADDRCONF(NETDEV_UP): ens33: link is not ready
[52.929079] e1000: ens33 NIC Link is Up 1000 Mbps Full Duplex, Flow Control: None
[53.850087] IPv6: ens33: IPv6 duplicate address fe80::6b63:dc78:878e:35f3 detected!
[54.276104] IPv6: ens33: IPv6 duplicate address fe80::2e35:1d99:a67d:6df9 detected!
[1224098.178835] sched: RT throttling activated
[1310998.894561] ip6_tables: (C) 2000-2006 Netfilter Core Team
[1310999.227491] Ebtables v2.0 registered
[1310999.403806] nf_conntrack version 0.5.0 (65536 buckets, 262144 max)
[1310999.747928] bridge: filtering via arp/ip/ip6tables is no longer available by default. Update your scripts to load br_netfilter if you need this.
[1310999.827082] Netfilter messages via NETLINK v0.30.
[1310999.840387] ip_set: protocol 6
[1311014.282821] Ebtables v2.0 unregistered
......
```

以上结果显示了网卡设备 e1000 启动，获取 IPv6 地址的过程。

4．查看邮件系统日志:/var/log/maillog

该日志文件记录了每一个发送到系统或从系统发出的电子邮件的活动。它可以用来查看用户使用哪个系统发送工具或把数据发送到哪个系统。可以采用 cat /var/log/maillog 或者 tail -f /var/log/maillog 查看电子邮件的活动。

5．查看用户登录日志

这种日志数据用于记录Linux操作系统用户登录及退出系统的相关信息，包括用户名、登录的端口、登录时间、来源主机、正在使用的进程操作等。

以下文件保存了用户登录、退出系统等相关信息。

（1）/var/log/lastlog：最近的用户登录事件。

（2）/var/log/wtmp：用户登录注销及系统开、关机事件。

（3）/var/run/utmp：当前登录的每个用户的详细信息。

（4）/var/log/secure：与用户验证相关的安全性事件。

以下介绍查看用户登录日志的常用命令。

（1）lastlog 列出所有用户最近登录的信息。lastlog 引用的是/var/log/lastlog 文件中的信息，包括用户名、端口、最后登录时间等。

```
[hadoop@master hadoop]$ lastlog
用户名           端口     来自             最后登录时间
root             pts/2    192.168.1.1      一 5月 18 16:46:11 +0800 2020
bin                                        **从未登录过**
daemon                                     **从未登录过**
adm                                        **从未登录过**
lp                                         **从未登录过**
sync                                       **从未登录过**
shutdown                                   **从未登录过**
halt                                       **从未登录过**
mail                                       **从未登录过**
operator                                   **从未登录过**
games                                      **从未登录过**
ftp                                        **从未登录过**
nobody                                     **从未登录过**
systemd-network                            **从未登录过**
dbus                                       **从未登录过**
polkitd                                    **从未登录过**
postfix                                    **从未登录过**
sshd                                       **从未登录过**
chrony                                     **从未登录过**
hadoop           pts/0                     六 5月 23 18:03:27 +0800 2020
mysql                                      **从未登录过**
zhq              pts/0    192.168.1.128    四 5月  7 17:56:45 +0800 2020
```

（2）last 列出当前和曾经登入系统的用户信息。它默认读取的是/var/log/wtmp 文件的信息，输出的内容包括用户名、端口、登录源信息、开始时间、结束时间、持续时间。注意：最后一行输出的是 wtmp 文件起始记录的时间。当然也可以通过 last -f 参数指定读取文件，可以是/var/log/btmp、/var/run/utmp 文件。

执行 last 命令，显示如下。

```
[hadoop@master hadoop]$ last
root     pts/2        192.168.1.1      Mon May 18 16:46   still logged in
root     pts/1        192.168.1.1      Mon May 18 16:40 - 17:02  (00:21)
root     pts/3        192.168.1.1      Mon May 18 16:39 - 16:40  (00:00)
root     pts/2        192.168.1.1      Mon May 18 16:39 - 16:40  (00:00)
root     pts/1        192.168.1.1      Mon May 18 16:38 - 16:40  (00:01)
root     pts/1        192.168.1.1      Sat May 16 00:52 - 00:52  (00:00)
root     tty1                          Tue May 12 09:43   still logged in
hadoop   tty1                          Sat May  9 09:15 - 09:43 (3+00:27)
root     pts/0        192.168.1.1      Sat May  9 09:13   still logged in
```

```
reboot   system boot  3.10.0-693.el7.x Sat May  9 09:12 - 12:09 (15+02:57)
root     pts/0        192.168.1.1      Thu May  7 22:06 - crash (1+11:05)
reboot   system boot  3.10.0-693.el7.x Thu May  7 21:57 - 12:09 (16+14:12)
zhq      pts/0        192.168.1.128    Thu May  7 17:56 - 18:42  (00:45)
root     pts/2        192.168.1.1      Wed May  6 17:24 - down   (1+04:31)
root     pts/1        192.168.1.1      Wed May  6 17:24 - down   (1+04:32)
root     pts/0        192.168.1.1      Tue May  5 14:00 - 17:25 (1+03:24)
reboot   system boot  3.10.0-693.el7.x Tue May  5 13:30 - 21:56 (2+08:26)
root     pts/0        192.168.1.1      Mon May  4 21:36 - crash  (15:54)
root     pts/1        192.168.1.1      Mon May  4 21:19 - 21:36  (00:16)
root     pts/0        192.168.1.1      Mon May  4 20:56 - 21:19  (00:23)
root     tty1                         Mon May  4 20:40 - 22:34  (01:53)
reboot   system boot  3.10.0-693.el7.x Mon May  4 20:30 - 21:56 (3+01:26)
root     pts/0        192.168.1.1      Thu Apr 23 15:47 - 16:14  (00:26)
root     pts/0        192.168.1.1      Thu Apr 23 12:49 - 15:47  (02:58)
root     pts/0        192.168.1.1      Thu Apr 23 11:10 - 11:19  (00:08)
hadoop   pts/0        192.168.1.8      Thu Apr 23 11:09 - 11:09  (00:00)
hadoop   pts/0        192.168.1.7      Thu Apr 23 11:09 - 11:09  (00:00)
root     tty1                         Thu Apr 23 11:11 - crash (11+09:18)
reboot   system boot  3.10.0-693.el7.x Thu Apr 23 11:01 - 21:56 (14+10:55)
hadoop   pts/0        ::1              Thu Apr 23 10:58 - 10:58  (00:00)
root     tty1                         Thu Apr 23 18:59 - 10:58  (-8:00)
reboot   system boot  3.10.0-693.el7.x Thu Apr 23 18:58 - 10:58  (-7:-59)
root     tty1                         Thu Apr 23 18:58 - 18:58  (00:00)
reboot   system boot  3.10.0-693.el7.x Thu Apr 23 18:57 - 10:58  (-7:-58)

wtmp begins Thu Apr 23 18:57:44 2020
```

以上的结果显示，自4月23日以来，系统重启了7次，最近一次是root于5月18日16:46登录，现在仍在登录状态。

切换到root用户，使用last -f /var/run/utmp命令查看utmp文件。

```
[hadoop@master hadoop]$ su root
密码:
[root@master hadoop]# last -f /var/run/utmp
root     pts/2        192.168.1.1      Mon May 18 16:46   still logged in
root     pts/0        192.168.1.1      Sat May  9 09:13   still logged in
root     tty1                         Tue May 12 09:43   still logged in
reboot   system boot  3.10.0-693.el7.x Sat May  9 09:12 - 12:13 (15+03:01)

utmp begins Sat May  9 09:12:07 2020
```

（3）lastb列出失败尝试的登录信息。

lastb和last命令功能完全相同，只不过它默认读取的是/var/log/btmp文件的信息。

```
[root@master hadoop]# lastb
zhq      ssh:notty    192.168.1.128    Thu May  7 17:56 - 17:56  (00:00)
hadoop   pts/0                        Mon May  4 21:38 - 21:38  (00:00)
hadoop   pts/1                        Mon May  4 21:36 - 21:36  (00:00)
hadoop   pts/1                        Mon May  4 21:35 - 21:35  (00:00)
```

```
btmp begins Mon May  4 21:35:50 2020
```

上面结果显示，zhq 和 hadoop 用户曾经登录失败。

（4）通过 Linux 操作系统安全日志文件/var/log/secure 可查看 SSH 登录行为。该文件的读取需要 root 权限。

切换为 root 用户，执行 cat /var/log/secure 命令查看服务器登录行为。

```
[hadoop@master hadoop]$ su root
[root@master hadoop]# cat /var/log/secure
May 24 12:12:39 master su: pam_unix(su:session): session opened for user root by root(uid=1000)
May 24 12:40:22 master su: pam_unix(su:session): session opened for user hadoop by root(uid=0)
May 24 12:40:39 master su: pam_unix(su:auth): authentication failure; logname=root uid=1000 euid=0 tty=pts/0 ruser=hadoop rhost=  user=root
May 24 12:40:39 master su: pam_succeed_if(su:auth): requirement "uid >= 1000" not met by user "root"
May 24 12:40:51 master su: pam_unix(su:session): session opened for user root by root(uid=1000)
```

15.3.2 在 Hadoop MapReduce Jobs 中查看日志信息

首先，需要在 MapReduce 作业中记录信息，如使用标准库 log4j 和用 System.out.println()或者 System.err.println()写入标准输出流。Hadoop 提供了一个查看日志的用户界面。

Hadoop 中每一个 Mapper 和 Reducer 都有以下 3 种类型的日志：

（1）stdout-System.out.println()的输出定向到 Hadoop MapReduce Jobs 文件。

（2）stderr-System.err.println()的输出定向到 Hadoop MapReduce Jobs 文件。

（3）syslog-log4j 的日志输出定向到 Hadoop MapReduce Jobs 文件。在作业执行中出现和没有被处理的所有异常的栈跟踪信息会在 syslog 中显示。

在浏览器的地址栏中输入 http://master:19888/jobhistory，将显示关于作业的摘要信息，如图 15-1 所示。

Submit Time	Start Time	Finish Time	Job ID	Name	User	Queue	State	Maps Total	Maps Completed	Reduces Total	Reduces Completed
2020.05.27 17:24:25 CST	2020.05.27 17:24:43 CST	2020.05.27 17:25:06 CST	job_1590570945381_0001	word count	hadoop	default	SUCCEEDED	1	1	1	1
2020.05.23 18:34:37 CST	2020.05.23 18:34:58 CST	2020.05.23 18:35:16 CST	job_1588987665170_0008	word count	hadoop	default	SUCCEEDED	1	1	1	1

图 15-1　作业历史记录查看器

单击“Job ID”列中的 job_1588987665170_0008 链接，会出现如图 15-2 所示的界面。

图 15-2 显示有关作业的额外信息，包括它的执行状态、开始和停止次数，以及运行所在的队列等基本信息。可以查看有多少 Map 和 Reduce 用于执行作业。注意 Map、Shuffle、Sort、Reduce 每个阶段的平均执行时间。可以单击链接去查看 Mapper 和 Reducer 的信息。

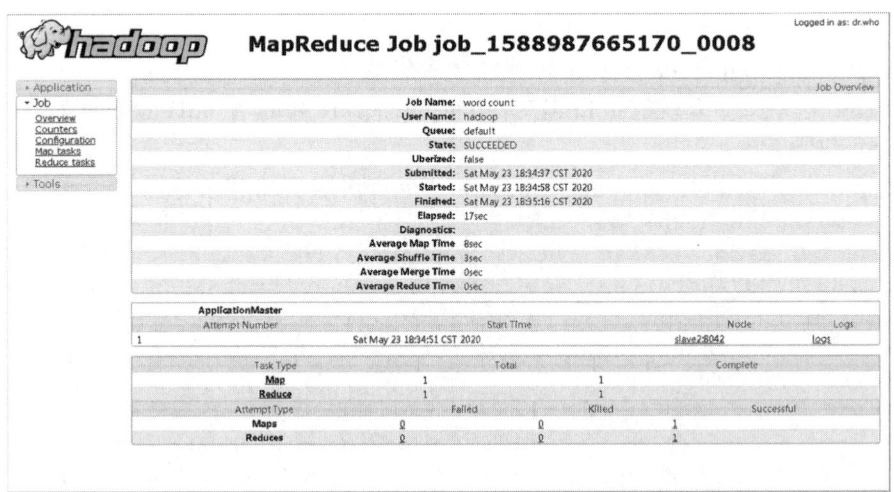

图 15-2 作业详细视图

在图 15-1 中单击“Maps Total”列中的“1”链接，会出现如图 15-3 所示的 Map 详细视图。

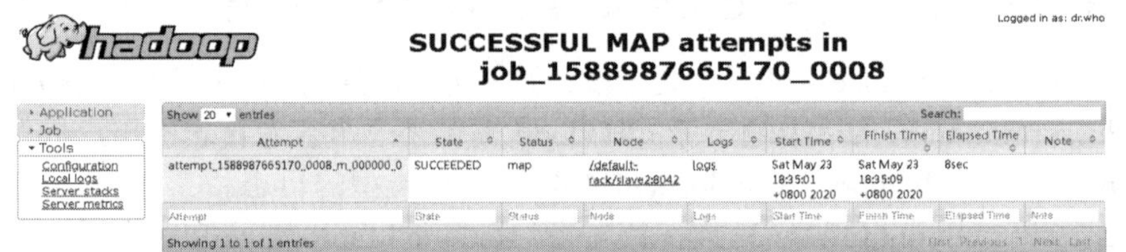

图 15-3 Map 详细视图

可以通过图 15-3 查看 Mapper 特定实例的日志。在图 15-3 中单击“logs”（日志）链接，出现如图 15-4 所示的 Mapper 日志视图。

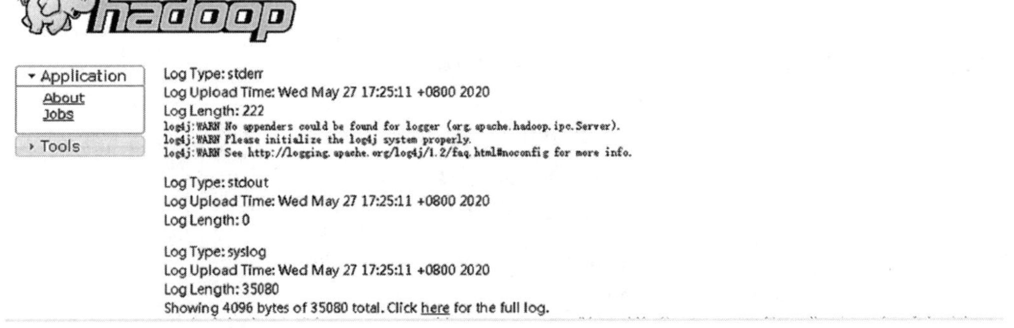

图 15-4 Mapper 日志视图

从图 15-4 可以查看 3 种日志：

（1）stdout，标准输出。

（2）stderr，标准错误。

（3）syslog，系统日志。

如果不启用日志聚合，则会显示一条日志不可用的消息，如图 15-5 所示。

图 15-5　Mapper 错误信息

15.3.3　通过用户界面查看 Hadoop 日志

默认情况下，可以通过 http://master:19888 访问日志。

如前所述，日志是否聚合对用户都是透明的。如果日志是聚合的，Job History Manager 将会把日志从 HDFS 中取回；如果日志是非聚合的，将通过向单个节点的节点管理器发送请求来获取日志。

作业运行时，能通过 Application Master Web 界面查看的日志将可通过节点管理器 Web 界面查看。Application Master Web 界面反过来可以通过资源管理器 Web 界面左边的“RUNNING”链接来访问。默认资源管理器 Web 界面可通过 http://master:8088 访问，如图 15-6 所示。

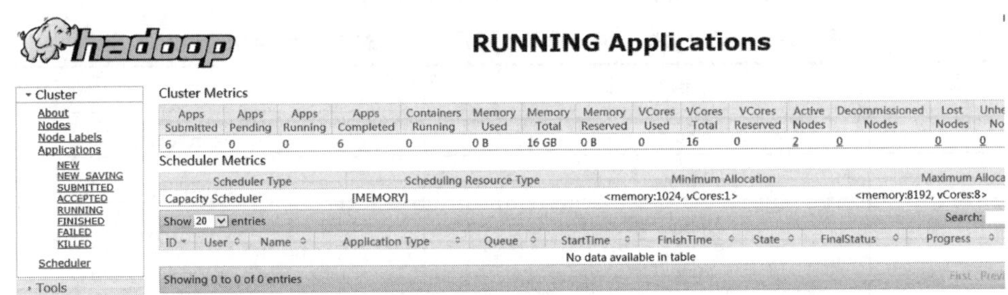

图 15-6　查看正在运行中的作业信息

根据图 15-6 所示，当前没有运行中的作业，故显示正在运行的作业为空。

单击左边的“FINISHED”链接，显示已经完成运行的作业，如图 15-7 所示。

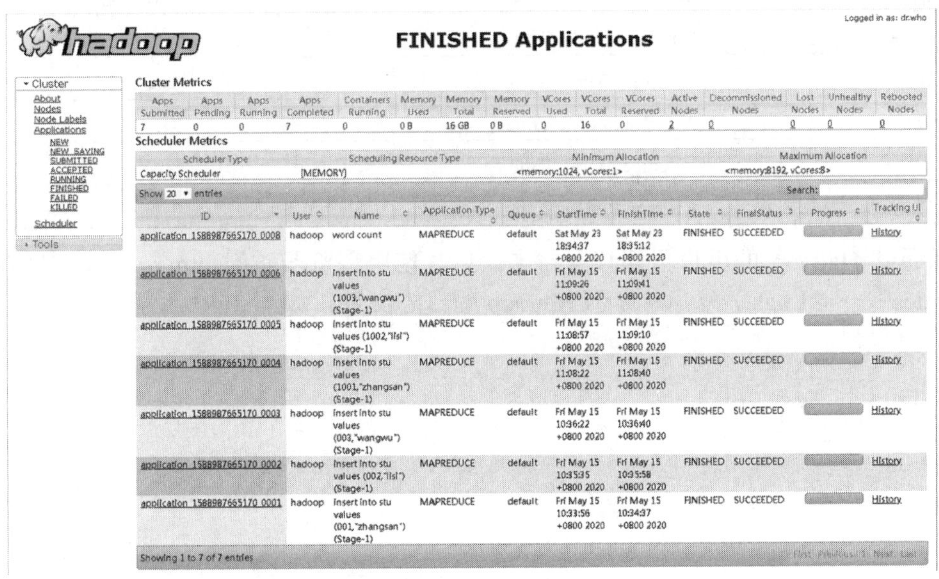

图 15-7　完成作业列表

从图 15-7 可以看出已完成的作业有 7 个，并且最终的状态为“SUCCEEDED（成功）”。选择 ID 号“application_1588987665170_008”，单击“History”（历史）链接，可以查看该作业的详细日志信息，如图 15-8 所示。

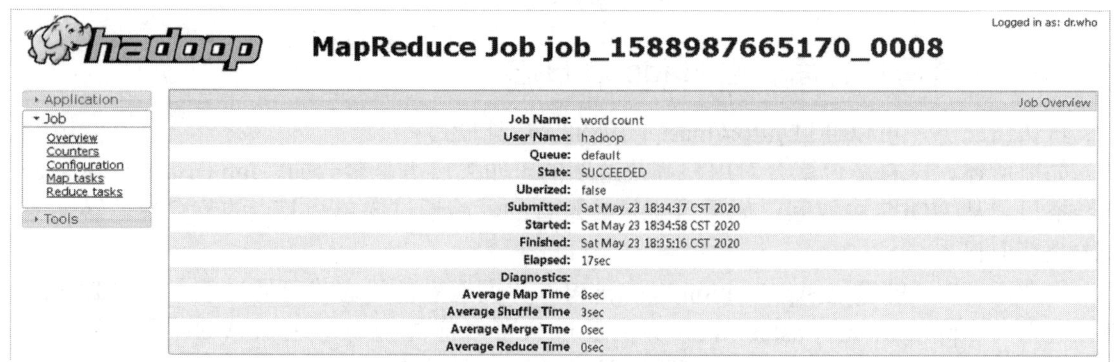

图 15-8 作业的详细日志信息

从图 15-8 中可以了解该作业的主要日志信息，如表 15-2 所示。

表 15-2 作业 job_1588987665170_008 的主要日志信息

序　号	选　项	值
1	Job Name（作业名）	word count
2	User Name（用户名）	hadoop
3	Queue（队列）	default（默认）
4	State（状态）	SUCCEEDED（成功）
5	Uberized（优步化）	false（假）
6	Submitted（提交时间）	Sat May 23 18:34:37
7	Started（开始时间）	Sat May 23 18:34:58
8	Finished（结束时间）	Sat May 23 18:35:16
9	Elapsed（持续时间）	17sec
10	Average Map Time	8sec
11	Average Shuffle Time	3sec
12	Average Merge Time	0sec
13	Average Reduce Time	0sec

可以通过 Hadoop 的用户界面查看日志信息，使用浏览器访问 http://master:50070，单击“Utilities”→“Logs”命令，显示 Hadoop 的日志文件，如图 15-9 所示。

Directory: /logs/

SecurityAuth-hadoop.audit	0 bytes	Apr 23, 2020 12:47:26 PM
hadoop-hadoop-namenode-master.log	6235571 bytes	May 23, 2020 4:33:20 PM
hadoop-hadoop-namenode-master.out	4965 bytes	May 9, 2020 10:04:31 PM
hadoop-hadoop-namenode-master.out.1	717 bytes	May 9, 2020 9:13:39 AM
hadoop-hadoop-namenode-master.out.2	717 bytes	May 7, 2020 10:08:20 PM
hadoop-hadoop-namenode-master.out.3	5002 bytes	May 5, 2020 7:41:12 PM
hadoop-hadoop-namenode-master.out.4	5007 bytes	May 4, 2020 10:28:53 PM
hadoop-hadoop-namenode-master.out.5	717 bytes	May 4, 2020 9:44:06 PM
hadoop-hadoop-secondarynamenode-master.log	1350937 bytes	May 23, 2020 4:14:30 PM
hadoop-hadoop-secondarynamenode-master.out	717 bytes	May 9, 2020 9:27:38 AM
hadoop-hadoop-secondarynamenode-master.out.1	717 bytes	May 9, 2020 9:14:01 AM
hadoop-hadoop-secondarynamenode-master.out.2	717 bytes	May 7, 2020 10:08:36 PM
hadoop-hadoop-secondarynamenode-master.out.3	717 bytes	May 5, 2020 2:06:15 PM
hadoop-hadoop-secondarynamenode-master.out.4	717 bytes	May 4, 2020 9:46:42 PM
hadoop-hadoop-secondarynamenode-master.out.5	717 bytes	May 4, 2020 9:44:28 PM
mapred-hadoop-historyserver-master.log	55860 bytes	May 23, 2020 4:31:38 PM
mapred-hadoop-historyserver-master.out	2031 bytes	May 23, 2020 1:37:46 PM
mapred-hadoop-historyserver-master.out.1	2031 bytes	May 23, 2020 1:14:32 PM
userlogs/	6 bytes	May 5, 2020 1:06:48 PM
yarn-hadoop-nodemanager-master.log	29334 bytes	May 4, 2020 11:33:58 PM
yarn-hadoop-nodemanager-master.out	2700 bytes	May 4, 2020 11:10:43 PM
yarn-hadoop-resourcemanager-master.log	1075446 bytes	May 23, 2020 4:33:37 PM
yarn-hadoop-resourcemanager-master.out	2086 bytes	May 9, 2020 10:17:30 PM
yarn-hadoop-resourcemanager-master.out.1	2147 bytes	May 9, 2020 9:16:26 AM
yarn-hadoop-resourcemanager-master.out.2	2155 bytes	May 7, 2020 10:11:04 PM
yarn-hadoop-resourcemanager-master.out.3	2147 bytes	May 5, 2020 7:42:58 PM
yarn-hadoop-resourcemanager-master.out.4	2155 bytes	May 4, 2020 10:32:08 PM
yarn-hadoop-resourcemanager-master.out.5	701 bytes	May 4, 2020 9:46:47 PM

图 15-9　Hadoop 的日志文件

从图 15-9 中可以看到 Hadoop 的日志文件列表，包括 NameNode（名称节点）、SecondaryNameNode（二级名称节点）、HistoryServer（历史服务器）、NodeManager（节点管理器）和 ResourceManager（资源管理器）等日志文件。单击相应的日志文件即可查看日志的内容。例如，单击 hadoop-hadoop-namenode-master.log 日志文件，查看如图 15-10 所示的日志内容。

```
2020-04-23 12:47:26,525 INFO org.apache.hadoop.hdfs.server.namenode.NameNode: STARTUP_MSG:
/************************************************************
STARTUP_MSG: Starting NameNode
STARTUP_MSG:   host = master/192.168.1.6
STARTUP_MSG:   args = []
STARTUP_MSG:   version = 2.7.1
STARTUP_MSG:   classpath = /usr/local/src/hadoop/etc/hadoop:/usr/local/src/hadoop/share/hadoop/common/lib/commons-configuration-1.6.jar:/usr/local/src/hadoop/share/hadoop/common/lib/curator-
client-2.7.1.jar:/usr/local/src/hadoop/share/hadoop/common/lib/gson-2.2.4.jar:/usr/local/src/hadoop/share/hadoop/common/lib/activation-
1.1.jar:/usr/local/src/hadoop/share/hadoop/common/lib/jackson-jaxrs-1.9.13.jar:/usr/local/src/hadoop/share/hadoop/common/lib/jsp-api-
2.1.jar:/usr/local/src/hadoop/share/hadoop/common/lib/jaxb-impl-2.2.3-1.jar:/usr/local/src/hadoop/share/hadoop/common/lib/apacheds-kerberos-codec-2.0.0-
M15.jar:/usr/local/src/hadoop/share/hadoop/common/lib/commons-io-2.4.jar:/usr/local/src/hadoop/share/hadoop/common/lib/paranamer-
2.3.jar:/usr/local/src/hadoop/share/hadoop/common/lib/httpclient-4.2.5.jar:/usr/local/src/hadoop/share/hadoop/common/lib/log4j-
1.2.17.jar:/usr/local/src/hadoop/share/hadoop/common/lib/htrace-core-3.1.0-incubating.jar:/usr/local/src/hadoop/share/hadoop/common/lib/jets3t-
0.9.0.jar:/usr/local/src/hadoop/share/hadoop/common/lib/zookeeper-3.4.6.jar:/usr/local/src/hadoop/share/hadoop/common/lib/hadoop-auth-
2.7.1.jar:/usr/local/src/hadoop/share/hadoop/common/lib/java-xmlbuilder-0.4.jar:/usr/local/src/hadoop/share/hadoop/common/lib/jettison-
1.1.jar:/usr/local/src/hadoop/share/hadoop/common/lib/slf4j-api-1.7.10.jar:/usr/local/src/hadoop/share/hadoop/common/lib/jersey-server-
1.9.jar:/usr/local/src/hadoop/share/hadoop/common/lib/jackson-mapper-asl-1.9.13.jar:/usr/local/src/hadoop/share/hadoop/common/lib/avro-
1.7.4.jar:/usr/local/src/hadoop/share/hadoop/common/lib/commons-codec-1.4.jar:/usr/local/src/hadoop/share/hadoop/common/lib/commons-cli-
1.2.jar:/usr/local/src/hadoop/share/hadoop/common/lib/curator-recipes-2.7.1.jar:/usr/local/src/hadoop/share/hadoop/common/lib/commons-net-
3.1.jar:/usr/local/src/hadoop/share/hadoop/common/lib/jetty-util-6.1.26.jar:/usr/local/src/hadoop/share/hadoop/common/lib/protobuf-java-
2.5.0.jar:/usr/local/src/hadoop/share/hadoop/common/lib/hadoop-annotations-2.7.1.jar:/usr/local/src/hadoop/share/hadoop/common/lib/netty-
3.6.2.Final.jar:/usr/local/src/hadoop/share/hadoop/common/lib/commons-digester-1.8.jar:/usr/local/src/hadoop/share/hadoop/common/lib/guava-
11.0.2.jar:/usr/local/src/hadoop/share/hadoop/common/lib/commons-compress-1.4.1.jar:/usr/local/src/hadoop/share/hadoop/common/lib/jsch-
0.1.42.jar:/usr/local/src/hadoop/share/hadoop/common/lib/commons-beanutils-1.7.0.jar:/usr/local/src/hadoop/share/hadoop/common/lib/jersey-core-
1.9.jar:/usr/local/src/hadoop/share/hadoop/common/lib/api-util-1.0.0-M20.jar:/usr/local/src/hadoop/share/hadoop/common/lib/api-asn1-api-1.0.0-
M20.jar:/usr/local/src/hadoop/share/hadoop/common/lib/xz-1.0.jar:/usr/local/src/hadoop/share/hadoop/common/lib/commons-httpclient-
```

图 15-10　hadoop-hadoop-namenode-master.log 日志内容

15.3.4　通过命令查看 Hadoop 日志

可以通过与命令行交互的方式获取 Hadoop 的日志文件列表。

当某个日志达到一定的大小，将会被切割出一个新的文件，切割出来的日志文件名类似“×××.log.数字”的形式，后面的数字越大，代表日志越旧。在默认情况下，只保存前 20 个日志文件。

使用 hadoop 用户登录，并切换到/usr/local/src/hadoop/logs 目录，执行 ll 命令，查看日志列表。

```
[hadoop@master ~]$cd /usr/local/src/hadoop/logs
[hadoop@master logs]$ ll
总用量 8652
-rw-rw-r-- 1 hadoop hadoop  6233910 5月  23 16:14 hadoop-hadoop-namenode-
```

```
master.log
    -rw-rw-r-- 1 hadoop hadoop  4965 5 月  9 22:04 hadoop-hadoop-namenode-
master.out
    -rw-rw-r-- 1 hadoop hadoop  717 5 月  9 09:13 hadoop-hadoop-namenode-
master.out.1
    -rw-rw-r-- 1 hadoop hadoop  717 5 月  7 22:08 hadoop-hadoop-namenode-
master.out.2
    -rw-rw-r-- 1 hadoop hadoop  5002 5 月  5 19:41 hadoop-hadoop-namenode-
master.out.3
    -rw-rw-r-- 1 hadoop hadoop  5007 5 月  4 22:28 hadoop-hadoop-namenode-
master.out.4
    -rw-rw-r-- 1 hadoop hadoop  717 5 月  4 21:44 hadoop-hadoop-namenode-
master.out.5
    -rw-rw-r-- 1 hadoop hadoop  1350937 5 月  23 16:14 hadoop-hadoop-second
arynamenode-master.log
    -rw-rw-r-- 1 hadoop hadoop  717 5 月  9 09:27 hadoop-hadoop-secondary
namenode-master.out
    -rw-rw-r-- 1 hadoop hadoop  717 5 月  9 09:14 hadoop-hadoop-secondary
namenode-master.out.1
    -rw-rw-r-- 1 hadoop hadoop  717 5 月  7 22:08 hadoop-hadoop-secondary
namenode-master.out.2
    -rw-rw-r-- 1 hadoop hadoop  717 5 月  5 14:06 hadoop-hadoop-secondary
namenode-master.out.3
    -rw-rw-r-- 1 hadoop hadoop  717 5 月  4 21:46 hadoop-hadoop-secondary
namenode-master.out.4
    -rw-rw-r-- 1 hadoop hadoop  717 5 月  4 21:44 hadoop-hadoop-secondary
namenode-master.out.5
    -rw-rw-r-- 1 hadoop hadoop  55497  5 月  23 16:22 mapred-hadoop-historyserver-
master.log
    -rw-rw-r-- 1 hadoop hadoop   2031 5 月  23 13:37 mapred-hadoop-history
server-master.out
    -rw-rw-r-- 1 hadoop hadoop   2031 5 月  23 13:14 mapred-hadoop-history
server-master.out.1
    -rw-rw-r-- 1 hadoop hadoop      0 4 月  23 12:47 SecurityAuth-hadoop.audit
    drwxr-xr-x 2 hadoop hadoop      6 5 月  5 13:06 userlogs
    -rw-rw-r-- 1 hadoop hadoop  29334 5 月  4 23:33 yarn-hadoop-nodemanager-
master.log
    -rw-rw-r-- 1 hadoop hadoop   2700 5 月  4 23:10 yarn-hadoop-nodemanager-
master.out
    -rw-rw-r-- 1 hadoop hadoop 1075192 5 月  23 15:52 yarn-hadoop-resourcemanager-
master.log
    -rw-rw-r-- 1 hadoop hadoop    2086 5 月  9 22:17 yarn-hadoop-resourcemanager-
master.out
    -rw-rw-r-- 1 hadoop hadoop    2147 5 月  9 09:16 yarn-hadoop-resourcemanager-
master.out.1
    -rw-rw-r-- 1 hadoop hadoop    2155 5 月  7 22:11 yarn-hadoop-resourcemanager-
master.out.2
```

```
    -rw-rw-r-- 1 hadoop hadoop    2147 5 月    5 19:42 yarn-hadoop-resourcemanager-
master.out.3
    -rw-rw-r-- 1 hadoop hadoop    2155 5 月    4 22:32 yarn-hadoop-resourcemanager-
master.out.4
    -rw-rw-r-- 1 hadoop hadoop     701 5 月    4 21:46 yarn-hadoop-resourcemanager-
master.out.5
```

可以获知日志文件的大小和 Hadoop 中所属组件的日志文件；yarn-hadoop-resourcemanager-master.out 文件被切割为 5 个文件，并且后面的数字越大，代表该文件越旧，符合 Hadoop 日志文件切割原则。

15.3.5 查看 HBase 日志

HBase 提供了 Web 用户界面对日志文件的查看，使用浏览器访问 http://master:16101，显示 HBase 的 Web 用户界面，如图 15-11 所示。

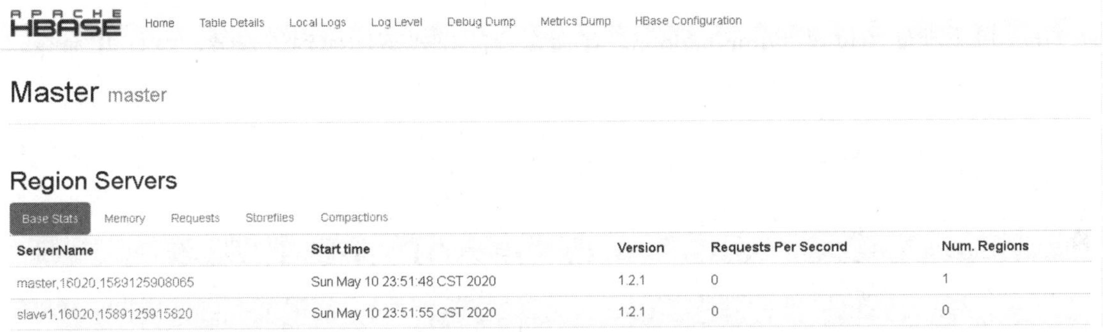

APACHE HBASE　Home　Table Details　Local Logs　Log Level　Debug Dump　Metrics Dump　HBase Configuration

Master master

Region Servers

Base Stats　Memory　Requests　Storefiles　Compactions

ServerName	Start time	Version	Requests Per Second	Num. Regions
master,16020,1589125908065	Sun May 10 23:51:48 CST 2020	1.2.1	0	1
slave1,16020,1589125915820	Sun May 10 23:51:55 CST 2020	1.2.1	0	0

图 15-11　HBase Web 用户界面

单击"Local Logs"命令，打开 HBase 的日志列表，如图 15-12 所示。

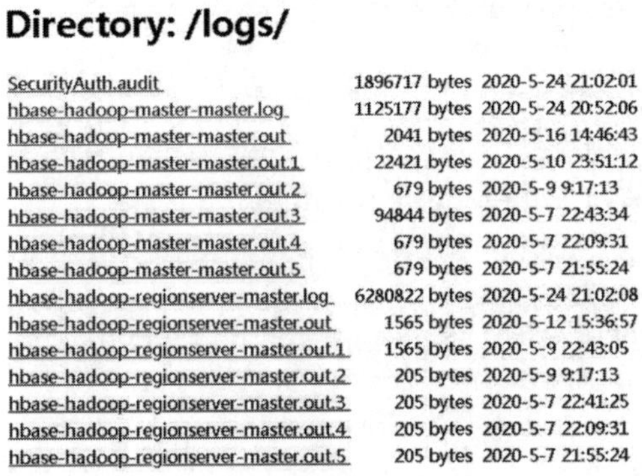

Directory: /logs/

SecurityAuth.audit	1896717 bytes	2020-5-24 21:02:01
hbase-hadoop-master-master.log	1125177 bytes	2020-5-24 20:52:06
hbase-hadoop-master-master.out	2041 bytes	2020-5-16 14:46:43
hbase-hadoop-master-master.out.1	22421 bytes	2020-5-10 23:51:12
hbase-hadoop-master-master.out.2	679 bytes	2020-5-9 9:17:13
hbase-hadoop-master-master.out.3	94844 bytes	2020-5-7 22:43:34
hbase-hadoop-master-master.out.4	679 bytes	2020-5-7 22:09:31
hbase-hadoop-master-master.out.5	679 bytes	2020-5-7 21:55:24
hbase-hadoop-regionserver-master.log	6280822 bytes	2020-5-24 21:02:08
hbase-hadoop-regionserver-master.out	1565 bytes	2020-5-12 15:36:57
hbase-hadoop-regionserver-master.out.1	1565 bytes	2020-5-9 22:43:05
hbase-hadoop-regionserver-master.out.2	205 bytes	2020-5-9 9:17:13
hbase-hadoop-regionserver-master.out.3	205 bytes	2020-5-7 22:41:25
hbase-hadoop-regionserver-master.out.4	205 bytes	2020-5-7 22:09:31
hbase-hadoop-regionserver-master.out.5	205 bytes	2020-5-7 21:55:24

图 15-12　HBase 日志列表

单击其中一条链接来访问相应的日志信息，如 hbase-hadoop-master-master.log 日志内容，如图 15-13 所示。

```
Thu Apr 23 16:02:24 CST 2020 Starting master on master
core file size          (blocks, -c) 0
data seg size           (kbytes, -d) unlimited
scheduling priority             (-e) 0
file size               (blocks, -f) unlimited
pending signals                 (-i) 7206
max locked memory       (kbytes, -l) 64
max memory size         (kbytes, -m) unlimited
open files                      (-n) 1024
pipe size            (512 bytes, -p) 8
POSIX message queues     (bytes, -q) 819200
real-time priority              (-r) 0
stack size              (kbytes, -s) 8192
cpu time               (seconds, -t) unlimited
max user processes              (-u) 4096
virtual memory          (kbytes, -v) unlimited
file locks                      (-x) unlimited
2020-04-23 16:02:25,341 INFO  [main] util.VersionInfo: HBase 1.2.1
2020-04-23 16:02:25,342 INFO  [main] util.VersionInfo: Source code repository git://asf-dev/home/busbey/projects/hbase revision=8d8a7107dc4ccbf36a92f64675dc60392f85c015
2020-04-23 16:02:25,342 INFO  [main] util.VersionInfo: Compiled by busbey on Wed Mar 30 11:19:21 CDT 2016
2020-04-23 16:02:25,342 INFO  [main] util.VersionInfo: From source with checksum f4bb4a14bb4e0b72b46f729dae98a772
2020-04-23 16:02:25,683 INFO  [main] util.ServerCommandLine: env:HBASE_LOGFILE=hbase-hadoop-master-master.log
2020-04-23 16:02:25,683 INFO  [main] util.ServerCommandLine:
env:PATH=/usr/local/bin:/bin:/usr/bin:/usr/local/src/java/bin:/usr/local/src/java/jre/bin:/usr/local/src/hadoop/bin:/usr/local/src/hadoop/sbin:/usr/local/src/hive/bin:/usr/local/src/sqoop/bi
n:/usr/local/sbin:/usr/sbin:/home/hadoop/.local/bin:/home/hadoop/bin:/usr/local/src/java/bin:/usr/local/src/java/jre/bin:/usr/local/src/hadoop/bin:/usr/local/src/hadoop/sbin:/usr/local/src/h
ive/bin:/usr/local/src/sqoop/bin:/usr/local/src/hbase/bin:/usr/local/src/java/bin:/usr/local/src/java/jre/bin:/usr/local/src/hadoop/bin:/usr/local/src/hadoop/sbin:/usr/local/src/hive/bin:/us
r/local/src/sqoop/bin:/usr/local/src/hbase/bin:/usr/local/src/zookeeper/bin
2020-04-23 16:02:25,683 INFO  [main] util.ServerCommandLine: env:HISTCONTROL=ignoredups
2020-04-23 16:02:25,683 INFO  [main] util.ServerCommandLine: env:HISTSIZE=1000
2020-04-23 16:02:25,683 INFO  [main] util.ServerCommandLine: env:HBASE_REGIONSERVER_OPTS= -XX:PermSize=128m -XX:MaxPermSize=128m
2020-04-23 16:02:25,683 INFO  [main] util.ServerCommandLine: env:JAVA_HOME=/usr/local/src/java
2020-04-23 16:02:25,683 INFO  [main] util.ServerCommandLine: env:TERM=linux
2020-04-23 16:02:25,683 INFO  [main] util.ServerCommandLine: env:SQOOP_HOME=/usr/local/src/sqoop
```

图 15-13　hbase-hadoop-master-master.log 日志内容（部分）

15.3.6　查看 Hive 日志

Hive 日志存储的位置为/tmp/hadoop，在命令行的模式下切换到该目录，执行 ll 命令，查看 Hive 的日志列表，显示如下。

```
[root@master hadoop]# cd /tmp/hadoop
[root@master hadoop]# ll
总用量 76
-rw-rw-r-- 1 hadoop hadoop  1968 5月  24 20:43 hive.log
-rw-rw-r-- 1 hadoop hadoop   984 5月  15 23:49 hive.log.2020-05-12
-rw-rw-r-- 1 hadoop hadoop   984 5月  15 23:49 hive.log.2020-05-13
-rw-rw-r-- 1 hadoop hadoop   738 5月  16 18:26 hive.log.2020-05-15
-rw-rw-r-- 1 hadoop hadoop  1230 5月  18 17:44 hive.log.2020-05-16
-rw-rw-r-- 1 hadoop hadoop  2952 5月  23 18:36 hive.log.2020-05-18
-rw-rw-r-- 1 hadoop hadoop  4704 5月  23 18:41 hive.log.2020-05-23
-rw-rw-r-- 1 hadoop hadoop 42843 5月  23 18:41 stderr
```

使用 cat 命令查看 hive.log 日志文件，显示如下。

```
[root@master hadoop]# cat hive.log
2020-05-24T09:28:45,688 INFO  [org.apache.hadoop.hive.common.JvmPauseMonitor$Monitor@37d3e140]: common.JvmPauseMonitor (JvmPauseMonitor.java:run(194)) - Detected pause in JVM or host machine (eg GC): pause of approximately 4912ms
No GCs detected
2020-05-24T09:28:45,689 INFO  [org.apache.hadoop.hive.common.JvmPauseMonitor$Monitor@31a848ec]: common.JvmPauseMonitor (JvmPauseMonitor.java:run(194)) - Detected pause in JVM or host machine (eg GC): pause of approximately 4759ms
No GCs detected
2020-05-24T15:07:48,891 INFO  [org.apache.hadoop.hive.common.JvmPauseMonitor$Monitor@37d3e140]: common.JvmPauseMonitor (JvmPauseMonitor.java:run(194)) - Detected pause in JVM or host machine (eg GC): pause of approximately 4916ms
No GCs detected
2020-05-24T15:07:48,892 INFO  [org.apache.hadoop.hive.common.JvmPauseMonitor$Monitor@31a848ec]: common.JvmPauseMonitor (JvmPauseMonitor.java:run(194)) - Detected pause in JVM or host machine (eg GC): pause of approximately 3911ms
```

```
    No GCs detected
    2020-05-24T15:10:17,026 INFO  [org.apache.hadoop.hive.common.JvmPauseMonitor
$Monitor@31a848ec]: common.JvmPauseMonitor (JvmPauseMonitor.java:run(194)) -
Detected pause in JVM or host machine (eg GC): pause of approximately 3161ms
    No GCs detected
    2020-05-24T15:10:17,026 INFO  [org.apache.hadoop.hive.common.JvmPauseMonitor
$Monitor@37d3e140]: common.JvmPauseMonitor (JvmPauseMonitor.java:run(194)) -
Detected pause in JVM or host machine (eg GC): pause of approximately 4760ms
    No GCs detected
    2020-05-24T20:43:09,023 INFO  [org.apache.hadoop.hive.common.JvmPauseMonitor
$Monitor@37d3e140]: common.JvmPauseMonitor (JvmPauseMonitor.java:run(194)) -
Detected pause in JVM or host machine (eg GC): pause of approximately 4767ms
    No GCs detected
    2020-05-24T20:43:09,016 INFO  [org.apache.hadoop.hive.common.JvmPauseMonitor
$Monitor@31a848ec]: common.JvmPauseMonitor (JvmPauseMonitor.java:run(194)) -
Detected pause in JVM or host machine (eg GC): pause of approximately 4819ms
    No GCs detected
```

15.4　查看大数据平台告警信息

大数据平台往往组件和节点的数量都很多，且不同组件的配置、管理、运维、监控方式都各不相同。这就造成大数据平台的管理难度较大，少量的运维人员难以保证大数据平台的可靠、稳定运行。运维人员掌握大数据平台告警信息显得尤为重要。

首先，大数据平台运维人员需要对整个大数据平台的运行状态有一个全局的把握，能够了解大数据平台当前的整体运行状态，因此需要对大数据平台的整体运行状态进行评估，了解日志的存储位置，并能通过日志查看相关告警信息。

其次，大数据平台的运行离不开基础设施的良好运转，一旦基础设施出现问题，必将导致上层的平台和应用受到不良影响，因此通过采集并评估基础实施的运行状态也是非常重要的方面。同时，大数据平台上有众多的组件和服务，它们共同为上层应用提供支撑，然而不同的组件或服务，功能、配置、管理都各不相同，运维人员需要通过对这些组件相关日志信息中的告警信息来了解组件的状态。

最后，运维人员需要对平台各组件和节点的日志进行实时分析，通过告警信息判断可能出现的异常，并针对异常情况进行排查处理。

15.4.1　查看大数据平台主机告警信息

主机是大数据平台重要的基础设施，包含硬件资源（CPU、内存、存储等）和操作系统（Linux），而 Linux 操作系统管理着硬件资源，按需求调度 CPU、内存和存储等资源，通过 Linux 操作系统查看相关日志的告警信息，可以了解硬件资源的状态，从而帮助运维人员快速定位问题、解决问题。

Linux 操作系统的的日志文件存储在/var/log 文件夹中。我们可以利用日志管理工具 journalctl 查看 Linux 操作系统主机上的告警信息。journalctl 是 CentOS 7 上专有的日志管理工具，该工具是从 message 文件里读取信息。

切换到/var/log 文件夹，执行 journalctl -p err..alert 命令，查询系统错误告警信息，显示如下。

```
[root@master log]# journalctl -p err..alert
-- Logs begin at 六 2020-05-09 09:11:55 CST, end at 一 2020-05-25 13:01:01 CST.
5月 09 09:11:57 localhost.localdomain kernel: sd 2:0:0:0: [sda] Assuming drive c
5月 09 09:12:11 master kernel: piix4_smbus 0000:00:07.3: SMBus Host Controller n
5月 09 09:12:20 master systemd[1]: Failed to start Postfix Mail Transport Agent.
5月 12 09:52:41 master sftp-server[37883]: error: Unknown extended request "fs-m
5月 12 09:52:41 master sftp-server[37883]: error: Unknown extended request "vend
5月 12 14:59:16 master sftp-server[44284]: error: Unknown extended request "fs-m
5月 12 14:59:16 master sftp-server[44284]: error: Unknown extended request "vend
5月 12 15:31:16 master sftp-server[46010]: error: Unknown extended request "fs-m
5月 12 15:31:16 master sftp-server[46010]: error: Unknown extended request "vend
5月 18 16:39:18 master sshd[13061]: error: Received disconnect from 192.168.1.1
5月 18 16:39:24 master sshd[13067]: error: Received disconnect from 192.168.1.1
```

结果显示了 2020 年 5 月 9 日 09:11:55 到 2020 年 5 月 25 日 13:01:01 之间的错误告警信息。其中，关于 SysTemd、Sftp-Server 和 SSHD 等服务的错误信息分别有 1 条、6 条和 2 条。例如，其中“Failed to start Postfix Mail Transport Agent.”说明 Postfix 邮件传输代理无法启动。通过查看分析 Linux 操作系统主机的告警信息，就可以有针对性地解决各种服务的问题。

也可以使用 journalctl 命令，根据服务的 ID 号来查询其告警信息。例如，根据上面的结果显示可知 SSHD 服务的 ID 为 13067，查询 SSHD 服务错误告警信息，执行 journalctl _PID=13067 -p err 命令，结果显示如下。

```
[root@master log]# journalctl _PID=13067 -p err
-- Logs begin at 六 2020-05-09 09:11:55 CST, end at 一 2020-05-25 15:01:01 CST.
5月 18 16:39:24 master sshd[13067]: error: Received disconnect from 192.168.1.1
lines 1-2/2 (END)
```

结果显示，2020 年 5 月 18 日 16:39:24，SSHD 服务产生过一个错误告警信息：从 192.168.1.1 接收到一个断开的信息。

15.4.2　查看 Hadoop 告警信息

Hadoop 的日志主要存在/usr/local/src/hadoop/logs 文件夹中，而日志文件包含 Hadoop 各组件的状态和告警信息。切换到/usr/local/src/hadoop/logs 目录，文件列表如下。

```
[root@master hadoop]# cd /usr/local/src/hadoop/logs
[root@master logs]# ll
总用量 9604
-rw-rw-r--   1   hadoop   hadoop   6883829   5   月   25   18:14
hadoop-hadoop-namenode-master.log
-rw-rw-r--   1   hadoop   hadoop   4965   5   月   9   22:04
hadoop-hadoop-namenode-master.out
-rw-rw-r--   1   hadoop   hadoop   717   5   月   9   09:13
hadoop-hadoop-namenode-master.out.1
-rw-rw-r--   1   hadoop   hadoop   717   5   月   7   22:08
hadoop-hadoop-namenode-master.out.2
-rw-rw-r--   1   hadoop   hadoop   5002   5   月   5   19:41
hadoop-hadoop-namenode-master.out.3
-rw-rw-r--   1   hadoop   hadoop   5007   5   月   4   22:28
hadoop-hadoop-namenode-master.out.4
-rw-rw-r--   1   hadoop   hadoop   717   5   月   4   21:44
hadoop-hadoop-namenode-master.out.5
-rw-rw-r--   1   hadoop   hadoop   1458238   5   月   25   18:14
hadoop-hadoop-secondarynamenode-master.log
-rw-rw-r--   1   hadoop   hadoop   717   5   月   9   09:27
hadoop-hadoop-secondarynamenode-master.out
-rw-rw-r--   1   hadoop   hadoop   717   5   月   9   09:14
hadoop-hadoop-secondarynamenode-master.out.1
-rw-rw-r--   1   hadoop   hadoop   717   5   月   7   22:08
hadoop-hadoop-secondarynamenode-master.out.2
-rw-rw-r--   1   hadoop   hadoop   717   5   月   5   14:06
hadoop-hadoop-secondarynamenode-master.out.3
-rw-rw-r--   1   hadoop   hadoop   717   5   月   4   21:46
hadoop-hadoop-secondarynamenode-master.out.4
-rw-rw-r--   1   hadoop   hadoop   717   5   月   4   21:44
hadoop-hadoop-secondarynamenode-master.out.5
-rw-rw-r--   1   hadoop   hadoop   222747   5   月   25   18:28
mapred-hadoop-historyserver-master.log
-rw-rw-r--   1   hadoop   hadoop   2031   5   月   23   18:28
mapred-hadoop-historyserver-master.out
-rw-rw-r--   1   hadoop   hadoop   115   5   月   23   18:27
mapred-hadoop-historyserver-master.out.1
-rw-rw-r--   1   hadoop   hadoop   2031   5   月   23   13:37
mapred-hadoop-historyserver-master.out.2
-rw-rw-r--   1   hadoop   hadoop   2031   5   月   23   13:14
mapred-hadoop-historyserver-master.out.3
```

```
-rw-rw-r-- 1 hadoop hadoop       0 4月  23 12:47 SecurityAuth-hadoop.audit
drwxr-xr-x 2 hadoop hadoop       6 5月   5 13:06 userlogs
-rw-rw-r--  1  hadoop  hadoop     29334  5  月       4  23:33
yarn-hadoop-nodemanager-master.log
-rw-rw-r--  1  hadoop  hadoop      2700  5  月       4  23:10
yarn-hadoop-nodemanager-master.out
-rw-rw-r--  1  hadoop  hadoop  1112596  5  月      25  09:42
yarn-hadoop-resourcemanager-master.log
-rw-rw-r--  1  hadoop  hadoop      2086  5  月       9  22:17
yarn-hadoop-resourcemanager-master.out
-rw-rw-r--  1  hadoop  hadoop      2147  5  月       9  09:16
yarn-hadoop-resourcemanager-master.out.1
-rw-rw-r--  1  hadoop  hadoop      2155  5  月       7  22:11
yarn-hadoop-resourcemanager-master.out.2
-rw-rw-r--  1  hadoop  hadoop      2147  5  月       5  19:42
yarn-hadoop-resourcemanager-master.out.3
-rw-rw-r--  1  hadoop  hadoop      2155  5  月       4  22:32
yarn-hadoop-resourcemanager-master.out.4
-rw-rw-r--  1  hadoop  hadoop       701  5  月       4  21:46
yarn-hadoop-resourcemanager-master.out.5
```

查看某个日志文件中包含告警信息的行，然后将这些行显示出来，如查询ResourceManager 日志最新 1000 行且包含“info”关键字的告警信息，执行 tail -1000f yarn-hadoop-resourcemanager-master.log | grep info 命令，结果显示如下。

```
[root@master logs]# tail -1000f yarn-hadoop-resourcemanager-master.log |
grep info
2020-05-15 10:33:56,833 INFO org.apache.hadoop.yarn.server.resourcemanager.
recovery.RMStateStore: Storing info for app: application_1588987665170_0001
2020-05-15 10:34:37,657 INFO org.apache.hadoop.yarn.server.resourcemanager.
recovery.RMStateStore: Updating info for app: application_1588987665170_0001
2020-05-15 10:35:35,984 INFO org.apache.hadoop.yarn.server.resourcemanager.
recovery.RMStateStore: Storing info for app: application_1588987665170_0002
2020-05-15 10:35:58,660 INFO org.apache.hadoop.yarn.server.resourcemanager.
recovery.RMStateStore: Updating info for app: application_1588987665170_0002
2020-05-15 10:36:22,103 INFO org.apache.hadoop.yarn.server.resourcemanager.
recovery.RMStateStore: Storing info for app: application_1588987665170_0003
2020-05-15 10:36:40,809 INFO org.apache.hadoop.yarn.server.resourcemanager.
recovery.RMStateStore: Updating info for app: application_1588987665170_0003
2020-05-15 11:08:22,505 INFO org.apache.hadoop.yarn.server.resourcemanager.
recovery.RMStateStore: Storing info for app: application_1588987665170_0004
2020-05-15 11:08:40,694 INFO org.apache.hadoop.yarn.server.resourcemanager.
recovery.RMStateStore: Updating info for app: application_1588987665170_0004
2020-05-15 11:08:57,301 INFO org.apache.hadoop.yarn.server.resourcemanager.
recovery.RMStateStore: Storing info for app: application_1588987665170_0005
2020-05-15 11:09:10,752 INFO org.apache.hadoop.yarn.server.resourcemanager.
recovery.RMStateStore: Updating info for app: application_1588987665170_0005
2020-05-15 11:09:26,177 INFO org.apache.hadoop.yarn.server.resourcemanager.
```

```
recovery.RMStateStore: Storing info for app: application_1588987665170_0006
    2020-05-15 11:09:41,358 INFO org.apache.hadoop.yarn.server.resourcemanager.
recovery.RMStateStore: Updating info for app: application_1588987665170_0006
    2020-05-23 18:34:37,343 INFO org.apache.hadoop.yarn.server.resourcemanager.
recovery.RMStateStore: Storing info for app: application_1588987665170_0008
    2020-05-23 18:35:12,957 INFO org.apache.hadoop.yarn.server.resourcemanager.
recovery.RMStateStore: Updating info for app: application_1588987665170_0008
```

15.4.3　查看 HBase 告警信息

1. 变更日志告警级别

在 HBase 的 Web 用户界面提供了日志告警级别的查询和设置功能。在浏览器中访问 http://master:16010/logLevel 页面，显示如图 15-14 所示。

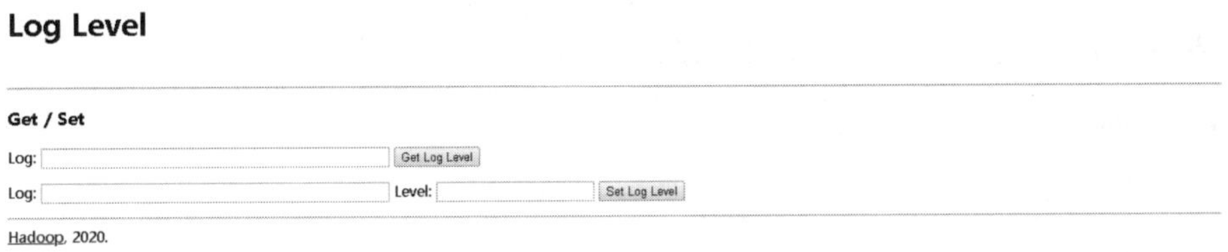

Log Level

Get / Set

Log: [ ] [Get Log Level]

Log: [ ] Level: [ ] [Set Log Level]

Hadoop, 2020.

图 15-14　HBase Log Level 页面

若要查询某个日志的告警级别，输入该日志名，单击“Get Log Level”按钮，会显示该日志的告警级别。例如，查询日志文件 hbase-hadoop-master-master.log 的告警级别，如图 15-15 所示。

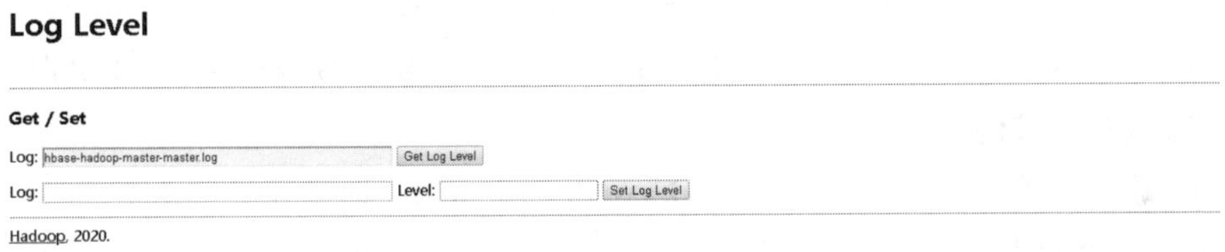

Log Level

Get / Set

Log: [hbase-hadoop-master-master.log] [Get Log Level]

Log: [ ] Level: [ ] [Set Log Level]

Hadoop, 2020.

图 15-15　输入要查询告警级别的日志

单击“Get Log Level”按钮，结果如图 15-16 所示。

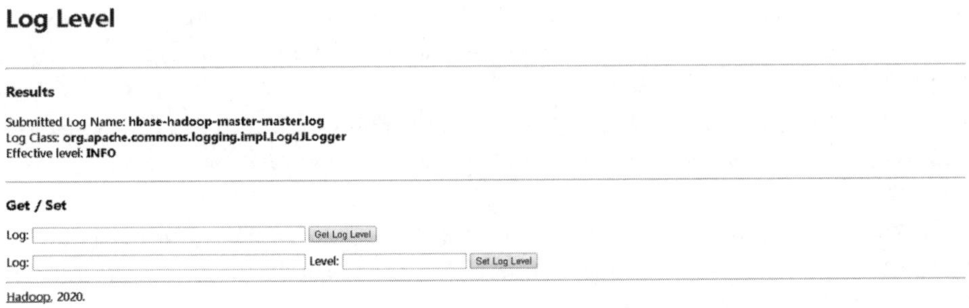

Log Level

Results

Submitted Log Name: **hbase-hadoop-master-master.log**
Log Class: **org.apache.commons.logging.impl.Log4JLogger**
Effective level: **INFO**

Get / Set

Log: [ ] [Get Log Level]

Log: [ ] Level: [ ] [Set Log Level]

Hadoop, 2020.

图 15-16　查询日志告警级别结果

结果显示，日志文件 hbase-hadoop-master-master.log 的告警级别为 INFO。如果要将该

日志告警级别调整为 WARN，则在第二个“Log”文本框中输入“hbase-hadoop-master-master.log”，在“Level”文本框中输入“WARN”，单击“Set Log Level”按钮，结果如图 15-17 所示。

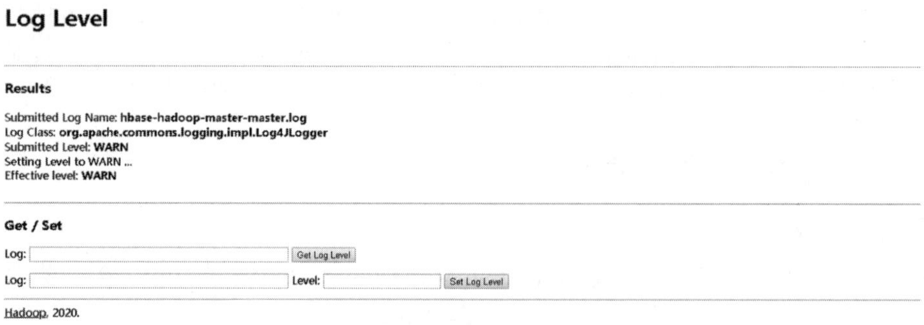

Log Level

Results

Submitted Log Name: **hbase-hadoop-master-master.log**
Log Class: **org.apache.commons.logging.impl.Log4JLogger**
Submitted Level: **WARN**
Setting Level to WARN ...
Effective level: **WARN**

Get / Set

Log: [ ] Get Log Level

Log: [ ] Level: [ ] Set Log Level

Hadoop, 2020.

图 15-17　日志告警级别变更

再次查询该日志文件的级别，结果如图 15-18 所示。

Log Level

Results

Submitted Log Name: **hbase-hadoop-master-master.log**
Log Class: **org.apache.commons.logging.impl.Log4JLogger**
Effective level: **WARN**

Get / Set

Log: [ ] Get Log Level

Log: [ ] Level: [ ] Set Log Level

Hadoop, 2020.

图 15-18　查询日志告警级别更改后的结果

结果显示，hbase-hadoop-master-master.log 日志告警级别已变更为 WARN 级别。

2. 查询日志告警信息

HBase 的日志文件存储在/usr/local/src/hbase/logs 目录中，切换到该目录下，查看 hbase-hadoop-master-master.log 文件的“INFO”告警信息，执行 tail -100f hbase-hadoop-master-master.log |grep INFO 命令，结果显示如下。

```
[root@master hadoop]# cd /usr/local/src/hbase/logs
[root@master logs]# tail -100f hbase-hadoop-master-master.log |grep INFO
2020-05-25 03:52:06,260 INFO [WALProcedureStoreSyncThread] wal.
WALProcedureStore: Removed logs: [hdfs://master:9000/hbase/MasterProcWALs/
state-00000000000000000485.log]
2020-05-25 04:52:06,277 INFO [WALProcedureStoreSyncThread] wal.
WALProcedureStore: Remove log: hdfs://master:9000/hbase/MasterProcWALs/
state-00000000000000000485.log
2020-05-25 04:52:06,277 INFO [WALProcedureStoreSyncThread] wal.
WALProcedureStore: Removed logs: [hdfs://master:9000/hbase/MasterProcWALs/
state-00000000000000000486.log]
2020-05-25 05:52:06,428 INFO [WALProcedureStoreSyncThread] wal.
WALProcedureStore: Remove log: hdfs://master:9000/hbase/MasterProcWALs/
state-00000000000000000486.log
```

```
2020-05-25  05:52:06,428  INFO   [WALProcedureStoreSyncThread]  wal.
WALProcedureStore: Removed logs: [hdfs://master:9000/hbase/MasterProcWALs/
state-00000000000000000487.log]
2020-05-25  06:52:06,445  INFO   [WALProcedureStoreSyncThread]  wal.
WALProcedureStore:  Remove  log:  hdfs://master:9000/hbase/MasterProcWALs/
state-00000000000000000487.log
2020-05-25  06:52:06,445  INFO   [WALProcedureStoreSyncThread]  wal.
WALProcedureStore: Removed logs: [hdfs://master:9000/hbase/MasterProcWALs/
state-00000000000000000488.log]
2020-05-25  07:52:06,467  INFO   [WALProcedureStoreSyncThread]  wal.
WALProcedureStore:  Remove  log:  hdfs://master:9000/hbase/MasterProcWALs/
state-00000000000000000488.log
2020-05-25  07:52:06,467  INFO   [WALProcedureStoreSyncThread]  wal.
WALProcedureStore: Removed logs: [hdfs://master:9000/hbase/MasterProcWALs/
state-00000000000000000489.log]
2020-05-25  08:52:06,487  INFO   [WALProcedureStoreSyncThread]  wal.
WALProcedureStore:  Remove  log:  hdfs://master:9000/hbase/MasterProcWALs/
state-00000000000000000489.log
2020-05-25  08:52:06,487  INFO   [WALProcedureStoreSyncThread]  wal.
WALProcedureStore: Removed logs: [hdfs://master:9000/hbase/MasterProcWALs/
state-00000000000000000490.log]
```

查看 hbase-hadoop-master-master.log 文件的“WARN”级别告警信息，执行 tail -100f hbase-hadoop-master-master.log |grep WARN 命令，结果显示如下。

```
[root@master hadoop]# cd /usr/local/src/hbase/logs
[root@master logs]# tail -100f hbase-hadoop-master-master.log |grep WARN
2020-05-25 18:54:54,388 WARN  [master,16000,1589125905790_ChoreService_1]
cleaner.TimeToLiveLogCleaner: Found a log (hdfs://master:9000/hbase/oldWALs/
slave2%2C16020%2C1589125917741.default.1590400496064) newer than current time
(1590404094387 < 1590404096420), probably a clock skew
2020-05-25 21:54:54,566 WARN  [master,16000,1589125905790_ChoreService_1]
cleaner.TimeToLiveLogCleaner: Found a log (hdfs://master:9000/hbase/oldWALs/
slave1%2C16020%2C1589125915820.default.1590411294823) newer than current time
(1590414894566 < 1590414895141), probably a clock skew
2020-05-25 21:54:54,567 WARN  [master,16000,1589125905790_ChoreService_1]
cleaner.TimeToLiveLogCleaner: Found a log (hdfs://master:9000/hbase/ oldWALs/
slave2%2C16020%2C1589125917741.default.1590411296989) newer than current time
(1590414894567 < 1590414897324), probably a clock skew
2020-05-25 22:54:55,097 WARN  [master,16000,1589125905790_ChoreService_1]
cleaner.TimeToLiveLogCleaner: Found a log (hdfs://master:9000/hbase/oldWALs/
slave1%2C16020%2C1589125915820.default.1590414895100) newer than current time
(1590418495097 < 1590418495409), probably a clock skew
2020-05-25 22:54:55,097 WARN  [master,16000,1589125905790_ChoreService_1]
cleaner.TimeToLiveLogCleaner: Found a log (hdfs://master:9000/hbase/oldWALs/
slave2%2C16020%2C1589125917741.default.1590414897294) newer than current time
(1590418495097 < 1590418497591), probably a clock skew
2020-05-25 23:54:57,182 WARN  [master,16000,1589125905790_ChoreService_1]
cleaner.TimeToLiveLogCleaner: Found a log (hdfs://master:9000/hbase/oldWALs/
```

```
slave2%2C16020%2C1589125917741.default.1590418497558) newer than current time
(1590422097182 < 1590422097857), probably a clock skew
    2020-05-26 00:54:54,407 WARN  [master,16000,1589125905790_ChoreService_1]
cleaner.TimeToLiveLogCleaner: Found a log (hdfs://master:9000/hbase/oldWALs/
slave1%2C16020%2C1589125915820.default.1590422095665) newer than current time
(1590425694407 < 1590425696064), probably a clock skew
    2020-05-26 00:54:54,407 WARN  [master,16000,1589125905790_ChoreService_1]
cleaner.TimeToLiveLogCleaner: Found a log (hdfs://master:9000/hbase/oldWALs/
slave2%2C16020%2C1589125917741.default.1590422097831) newer than current time
(1590425694407 < 1590425698330), probably a clock skew
    2020-05-26 01:54:54,576 WARN  [master,16000,1589125905790_ChoreService_1]
cleaner.TimeToLiveLogCleaner: Found a log (hdfs://master:9000/hbase/oldWALs/
slave1%2C16020%2C1589125915820.default.1590425696031) newer than current time
(1590429294576 < 1590429296507), probably a clock skew
    2020-05-26 02:54:57,137 WARN  [master,16000,1589125905790_ChoreService_1]
cleaner.TimeToLiveLogCleaner: Found a log (hdfs://master:9000/hbase/oldWALs/
slave2%2C16020%2C1589125917741.default.1590429298730) newer than current time
(1590432897137 < 1590432899224), probably a clock skew
```

15.4.4 查看 Hive 告警信息

Hive 的日志文件存储在/tmp/hadoop 目录下，切换到该目录，并执行 ll 命令，显示如下。

```
    [root@master hadoop]# cd /tmp/hadoop
    [root@master hadoop]# tail -1000f hive.log |grep INFO
    2020-05-26T11:05:27,968       INFO        [org.apache.hadoop.hive.common.
JvmPauseMonitor$Monitor@37d3e140]: common.JvmPauseMonitor (JvmPauseMonitor.
java:run(194)) - Detected pause in JVM or host machine (eg GC): pause of
approximately 4923ms
    2020-05-26T15:25:31,520      INFO        [org.apache.hadoop.hive.common.
JvmPauseMonitor$Monitor@37d3e140]: common.JvmPauseMonitor (JvmPauseMonitor.
java:run(194)) - Detected pause in JVM or host machine (eg GC): pause of
approximately 4439ms
    2020-05-26T17:17:34,048      INFO        [org.apache.hadoop.hive.common.
JvmPauseMonitor$Monitor@37d3e140]: common.JvmPauseMonitor (JvmPauseMonitor.
java:run(194)) - Detected pause in JVM or host machine (eg GC): pause of
approximately 4689ms
    2020-05-26T19:36:58,155      INFO        [org.apache.hadoop.hive.common.
JvmPauseMonitor$Monitor@37d3e140]: common.JvmPauseMonitor (JvmPauseMonitor.
java:run(194)) - Detected pause in JVM or host machine (eg GC): pause of
approximately 4892ms
```

Stderr（标准错误）：该标准 I/O 流通过预定义文件指针 stderr 加以引用，且该流引用的文件与文件描述符 STDERR_FILENO 所引用的相同。

```
    [root@master hadoop]# cd /tmp/hadoop
    [root@master hadoop]# tail -1000f stderr |grep ERROR
    ERROR StatusLogger No log4j2 configuration file found. Using default
configuration: logging only errors to the console.
    ERROR StatusLogger No log4j2 configuration file found. Using default
```

```
configuration: logging only errors to the console.
   ERROR StatusLogger No log4j2 configuration file found. Using default configuration: logging only errors to the console.
   ERROR StatusLogger No log4j2 configuration file found. Using default configuration: logging only errors to the console.
   ERROR StatusLogger No log4j2 configuration file found. Using default configuration: logging only errors to the console.
   ERROR StatusLogger No log4j2 configuration file found. Using default configuration: logging only errors to the console.
   ERROR StatusLogger No log4j2 configuration file found. Using default configuration: logging only errors to the console.
   ERROR StatusLogger No log4j2 configuration file found. Using default configuration: logging only errors to the console.
   ERROR StatusLogger No log4j2 configuration file found. Using default configuration: logging only errors to the console.
   ERROR StatusLogger No log4j2 configuration file found. Using default configuration: logging only errors to the console.
   ERROR StatusLogger No log4j2 configuration file found. Using default configuration: logging only errors to the console.
   ERROR StatusLogger No log4j2 configuration file found. Using default configuration: logging only errors to the console.
   ERROR StatusLogger No log4j2 configuration file found. Using default configuration: logging only errors to the console.
   ERROR StatusLogger No log4j2 configuration file found. Using default configuration: logging only errors to the console.
   ERROR StatusLogger No log4j2 configuration file found. Using default configuration: logging only errors to the console.
   ERROR StatusLogger No log4j2 configuration file found. Using default configuration: logging only errors to the console.
   ERROR StatusLogger No log4j2 configuration file found. Using default configuration: logging only errors to the console.
   ERROR StatusLogger No log4j2 configuration file found. Using default configuration: logging only errors to the console.
   ERROR StatusLogger No log4j2 configuration file found. Using default configuration: logging only errors to the console.
   ERROR StatusLogger No log4j2 configuration file found. Using default configuration: logging only errors to the console.
   ERROR StatusLogger No log4j2 configuration file found. Using default configuration: logging only errors to the console.
   ERROR StatusLogger No log4j2 configuration file found. Using default configuration: logging only errors to the console.
   ERROR StatusLogger No log4j2 configuration file found. Using default configuration: logging only errors to the console.
   ERROR StatusLogger No log4j2 configuration file found. Using default configuration: logging only errors to the console.
   ERROR StatusLogger No log4j2 configuration file found. Using default configuration: logging only errors to the console.
   ERROR StatusLogger No log4j2 configuration file found. Using default configuration: logging only errors to the console.
```

```
    ERROR StatusLogger No log4j2 configuration file found. Using default configuration: logging only errors to the console.
    ERROR StatusLogger No log4j2 configuration file found. Using default configuration: logging only errors to the console.
    ERROR StatusLogger No log4j2 configuration file found. Using default configuration: logging only errors to the console.
    ERROR StatusLogger No log4j2 configuration file found. Using default configuration: logging only errors to the console.
    ERROR StatusLogger No log4j2 configuration file found. Using default configuration: logging only errors to the console.
    ERROR StatusLogger No log4j2 configuration file found. Using default configuration: logging only errors to the console.
    ERROR StatusLogger No log4j2 configuration file found. Using default configuration: logging only errors to the console.
    ERROR StatusLogger No log4j2 configuration file found. Using default configuration: logging only errors to the console.
    ERROR StatusLogger No log4j2 configuration file found. Using default configuration: logging only errors to the console.
    ERROR StatusLogger No log4j2 configuration file found. Using default configuration: logging only errors to the console.
    ERROR StatusLogger No log4j2 configuration file found. Using default configuration: logging only errors to the console.
    ERROR StatusLogger No log4j2 configuration file found. Using default configuration: logging only errors to the console.
    ERROR StatusLogger No log4j2 configuration file found. Using default configuration: logging only errors to the console.
    ERROR StatusLogger No log4j2 configuration file found. Using default configuration: logging only errors to the console.
    ERROR StatusLogger No log4j2 configuration file found. Using default configuration: logging only errors to the console.
    ERROR StatusLogger No log4j2 configuration file found. Using default configuration: logging only errors to the console.
```

15.5 本章小结

本章主要介绍了大数据平台硬件和相关组件的日志和告警信息的查看方式，并对日志和告警信息进行解读。通过本章的学习，读者能够掌握常见告警问题及常见错误日志问题分析和处理的方法等。

第六部分

大数据运维综合实战案例

第 16 章 大数据平台及组件的安装与部署

学习目标

- 掌握 Hadoop 全分布部署的方法
- 掌握 Sqoop 组件部署的方法
- 掌握 Hive 组件部署的方法

本章从典型项目实施流程角度出发，以行业招聘大数据平台项目为例，通过完成项目中的工作任务来熟练掌握 Hadoop 平台相关部署实施，从而为后面的大数据技术与应用提供基础的业务分析开发平台环境。

16.1 项目背景

客户建设大数据平台的原因是希望通过大数据提升网站人才趋势分析的能力，更深入了解行业招聘的情况，为相关业务部门提供业务拓展的方向，由于所有的实际业务分析都基于大数据平台，因此需要熟练掌握大数据平台的搭建。

16.2 项目实施目标

完成初步 Hadoop 全分布平台搭建及 Hive、Sqoop 组件的部署，实现业务数据在 Hadoop 平台离线清洗处理，并放入 Hive 仓库中。本章重点是平台的部署。

16.3 Hadoop 全分布部署

16.3.1 Hadoop 全分布部署流程

根据实际生产环境中的 Hadoop 集群，对不同的机器完成网络 IP 地址的配置，实现集群主机之间的网络互通。规范集群主机名，使集群方便规范化管理。各个主机安装 JDK，实现集群 Java 环境统一。配置集群机器之间无密码登录，使集群主机软件之间可以进行快速、直接的通信。对集群进行安装并配置 Hadoop，完成 Hadoop 集群搭建。Hadoop 组件部署整体流程如图 16-1 所示。

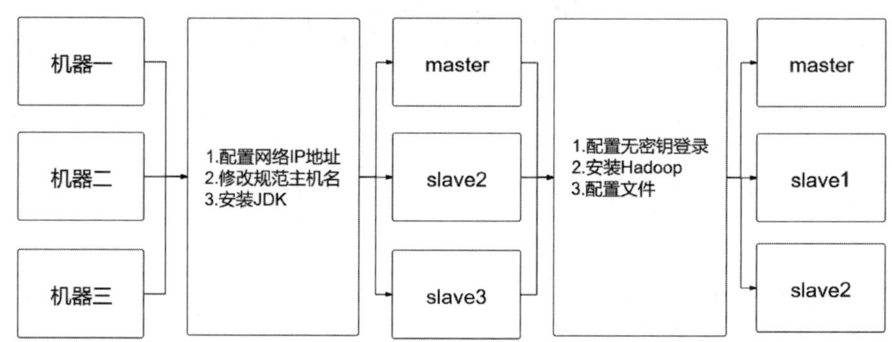

图 16-1 Hadoop 组件部署整体流程

16.3.2 Hadoop 全分布部署要求

1. IP 地址具体规划

IP 地址具体规划如表 16-1 所示。

表 16-1 IP 地址具体规划

IP 地址	掩 码
202.106.155.57	255.255.255.0
202.106.155.58	255.255.255.0
202.106.155.59	255.255.255.0

2. 主机名具体规划（规范化命名要求）

主机名具体规划如表 16-2 所示。

表 16-2 主机名具体规划

主 机 名	IP 地址
h3c-development-hr_data-slave1	202.106.155.58
h3c-development-hr_data-slave2	202.106.155.59
h3c-development-hr_data-master	202.106.155.57

3. JDK 具体版本要求

JDK 具体版本要求如表 16-3 所示。

表 16-3　JDK 具体版本要求

JDK 版本	1.8
安装包	jdk-8u152-linux-x64.tar
路径	/opt/sofeware/

4．Hadoop 具体版本要求

Hadoop 具体版本要求如表 16-4 所示。

表 16-4　Hadoop 具体版本要求

Hadoop 版本	2.7.1
安装包	hadoop-2.7.1.tar
路径	/opt/sofeware/

16.3.3　Hadoop 部署操作步骤

1．配置网络 IP 地址

根据生产环境，对大数据平台进行完全分布式集群网络 IP 地址规划，要求集群主机之间在同一个局域网中，并且每台主机有各自的静态主机 IP 地址。通过以下几个步骤对集群网络 IP 地址进行配置：

（1）关闭所有节点的防火墙和 SELinux。

（2）修改所有节点的静态 IP 地址、网关等信息。

具体操作可以参考第 3 章。

2．规范主机名

在实际的生产环境中，为了方便分布式大数据集群主机之间的通信，会通过为各个节点规范化命名，根据不同作用为各自的主机 IP 映射出各自特有的名字。通过以下几个步骤对集群主机进行规范命名：

（1）每个节点创建一个 hadoop 用户，用于对大数据集群的操作。

（2）修改所有节点的主机名，需要重启 Linux 操作系统才能看到节点修改后的名字。

（3）配置/etc/host 文件，映射各个节点的 IP，并重启网络。

具体操作可以参考第 3 章。

3．安装 JDK

Hadoop 是由 Java 语言编写的一个分布式系统基础架构，所以 JDK 是使用 Hadoop 集群的基础环境。通过以下几个步骤为平台搭建基础环境：

（1）在主节点上解压 Java 安装包。

（2）将主节点上安装的 Java 通过 scp 命令发送到各个从节点。

（3）配置 Java 环境变量。

4．配置无密钥登录

Hadoop 启动后，NameNode 是通过 SSH（Secure Shell）来启动和停止各个节点上的各种守护进程的，这就需要在节点之间执行指令时采用不需要输入密码的方式，故需要配置 SSH 使用无密码公钥认证的方式，使得 NameNode 去操控其他进程节点，完成以下几个步

骤为平台配置无密码登录：

（1）所有节点生成密钥对，将自身节点的授权 key 追加到 SSH 文件中，并赋予权限。

（2）修改所有节点的 SSH 配置文件，启动 RSA 认证，启用公钥、私钥配对认证方式，公钥的文件路径等信息，然后重启 SSH 服务。

（3）将主节点的公钥复制到从节点上，并为每个从节点添加主节点的公钥信息。

（4）将每个从节点的公钥复制到主节点的信息中。

具体操作可以参考第 3 章。

5. 安装 Hadoop

大数据平台主要围绕 Hadoop 生态进行搭建，而 Hadoop 生态中，Hadoop 是最重要的一个组成部分。Hadoop 由 HDFS 和 MapReduce 两个核心设计组成，HDFS 为海量的数据提供存储功能，而 MapReduce 则为海量的数据提供离线计算功能，以下步骤完成 Hadoop 平台搭建：

（1）主节点解压 Hadoop 安装文件到/opt/hadoop 目录下。

（2）重命名解压之后的 Hadoop 文件夹。

（3）通过 scp 命令将主节点上的 Hadoop 安装目录发送到其他从节点。

（4）编辑所有节点的环境变量，添加 Hadoop 环境变量并将变量生效。

6. 配置 Hadoop 文件

Hadoop 通过读取内置配置文件的方式启动，所以在启动之前需要修改 hadoop-env.sh、core-site.xml、hdfs-site.xml、yarn-site.xm、mapred-site.xml，具体配置文件的作用可以参考第 5 章，以下步骤完成配置 Hadoop 集群：

（1）编辑 hadoop-env.sh、core-site.xml、hdfs-site.xml、yarn-site.xm 配置文件，添加相关配置信息。

（2）复制 mapred-site.xml.template 并重命名为 mapred-site.xml，然后添加相关配置信息。

（3）新增 masters 文件，在文件中加入 master 的 IP。

（4）编辑 slaves 文件，删除 localhost，加入 slave 节点的 IP。

（5）各个节点根据配置文件中的配置信息，新建数据缓存文件夹，并赋予相应的用户权限。

16.3.4 Hadoop 集群验证

分布式集群搭建完成后，根据 Hadoop 的两大核心组成，可以通过监测 HDFS 分布式文件系统和 MapReduce 来完成监测工作。通过以下步骤完成 Hadoop 集群测试：

（1）初始化集群，使用 hadoop 命令启动集群。

（2）使用 hadoop 命令创建 HDFS 文件夹。

（3）使用 hdfs 命令查看文件系统“/”路径下是否存在文件。

（4）调用 Hadoop 自带的 WordCount 程序去测试 MapReduce，查看控制台是否能正确统计单词数量。

Hadoop 自身提供了许多功能用于监测，通过这些监测功能可以判断出平台是否已经完成全分布式集群搭建。通过以下步骤监测集群是否搭建成功：

（1）使用 jsp 命令查看各个节点启动的进程情况，若都启动成功，说明系统启动正常。

master（主节点）启动情况，命令如下。

```
[hadoop@h3c-development-hr_data-master ~]# jps
5825 NameNode
6021 SecondaryNameNode
6453 Jps
6169 ResourceManager
```

slave1（从节点）节点启动情况，命令如下。

```
[hadoop@h3c-development-hr_data-slave1 ~]# jps
2928 Jps
2640 NodeManager
2542 DataNode
```

slave2（从节点）节点启动情况，命令如下。

```
[hadoop@h3c-development-hr_data-slave2 ~]# jps
2673 DataNode
2771 NodeManager
3036 Jps
```

（2）查看 Hadoop 的 Web 监控页面。

使用浏览器浏览主节点机 http://202.106.155.58:50070，能查看 NameNode 节点状态，说明系统启动正常，结果如图 16-2 所示。

Hadoop　Overview　Datanodes　Datanode Volume Failures　Snapshot　Startup Progress　Utilities

Overview 'master:9000' (active)

Started:	Sat May 09 09:01:44 CST 2020
Version:	2.7.1, r15ecc87ccf4a0228f35af08fc56de536e6ce657a
Compiled:	2015-06-29T06:04Z by jenkins from (detached from 15ecc87)
Cluster ID:	CID-85967941-bec8-4c20-bb17-ba628c763454
Block Pool ID:	BP-1298081234-192.168.1.6-1588902998592

Summary

图 16-2　NameNode 节点状态

使用浏览器浏览 master 节点 http://202.106.155.58:8088，能查看所有应用，说明系统启动正常，结果如图 16-3 所示。

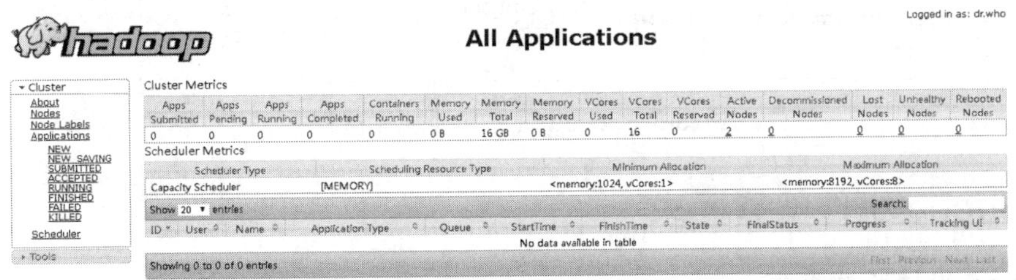

图 16-3　Hadoop 集群 Cluster 界面

浏览 Nodes 说明系统启动正常，结果如图 16-4 所示。

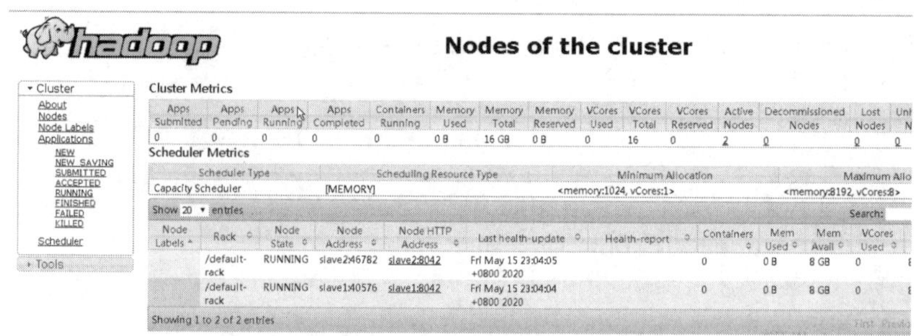

图 16-4　Hadoop 集群 Nodes 界面

（3）使用命令关闭 Hadoop 集群。

使用命令关闭 Hadoop 集群，若返回信息如下，说明系统关闭正常。

```
[hadoop@h3c-development-Hr_data-master ~]# start-all.sh

This script is Deprecated. Instead use stop-dfs.sh and stop-yarn.sh
Stopping namenodes on [master]
master: no namenode to stop
202.106.155.58: datanode to stop
202.106.155.59: datanode to stop
Stopping secondary namenodes [0.0.0.0]
0.0.0.0:  secondarynamenode to stop
stopping yarn daemons
resourcemanager to stop
202.106.155.58: nodemanager to stop
202.106.155.59: nodemanager to stop
```

16.4　Sqoop 组件部署

16.4.1　Sqoop 组件部署流程

Sqoop 是一个用来将 Hadoop 和关系型数据库中的数据相互转移的工具，可以将一个关系型数据库（如 MySQL、Oracle、Postgres 等）中的数据导入 Hadoop 的 HDFS 中，也可以将 HDFS 的数据导入关系型数据库中。Sqoop 组件部署整体流程如图 16-5 所示。

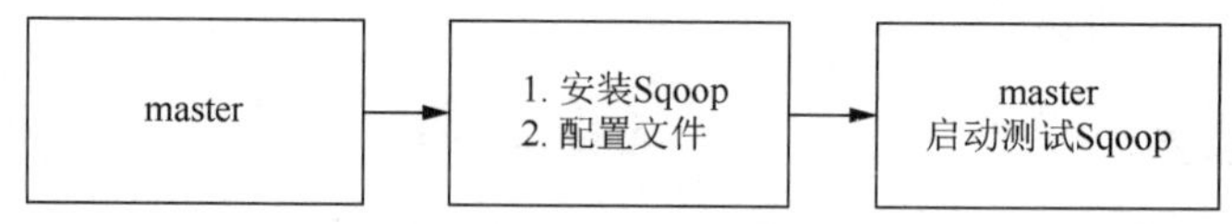

图 16-5　Sqoop 组件部署整体流程

16.4.2　Sqoop 组件部署要求

1. Sqoop 具体版本要求

Sqoop 具体版本要求如表 16-5 所示。

表 16-5　Sqoop 具体版本要求

Sqoop 版本	1.4.7
安装包	sqoop-1.4.7.bin__hadoop-2.6.0.tar
路径	/opt/sofeware/

2．MySQL 驱动 jar 具体版本要求

查看 Sqoop 组件的 lib 目录（依赖库）中是否有 MySQL 驱动 jar 包。

驱动包的版本：mysql-connector-java-5.1.47-bin.jar（对应的是 MySQL 5.7 的版本）。

16.4.3　Sqoop 部署操作步骤

1．安装 Sqoop

Sqoop 是依赖于 Hadoop 生态圈的一个组件，在安装好 Hadoop 的前提下，通过以下几个步骤搭建 Sqoop 组件。

（1）解压 sqoop 文件到/opt/sqoop/目录下。

（2）将解压后的文件夹重命名为 sqoop。

（3）修改 sqoop 文件夹的归属用户。

（4）将 MySQL 驱动 jar 放到 sqoop 的依赖文件夹中。

（5）编辑所有节点的环境变量，添加 sqoop 环境变量并将变量生效。

2．配置 Sqoop 组件

Sqoop 启动前需要读取配置文件，在 sqoop-env.sh 文件中配置 Hadoop、HBase、Hive 组件的安装目录，从而在 Hadoop 集群中运行并操作，完成以下步骤配置 Sqoop 组件：

复制 sqoop-env-template.sh 并重命名为 sqoop-env.sh，然后添加集群配置信息。具体可以参考第 9 章内容。

16.4.4　Sqoop 数据传输验证

1．查看 Sqoop 版本

若通过 Sqoop 相关命令能够查询到 Sqoop 版本号为 1.4.7，则表示 Sqoop 部署成功。部署成功信息如下。

```
Please set $HCAT_HOME to the root of your HCatalog installation.
Please set $ACCUMULO_HOME to the root of your Accumulo installation.
20/04/30 14:30:16 INFO sqoop.Sqoop: Running Sqoop version: 1.4.7
Sqoop 1.4.7
git commit id 2328971411f57f0cb683dfb79d19d4d19d185dd8
Compiled by maugli on Thu Dec 21 15:59:58 STD 2017
```

2．Sqoop 连接 MySQL 数据库

Sqoop 需要启动 Hadoop 集群，通过 Sqoop 连接 MySQL，查看数据库列表，判断是否安装成功，输入命令查看控制台最后输出是否为 MySQL 中的数据库。

```
[hadoop@master ~]# sqoop list-databases --connect jdbc:mysql://h3c-development-hr_data-master:3306/ --username root --password
```

```
Warning: /opt/sofeware/sqoop/../hcatalog does not exist! HCatalog jobs will fail.
Please set $HCAT_HOME to the root of your HCatalog installation.
Warning: /opt/sofeware/sqoop/../accumulo does not exist! Accumulo imports will fail.
Please set $ACCUMULO_HOME to the root of your Accumulo installation.
Warning: /opt/sofeware/sqoop/../zookeeper does not exist! Accumulo imports will fail.
Please set $ZOOKEEPER_HOME to the root of your Zookeeper installation.
19/04/22 18:54:10 INFO sqoop.Sqoop: Running Sqoop version: 1.4.7
Enter password:
19/04/22 18:54:14 INFO manager.MySQLManager: Preparing to use a MySQL streaming resultset.
information_schema
hive
mysql
performance_schema
sys
```

3．Sqoop 将 HDFS 数据导入 MySQL

（1）使用 sqoop 命令将 HDFS 中的“/test”数据导入 MySQL 中（其中 HDFS 数据源已经上传到大数据平台，MySQL 相关数据库、数据表已经创建）。

```
[hadoop@master ~]# sqoop export --connect jdbc:mysql://localhost:3306/testsqoop --username root --password Password123$ ---m 1 --table test --export-dir /sqoopdata

Warning: /opt/sofeware/sqoop/../hcatalog does not exist! HCatalog jobs will fail.
Please set $HCAT_HOME to the root of your HCatalog installation.
Warning: /opt/sofeware/sqoop/../accumulo does not exist! Accumulo imports will fail.
Please set $ACCUMULO_HOME to the root of your Accumulo installation.
Warning: /opt/sofeware/sqoop/../zookeeper does not exist! Accumulo imports will fail.
Please set $ZOOKEEPER_HOME to the root of your Zookeeper installation.
20/05/29 23:54:10 INFO sqoop.Sqoop: Running Sqoop version: 1.4.7


20/05/29 23:55:01 INFO mapreduce.Job: Running job: job_1553997792849_0005

20/05/29 23:54:12 INFO mapreduce.Job: Job job_1553997792849_0005 running in uber mode : false

20/05/29 23:54:12 INFO mapreduce.Job:  map 0% reduce 0%

20/05/29 23:54:25 INFO mapreduce.Job:  map 100% reduce 0%
```

```
20/05/29 23:54: INFO mapreduce.Job: Task Id : attempt_1553997792849_0005_m_
000000_0, Status : FAILED

AttemptID:attempt_1553997792849_0005_m_000000_0 Timed out after 600 secs

20/05/29 23:54: INFO mapreduce.Job:  map 0% reduce 0%
20/05/29 23:54: INFO mapreduce.Job:  map 100% reduce 0%
```

（2）通过 mysql 命令查看数据是否成功导入 MySQL。

```
[hadoop@master ~]# mysql -u root -pPassword123$

mysql > use testsqoop
Database changed

mysqmysql> select * from testable;
+-----------+-------+
| id        | sname |
+-----------+-------+
| 202003172 | LiSi  |
+-----------+-------+
1 row in set (0.00 sec)
```

16.5　Hive 组件部署

16.5.1　Hive 组件部署流程

Hive 是基于 Hadoop 的一个数据仓库工具，用来进行数据提取、转化、加载，这是一种可以存储、查询、分析存储在 Hadoop 中的大规模数据的机制。Hive 组件部署整体流程如图 16-6 所示。

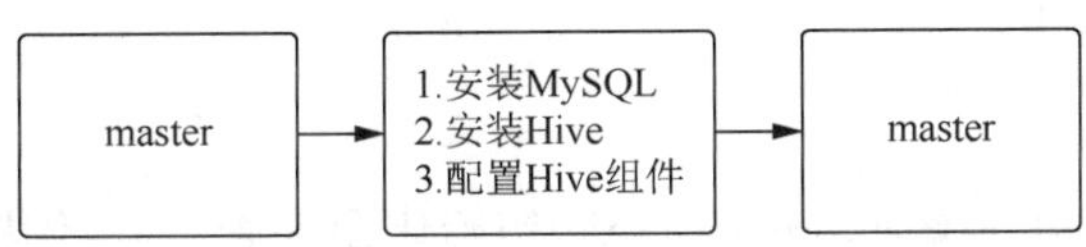

图 16-6　Hive 组件部署整体流程

16.5.2　Hive 组件部署要求

1. Hive 具体版本要求

Hive 具体版本要求如表 16-6 所示。

表 16-6　Hive 具体版本要求

Hive 版本	2.0.0
安装包	apache-hive-2.0.0-bin.tar
路径	/opt/sofeware/

2．MySQL 驱动 jar 具体版本要求

查看 Hive 组件的 lib 目录（依赖库）中是否有 MySQL 驱动 jar 包。

驱动包的版本：mysql-connector-java-5.1.47.jar。

16.5.3 Hive 部署操作步骤

Hive 提供了增强配置，可将数据库替换成 MySQL 等关系型数据库，将存储数据独立出来在多个服务示例之间共享，所以 Hadoop 集群中还需要安装一个 MySQL，按照以下步骤完成 Hive 组件在 Hadoop 集群中的部署。

1．安装 Hive

Hive 同样为 Hadoop 生态下的一个组件，依赖于 Hadoop 集群运行并操作，所以在安装好 Hadoop 集群之后，完成以下步骤进行 Hive 的安装。

（1）解压 sqoop 文件到/opt/hive 目录下。

（2）重命名解压之后的 Hive 文件夹并赋予权限。

（3）编辑环境变量，添加 Hive 环境变量并将变量生效。

（4）新建 Hive 缓存数据文件夹并赋予权限。

（5）为 Hive 组件添加 MySQL 驱动。

（6）使用 hive 命令初始化 Hive 元数据。

2．配置 Hive 组件

通过修改 Hive 配置 hive-site.xml 文件，配置连接 MySQL 的信息，可将数据库替换成 MySQL 等关系型数据库，将存储数据独立出来在多个服务示例之间共享，完成以下步骤配置 Hive 组件。

（1）复制 hive-default.xml.template，并命名为 hive-site.xml。

（2）修改 hive-site.xml 文件，修改连接 MySQL 数据库的配置，以及 hive 缓存数据的文件路径。

16.5.4 Hive 组件验证

1．初始化 Hive

在启动 Hadoop 集群的环境下，使用 Hive 初始化命令查看初始化控制台日志信息。

```
[hadoop@h3c-development-hr_data-master ~]# schematool -dbType mysql -initSchema

SLF4J: Class path contains multiple SLF4J bindings.
SLF4J: Found bindings in [jar:file:/opt/hive/lib/hive-jdbc-2.0.0-standalone.jar!/org/slf4j/impl/StaticLoggerBinder.class]
SLF4J: Found bindings in [jar:file:/opt/hive/lib/log4j-slf4j-impl-2.4.1jar!/org/slf4j/impl/StaticLoggerBinder.class[
SLF4J: Found bindings in [jar:file:/opt/hadoop/share/hadoop/common/lib/slf4j-log4j12-1.7.10.jar!/org/slf4j/impl/StaticLoggerBinder.class]
SLF4J: See http://www.slf4j.org/codes.html#multip_bindings for an explanation.
```

```
SLF4J: Actual binding is of type [org.apache.logging.slf4j.Log4LoggerFactory]
Metastore connection URL:
jdbc:mysql://h3c-development-hr_data-master:3306/hive?createDatabaseIfNotExist=true$useSSL=false
Metastore Connection Driver:    com.mysql.jdbc.Driver
Metastore:connection User:      root
Staring metastore schema initalization to 2.0.0
Initialzation script hive-schema-2.0.0.mysql.sql
Initialzation script completed
schemaTool completed
```

2. 启动 Hive

由于 Hive 是 Hadoop 生态中的一个组件，故只需要测试 Hive 能正常启动即可。在启动 Hadoop 环境下可通过 hive 命令查看 Hive 启动信息。

```
[hadoop@h3c-development-hr_data-master ~]# hive

Logging initialized using configuration in jar:file:/opt/hive/lib/hive-common-1.1.0.jar!/hive-log4j.properties
SLF4J: Class path contains multiple SLF4J bindings.
SLF4J: Found binding in [jar:file:/opt/hadoop/share/hadoop/common/lib/slf4j-log4j12-1.7.5.jar!/org/slf4j/impl/StaticLoggerBinder.class]
SLF4J: Found binding in [jar:file:/opt/hive/lib/hive-jdbc-1.1.0-standalone.jar!/org/slf4j/impl/StaticLoggerBinder.class]
SLF4J: See http://www.slf4j.org/codes.html#multiple_bindings for an explanation.
SLF4J: Actual binding is of type [org.slf4j.impl.Log4jLoggerFactory]
hive>
```

16.6　本章小结

本章主要是按实践项目中 Hadoop、Sqoop、Hive 的部署流程、部署要求、部署步骤、组件搭建验证等内容，为“第 17 章　大数据平台的运行与应用”实战提供大数据平台基础环境。

第 17 章 大数据平台的运行与应用

学习目标

- 熟悉 MapReduce 数据清洗的一般流程
- 熟悉 Hive 的基本语法
- 熟悉 Sqoop 数据传输的基本语法
- 熟悉大数据业务处理的全流程

本章通过大数据全流程实施过程让读者熟悉大数据知识并掌握基本技能。以行业招聘大数据平台项目为例，基于第 16 章中部署的大数据平台进行业务数据采集、清洗分析、数据可视化展示。

17.1 项目背景

某招聘网站希望通过大数据进行网站人才趋势分析。实际生产环境中为了高效地获取招聘数据，保存的数据源往往不能直接应用到业务需求中，所以需要组建一个大数据平台对招聘信息进行业务处理，并将最终结果通过大数据可视化的形式呈现。

17.2 项目实施目标

大数据平台使用 Sqoop 将招聘网站数据导出到 HDFS，然后使用 MapReduce 程序对数据进行预处理，接着通过 Sqoop 将预处理后的数据导入 Hive 数据仓库，通过 Hive SQL 完成数据分析，接着使用 Sqoop 导出到 MySQL 数据库，最后进行数据可视化。

17.3 大数据平台业务处理流程

大数据业务处理系统包括数据源层、数据处理层、数据应用层、数据访问层。数据源层用于获取需要业务处理的数据源；数据处理层用于进行数据规约，形成规范的数据格式；数据应用层用于对规约后的数据进行挖掘、提取、训练等；数据访问层用于将符合当前业务需求的数据进行展示，如图 17-1 所示。

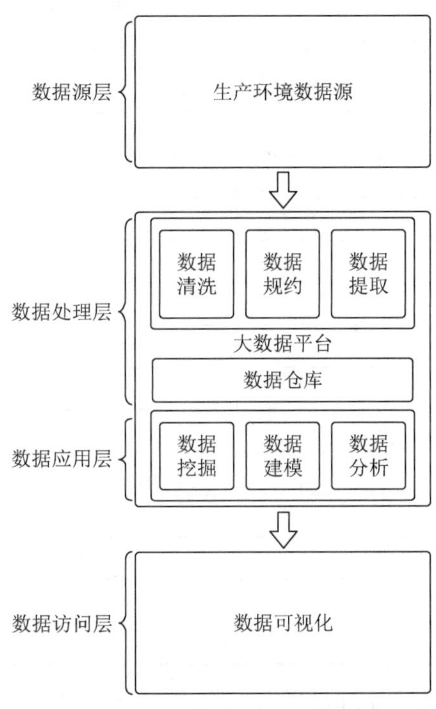

图 17-1 大数据平台业务处理流程

1．大数据组件数据传输

各业务处理层面中，数据与数据之间的传输都需要特定的方式进行连接，以保证数据在传输过程中不会发生缺失、损坏、变样等情况，因此，同样基于大数据平台的 Hadoop 生态组件 Sqoop 提供了数据传输技术支持。

2．数据处理层说明

数据处理层主要包括数据清洗、数据规约、数据提取。本教材的大数据平台业务处理系统以 MapReduce 作为数据处理技术。

3．数据应用层说明

数据应用层主要包括数据挖掘、数据建模、数据分析等。本教材的业务处理系统将使用 Hive 做数据分析。

4．数据访问层说明

数据访问层主要是大数据可视化。本章将通过 Flask 后台框架和 Echarts 前端框架实现。

17.4 大数据平台业务处理系统应用

本节我们用基于第 16 章搭建成功的 Hadoop 平台作为大数据业务处理系统的底层架构，实现业务处理系统的应用。

17.4.1 生产环境数据导入大数据平台

本教材用到的数据源来自于实际生产环境中的 MySQL 数据。

数据源是来自于招聘网站的初始数据，并且数据都存放在实际生产环境中的 MySQL 数据库中。存储在 MySQL 中的数据源介绍如表 17-1 所示。

表 17-1 数据源

字 段	中文解析
com_name	公司名称
city	工作城市
j_require	工作要求
number_recruit	招聘人数
salary_up	工资上限
salary_down	工资下限
skill	工作技术
release_time	发布时间
sex	性别
company_detail	公司描述
edu	学历要求
j_name	岗位名称

在实际的生产环境中，业务处理层的操作是结合大数据平台进行的，存放在 MySQL 中的数据不利于后续的业务处理层（即数据清洗、分析、挖掘）的使用，所以需要使用 Sqoop 组件从 MySQL 导出数据到 HDFS，如图 17-2 所示。

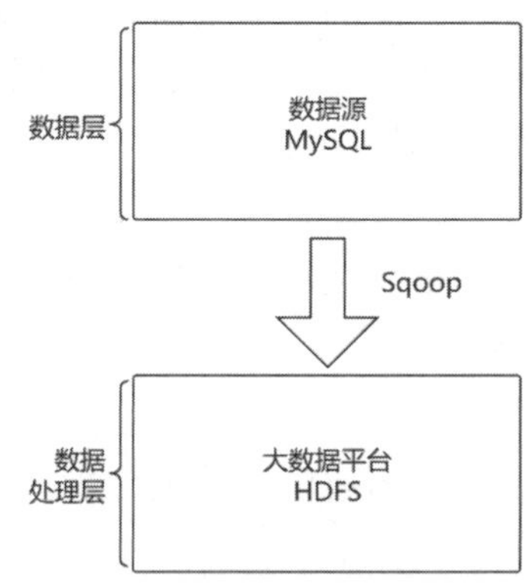

图 17-2 数据源层与数据处理层进行数据传输

使用 Sqoop 组件将数据库中的表数据导出到 HDFS，具体参数如表 17-2 所示。

表 17-2　Sqoop 导出数据的参数

数据库名	recruit
数据库表	data
HDFS 路径	/recruitdata

导出完成后，使用 hadoop 命令查看数据源的行数，命令如下。

```
[hadoop@master ~]$ hdfs dfs -cat /recruitdata/* | wc -l
123711
```

17.4.2　业务处理层数据清洗分析

本章使用的招聘网站初始数据集来自于生产环境，因此数据集中不可避免地存在一些脏数据，即源数据不在给定的范围内或对于实际业务毫无意义，或是数据格式非法，以及在源系统中存在不规范的编码和含糊的业务逻辑。

通过使用 MapReduce 实现业务数据在 Hadoop 平台离线清洗处理，将结果保存到 HDFS，如图 17-3 所示。本节主要介绍具体代码。

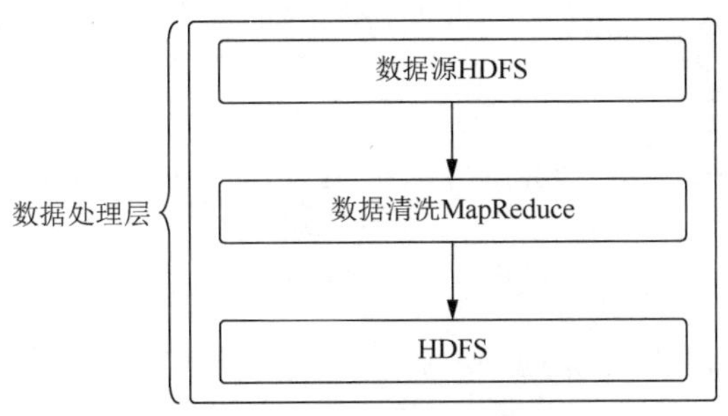

图 17-3　业务处理层数据清洗分析

1．剔除不合规数据

对于原始数据集字段缺失，会采用填充默认值、均值、众数，KNN 填充，以及把缺失值作为新的 Label 方式处理；当缺失信息较少时可采用删除的方式进行处理。同时，不当的填充可能会令后续的分析结果出现导向性偏差，所以需要对数据业务逻辑进行全面分析后，确定不合规数据的处理方式。

已经上传到 HDFS 的/recruitdata/清洗前的数据源样式如下。

```
[{"name": "***", "detail": {"公司名称": "***", "工作城市": "***", "工作要求": "***", "招聘人数": **, "薪资上限": "***", "薪资下限": "***", "工作技术": ***, "发布时间": "***", "招聘性别": "*", "公司描述": "***", "学历要求": " ***"}}]
```

完成去除字段中特殊符号清洗任务后，数据样式如下。

```
岗位名称|公司名称|工作城市|工作要求|招聘人数|薪资上限|薪资下限|工作技术|发布时间|招聘性别|公司描述|学历要求
```

（1）编辑 Recruit MR/src/com/org/task1/ReportDelete.java 文件，在枚举类中添加 MapReduce 自定义计数器，用于计算被删除的数据条数，在 ReportDelete 枚举类中添加如下代码：

```
Delete_number
```

（2）编辑 Recruit MR/src/com/org/task1/CleanMapper.java 文件，编写 MapReduce 数据预处理 Map 程序将下面的每个代码片添加到 map 方法中。

解析该json文件，字段间以“|”分隔，存放在数组中，并定义存放字段数据的数组。

```
String rawJson = value.toString().replaceAll("\\\\r|\\\\n", "");
String[] datas = new String[12];
```

去除字段信息中的特殊符号，保留有效信息。通过查看json可知，如果读取的行包含[]，或者读取的行为空，则不做任何处理；由于上一条语句可能会造成读取的行数据末尾缺少一个}，所以需确认读取的行结尾是否以“}}”结尾，即是否符合一条json数据格式，如不符合则多添加一个“}”。这里使用外部jar包的JSONObject对象解析json数据，提取相应的字段。

```
if(rawJson.contains("[")||rawJson.contains("]")||rawJson==null||rawJson
.equals("")) {
        return;
}
//删除读取每行最后的逗号
rawJson = rawJson.substring(0, rawJson.length()-1);

if(!rawJson.substring(rawJson.length()-2, rawJson.length()).equals("}}"))
{
        rawJson = rawJson+"}";
}
//json 解析行数据
JSONObject jsonObject = JSONObject.parseObject(rawJson);
//提取 name 字段的数据
String name = jsonObject.getString("name");
//判空
if(name == null||name.equals("")) {
        return;
}
//提取 detail 字段
String values = jsonObject.getString("detail");
//detail 字段的值又是一条需要解析的 json 数据，再用 json 解析
JSONObject jsonObject1 = JSONObject.parseObject(values);
//提取相应的字段值，并赋值给 datas 数组
String companyname = jsonObject1.getString("公司名称");
String city = jsonObject1.getString("工作城市");
String require = jsonObject1.getString("工作要求");
String man = jsonObject1.getString("招聘人数");
String cost_max = jsonObject1.getString("薪资上限");
String cost_min = jsonObject1.getString("薪资下限");
String skill = jsonObject1.getString("工作技术");
String time = jsonObject1.getString("发布时间");
String sex = jsonObject1.getString("招聘性别");
String introduce = jsonObject1.getString("公司描述");
String need = jsonObject1.getString("学历要求");
// 将每字段的数据存放在对应的数据位置，例如，公司名称的字段数据存放在数组的第一个位置
datas[0] = name;
datas[1] = companyname;
```

```
    datas[2] = city;
    datas[3] = require;
    datas[4] = man;
    datas[5] = cost_max;
    datas[6] = cost_min;
    datas[7] = skill;
    datas[8] = time;
    datas[9] = sex;
    datas[10] = introduce;
    datas[11] = need;
    //遍历判空，for 循环遍历数据，通过 return 完成数据的剔除操作
    for(String i : datas) {
            if(i==null||i.equals("")) {
                return;
        }
    }
```

剔除不合规“工资”数据，并在控制台输出删除记录的条数。薪资字段如果出现-，则表示薪资存在负值，需要剔除，并使计数器+1；将工作技术的“【】”剔除。

```
    //以下为剔除不合规的工资数据
    if(datas[5].contains("-")||datas[6].contains("-")) {
            context.getCounter(ReportDelete.Delete_number).increment(1);
            return;
    }
    //将工作技术的【】剔除
    datas[7] = datas[7].replaceAll("【|】", "");
    //给数据添加|分隔符
    String result = "";
    for(String i : datas) {
            if(i.equals(datas[datas.length-1])) {
                result = result+i.trim();
            }else {
                result = result+i.trim()+"|";
            }
    }
    //输出数据
    context.write(key, new Text(result));
```

（3）编辑 Recruit MR/src/com/org/task1/CleanReducer.java 文件，根据 MapReduce 规则，返回的 Key-values 的 value 值为一个 Iterator 的对象，编写 MapReduce 的 Reduce 程序，在 reduce 方法中添加如下代码，对 reduce 任务不做任何操作，直接输出结果。

```
    for(Text t : values) {
            context.write(NullWritable.get(), t);
    }
```

（4）编辑 Recruit MR/src/com/org/task1/CleanJob.java 文件，编写 MapReduce 启动程序，将下面的所有代码片添加到 main 方法中。初始化 Hadoop 集群的 Java 配置对象，设置 Job 类，Job 类是 Java 调用 MapReduce 的 Java 对象，其中 setJarByClass 方法的参数值需要给到 main 方法所在的类。

```
// TODO Auto-generated method stub
Configuration conf = new Configuration();
Job job = Job.getInstance(conf);
//设置 Job 类
job.setJarByClass(CleanJob.class);
```

分别设置 MapReduce 的 Map 类和 Reduce 类，以及输入/输出数据的数据类型，完成两个过程的业务逻辑。

```
//设置 Map 和 Reduce 的类
job.setMapperClass(CleanMapper.class);
job.setReducerClass(CleanReducer.class);
//设置 Map 输出的 key, value 类型
job.setMapOutputKeyClass(LongWritable.class);
job.setMapOutputValueClass(Text.class);
//设置 Reduce 输出的 key, value 类型
job.setOutputKeyClass(NullWritable.class);
job.setOutputValueClass(Text.class);
```

设置数据源输入/输出路径，这里设置数据源文件存放于 HDFS 的 recruitdata 目录，将结果输出至 HDFS 的 recruitoutput1 目录。

```
FileInputFormat.addInputPath(job, new Path("/recruitdata"));
//设置输出的 hdfs 路径。注意：hdfs 不能存在输出的文件夹中，MapReduce 会自动创建
FileOutputFormat.setOutputPath(job, new Path("/recruitoutput1"));
System.exit(job.waitForCompletion(true)?0:1);
Counters counters = job.getCounters();
System.out.println("counters getGroupNames:"+counters.getGroupNames());
```

2．清洗字段数据

数据源中的“薪资”字段的数据，其上限和下限是分开的两个字段，且薪资数据存在不规范之处，如存在负数或者极大、极小的数据，因此需要处理工资字段不合规数据，合并上限和下限薪资数据格式，使该字段数据格式统一，以方便后续查看及统计分析。最后将清洗后的数据存入指定数据表或数据文件中。

清洗前其中一条数据样式如下。

```
Java 工程师|阿里巴巴|北京|熟练使用 RPC 框架，具备相关的分布式开发经验|3|12000|7000|Spark, HBase, Linux, Python|2019-03-28|女|阿里巴巴网络技术有限公司（简称：阿里巴巴集团）是以曾担任英语教师的马云为首的 18 人于 1999 年在浙江杭州创立|专科及其以上
```

完成清洗任务，合并薪资上、下限后，数据样式如下。

```
Java 工程师|阿里巴巴|北京|熟练使用 RPC 框架，具备相关的分布式开发经验|3|7000-12000|Spark, HBase, Linux, Python|2019-03-28|女|阿里巴巴网络技术有限公司（简称：阿里巴巴集团）是以曾担任英语教师的马云为首的 18 人于 1999 年在浙江杭州创立|专科及其以上
```

（1）编辑 Recruit MR/src/com/org/task2/ReportUpdata.java 文件，在枚举类中添加 MapReduce 自定义计数器，Updata_number 用于计算需要被修改的薪资数据的总数，error_lines 用于统计薪资字段数据不规范的数据条数，error_lines2 用于统计数据中不包含“|”的总数。

```
Updata_number,error_lines,error_lines2
```

（2）编辑 Recruit MR/src/com/org/task2/CleanMapper.java 文件，编写 MapReduce 数据预处理 Map 程序，将下面的所有代码片添加到 main 方法中。根据上面的清洗结果编写

MapReduce 程序，分析薪资数据格式，读取数据源并根据规则进行字段分割。

```
String raw = value.toString();
String[] datas = raw.split("\\|");
```

将薪资格式统一为“下限-上限”的形式，并在控制台输出需要调整次序的记录条数。

```
String cost = "";
if(!raw.contains("|")) {
    context.getCounter(ReportUpdata.error_lines2).increment(1);
}
//判断薪资的大小，组成 下限-上限 的格式
if(datas.length!=12) {
    context.getCounter(ReportUpdata.error_lines).increment(1);
    return;
}
if(Integer.parseInt(datas[5])>=Integer.parseInt(datas[6])) {
    cost = datas[6]+"-"+datas[5];
}else {
//如果上限小于下限，则需要修正，并使计数器+1
context.getCounter(ReportUpdata.Updata_number).increment(1);
    cost = datas[5]+"-"+datas[6];
}
String[] result = new String[11];
int x = 0;
//遍历赋值
for(int i=0;i<datas.length;i++) {
    if(i == 5) {
        result[x] = cost;
        x++;
}else if(i == 6) {
    //不做任何操作
    }else {
        result[x] = datas[i];
        x++;
    }
}
```

给数据源重新设置分割符。

```
String str = "";
for(String i : result) {
    if(i.equals(result[result.length-1])) {
        str = str+i;
    }else {
        str = str+i+"|";
    }
}
//输出数据
context.write(key, new Text(str));
```

（3）编辑 Recruit MR/src/com/org/task2/CleanReducer.java 文件，根据 MapReduce 规则，返回的 Key-values 的 value 值为一个 Iterator 的对象。编写 MapReduce 数据预处理 Reduce 程序，在 reduce 方法中添加如下代码，对 reduce 任务不做任何操作，直接输出结果。

```
for(Text t : values) {
    context.write(NullWritable.get(), t);
}
```

（4）编辑 Recruit MR/src/com/org/task2/CleanJob.java 文件，编写 MapReduce 启动程序，将下面的所有代码片添加到 main 方法中。初始化 Hadoop 集群的 Java 配置对象，设置 Job 类，Job 类是 Java 调用 MapReduce 的 Java 对象，其中 setJarByClass 方法的参数值需要给到 main 方法所在的类。

```
// TODO Auto-generated method stub
Configuration conf = new Configuration();
Job job = Job.getInstance(conf);
//设置 Job 类
job.setJarByClass(CleanJob.class);
```

分别设置 MapReduce 的 Map 类和 Reduce 类，以及输入/输出数据的数据类型，完成两个过程的业务逻辑。

```
//设置 Map 和 Reduce 的类
job.setMapperClass(CleanMapper.class);
job.setReducerClass(CleanReducer.class);
//设置 Map 输出 key，value 类型
job.setMapOutputKeyClass(LongWritable.class);
job.setMapOutputValueClass(Text.class);
//设置 Reduce 输出的 key，value 类型
job.setOutputKeyClass(NullWritable.class);
job.setOutputValueClass(Text.class);
```

设置数据源输入/输出路径，这里设置数据源文件存放于 HDFS 的 recruitdata1 目录，将结果输出至 HDFS 的 recruitoutput2 目录；设置输出的 HDFS 路径。注意：HDFS 不能存在输出的文件夹中，MapReduce 会自动创建。

```
FileInputFormat.addInputPath(job, new Path("/recruitdata1"));
FileOutputFormat.setOutputPath(job, new Path("/recruitoutput2"));
System.exit(job.waitForCompletion(true)?0:1);
Counters counters = job.getCounters();
System.out.println("counters getGroupNames:"+counters.getGroupNames());
```

3. 统一日期格式

题目具体参数要求：将原始数据集中格式不一致的数据进行标准化处理，并存入指定数据表或数据文件中。数据清洗前，数据中日期存在几种情况，如表 17-3 所示。

表 17-3　发布时间数据样式

发布时间数据存在的格式
"发布时间": "12-29-2008"
"发布时间": "29 Dec 2008 16:25:46"
"发布时间": "18th,Apr,2019,10:52:53:000000"
"发布时间": "Apr,18th,2019,10:46 AM"
"发布时间": "18th,Apr,2019 10:52:53"
"发布时间": "Dec 29 2008 11:45 PM"

完成数据清洗分析任务，统一日期格式为yyyy-mm-dd格式，如下所示。

```
Java 工程师|阿里巴巴|北京|熟练使用 RPC 框架，具备相关的分布式开发经验|3|7000-12000|Spark, HBase, Linux, Python|2019-03-28|女|阿里巴巴网络技术有限公司（简称：阿里巴巴集团）是以曾担任英语教师的马云为首的18人于1999年在浙江杭州创立|专科及其以上
```

（1）编辑 Recruit MR/src/com/org/task3/CleanMapper.java 文件，编写 MapReduce 数据预处理 Map 程序，下面的所有代码片添加到 main 方法中。上面的清洗结果保存在/recruitoutput2 中，编写 MapReduce 程序，分析“发布日期”数据格式。

读取数据，根据数据源的分隔符进行分割。

```
String raw = value.toString();
String[] datas = raw.split("\\|");
```

建立时间的数据映射，通过正则表达式，将日期格式统一为yyyy-mm-dd的形式。

```
// 创建一个时间的map集合，存放月份的英文和数字的转换字符串
HashMap<String,String> timemap = new HashMap<String, String>();
// 将月份英文缩写和数字以键值对的形式存放在map集合中
timemap.put("Jan", "01");
timemap.put("Feb", "02");
timemap.put("Mar", "03");
timemap.put("Apr", "04");
timemap.put("May", "05");
timemap.put("Jun", "06");
timemap.put("Jul", "07");
timemap.put("Aug", "08");
timemap.put("Sept", "09");
timemap.put("Oct", "10");
timemap.put("Nov", "11");
timemap.put("Dec", "12");
//根据3种格式，创建正则表达式
//Dec 29 2008 11:45 PM
String partition1 = "([a-zA-Z]{3,4}) ([0-9]{2}) ([0-9]{4}) [0-9]{1,2}:[0-9]{1,2} [a-zA-Z]{2}";
//12-29-2008
String partition2 = "([0-9]{2})-([0-9]{2})-([0-9]{4})";
//29 Dec 2008 16:25:46
String partition3 = "([0-9]{2}) ([a-zA-Z]{3,4}) ([0-9]{4}) [0-9]{1,2}:[0-9]{1,2}:[0-9]{1,2}";
//18th,Apr,2019,10:52:53:000000
String partition4 = "([0-9]{2})[a-z]{2},([a-zA-Z]{3,4}),([0-9]{4}),[0-9]{1,2}:[0-9]{1,2}:[0-9]{1,2}:[0-9]{6}";
//Apr,18th,2019,10:46 AM
String partition5 = "([a-zA-Z]{3,4}),([0-9]{2})[a-z]{2},([0-9]{4}),[0-9]{1,2}:[0-9]{1,2} [a-zA-Z]{2}";
//18th,Apr,2019 10:52:53
String partition6 = "([0-9]{2})[a-z]{2},([a-zA-Z]{3,4}),([0-9]{4}) [0-9]{1,2}:[0-9]{1,2}:[0-9]{1,2}";
//编译正则表达式
Pattern r1 = Pattern.compile(partition1);
```

```
Pattern r2 = Pattern.compile(partition2);
Pattern r3 = Pattern.compile(partition3);
Pattern r4 = Pattern.compile(partition4);
Pattern r5 = Pattern.compile(partition5);
Pattern r6 = Pattern.compile(partition6);
//对 datas[7]时间字段进行匹配，每一层 if 判断语句都包含每个字段的分割匹配
Matcher m = r1.matcher(datas[7]);
if(m.find()) {
    datas[7] = m.group(3)+"-"+timemap.get(m.group(1))+"-"+m.group(2);
}else {
    m = r2.matcher(datas[7]);
    if(m.find()) {
        datas[7] = m.group(3)+"-"+m.group(1)+"-"+m.group(2);
    }else {
        m = r3.matcher(datas[7]);
        if(m.find()) {
            datas[7] = m.group(3)+"-"+timemap.get(m.group(2))+"-"+m.group(1);
        }else {
            m = r4.matcher(datas[7]);
            if(m.find()) {
                datas[7]                                            =
m.group(3)+"-"+timemap.get(m.group(2))+"-"+m.group(1);
            }else {
                m = r5.matcher(datas[7]);
                if(m.find()) {
                    datas[7]                                        =
m.group(3)+"-"+timemap.get(m.group(1))+"-"+m.group(2);
                }else {
                    m = r6.matcher(datas[7]);
                    if(m.find()) {
                        datas[7]                                    =
m.group(3)+"-"+timemap.get(m.group(2))+"-"+m.group(1);
                    }
                }
            }
        }
    }
}
```

给数据源重新设置分割符。

```
String str = "";
for(String i : datas) {
    if(i.equals(datas[datas.length-1])) {
        str = str+i;
    }else {
        str = str+i+"|";
    }
```

```
}
//输出数据
context.write(key, new Text(str));
```

（2）编辑 Recruit MR/src/com/org/task3/CleanReducer.java 文件，编写 MapReduce 数据预处理 Reduce 程序，在 reduce 方法中添加如下代码。

```
//reduce 不做任何操作，直接输出
for(Text t : values) {
    context.write(NullWritable.get(), t);
}
```

（3）编辑 Recruit MR/src/com/org/task3/CleanJob.java 文件，编写 MapReduce 启动程序，将下面的所有代码片添加到 main 方法中。初始化 Hadoop 集群的 Java 配置对象，设置 Job 类，Job 类是 Java 调用 MapReduce 的 Java 对象，其中 setJarByClass 方法的参数值需要给到 main 方法所在的类。

```
// TODO Auto-generated method stub
Configuration conf = new Configuration();
Job job = Job.getInstance(conf);
//设置 Job 类
job.setJarByClass(CleanJob.class);
```

分别设置 MapReduce 的 Map 类和 Reduce 类，以及输入/输出数据的数据类型，完成两个过程的业务逻辑。

```
//设置 Map 和 Reduce 的类
job.setMapperClass(CleanMapper.class);
job.setReducerClass(CleanReducer.class);
//设置 Map 输出的 key，value 类型
job.setMapOutputKeyClass(LongWritable.class);
job.setMapOutputValueClass(Text.class);
//设置 Reduce 输出的 key，value 类型
job.setOutputKeyClass(NullWritable.class);
job.setOutputValueClass(Text.class);
```

设置数据源输入/输出路径，这里设置数据源文件存放于 HDFS 的 recruitdata2 目录，将结果输出至 HDFS 的 recruitoutput3 目录；设置输出的 HDFS 路径。注意：HDFS 不能存在输出的文件夹中，MapReduce 会自动创建。

```
FileInputFormat.addInputPath(job, new Path("/recruitdata2"));
FileOutputFormat.setOutputPath(job, new Path("/recruitoutput3"));
System.exit(job.waitForCompletion(true)?0:1);
Counters counters = job.getCounters();
System.out.println("counters getGroupNames:"+counters.getGroupNames());
```

17.4.3　运行业务处理相关清洗任务

1．打包程序

MapReduce 基于 Hadoop 集群及 JVM 运行，所以需要将 MapReduce 程序打包成一个 jar 包，这样才能在集群中运行相关清洗任务的程序。

本节的 MapReduce 程序已经被打包并上传到大数据平台的/home/hadoop/目录中，jar

包的名字为 recruit.jar。

2．运行 MapReduce 程序

启动 Hadoop 集群，使用 hadoop 命令运行 MapReduce 程序。

```
[hadoop@master ~]# hadoop jar /home/hadoop/recruit.jar com.org, task1, CleanJob
[hadoop@hadoop ~]$ hadoop jar recruit.jar com.org.task1.CleanJob
20/05/11 11:22:55 INFO client.RMProxy: Connecting to ResourceManager at /0.0.0.0:8032
20/05/11 11:22:56 WARN mapreduce.JobResourceUploader: Hadoop command-line option parsing not performed. Implement the Tool interface and execute your application with ToolRunner to remedy this.
20/05/11 11:22:57 INFO input.FileInputFormat: Total input paths to process : 1
20/05/11 11:22:58 INFO mapreduce.JobSubmitter: number of splits:2
20/05/11 11:22:58 INFO mapreduce.JobSubmitter: Submitting tokens for job: job_1589167350629_0001
20/05/11 11:23:04 INFO impl.YarnClientImpl: Submitted application application_1589167350629_0001
20/05/11 11:23:04 INFO mapreduce.Job: The url to track the job: http://hadoop:8088/proxy/application_1589167350629_0001/
20/05/11 11:23:04 INFO mapreduce.Job: Running job: job_1589167350629_0001
20/05/11 11:23:18 INFO mapreduce.Job: Job job_1589167350629_0001 running in uber mode : false
20/05/11 11:23:18 INFO mapreduce.Job:  map 0% reduce 0%
20/05/11 11:23:41 INFO mapreduce.Job:  map 7% reduce 0%
20/05/11 11:23:44 INFO mapreduce.Job:  map 19% reduce 0%
20/05/11 11:23:47 INFO mapreduce.Job:  map 34% reduce 0%
20/05/11 11:23:50 INFO mapreduce.Job:  map 52% reduce 0%
20/05/11 11:23:53 INFO mapreduce.Job:  map 72% reduce 0%
20/05/11 11:23:57 INFO mapreduce.Job:  map 79% reduce 0%
20/05/11 11:23:59 INFO mapreduce.Job:  map 82% reduce 0%
20/05/11 11:24:03 INFO mapreduce.Job:  map 94% reduce 0%
20/05/11 11:24:06 INFO mapreduce.Job:  map 100% reduce 0%
20/05/11 11:24:24 INFO mapreduce.Job:  map 100% reduce 67%
20/05/11 11:24:29 INFO mapreduce.Job:  map 100% reduce 80%
20/05/11 11:24:31 INFO mapreduce.Job:  map 100% reduce 97%
20/05/11 11:24:32 INFO mapreduce.Job:  map 100% reduce 100%
20/05/11 11:24:33 INFO mapreduce.Job: Job job_1589167350629_0001 completed successfully
20/05/11 11:24:33 INFO mapreduce.Job: Counters: 50
File System Counters
    FILE: Number of bytes read=258405630
    FILE: Number of bytes written=411700949
    FILE: Number of read operations=0
    FILE: Number of large read operations=0
    FILE: Number of write operations=0
```

```
        HDFS: Number of bytes read=194107320
        HDFS: Number of bytes written=151336320
        HDFS: Number of read operations=9
        HDFS: Number of large read operations=0
        HDFS: Number of write operations=2
    Job Counters
        Launched map tasks=2
        Launched reduce tasks=1
        Data-local map tasks=2
        Total time spent by all maps in occupied slots (ms)=81704
        Total time spent by all reduces in occupied slots (ms)=31136
        Total time spent by all map tasks (ms)=81704
        Total time spent by all reduce tasks (ms)=31136
        Total vcore-milliseconds taken by all map tasks=81704
        Total vcore-milliseconds taken by all reduce tasks=31136
        Total megabyte-milliseconds taken by all map tasks=83664896
        Total megabyte-milliseconds taken by all reduce tasks=31883264
    Map-Reduce Framework
        Map input records=123712
        Map output records=113577
        Map output bytes=152472090
        Map output materialized bytes=152926410
        Input split bytes=232
        Combine input records=0
        Combine output records=0
        Reduce input groups=113577
        Reduce shuffle bytes=152926410
        Reduce input records=113577
        Reduce output records=113577
        Spilled Records=306454
        Shuffled Maps =2
        Failed Shuffles=0
        Merged Map outputs=2
        GC time elapsed (ms)=2846
        CPU time spent (ms)=24290
        Physical memory (bytes) snapshot=539246592
        Virtual memory (bytes) snapshot=6314057728
        Total committed heap usage (bytes)=301146112
    Shuffle Errors
        BAD_ID=0
        CONNECTION=0
        IO_ERROR=0
        WRONG_LENGTH=0
        WRONG_MAP=0
        WRONG_REDUCE=0
    com.org.task1.ReportDelete
        Delete_number=10
```

```
File Input Format Counters
    Bytes Read=194107088
File Output Format Counters
    Bytes Written=151336320
```

执行 hadoop 命令，查看 HDFS 文件系统上是否已生成输出文件。命令如下。

```
[hadoop@master ~]# hdfs dfs  -ls /recruitoutput1
Found 2 items
-rw-r--r--    1  hadoop  supergroup              0  2020-05-11  11:24
/recruitoutput1/_SUCCESS  #成功标记
-rw-r--r--     1  hadoop  supergroup   151336320  2020-05-11  11:24
/recruitoutput1/part-r-00000 #输出文件
```

执行 MapReduce 任务，完成合并薪资上、下限的数据清洗任务。命令如下。

```
[hadoop@master ~]# hadoop jar /home/hadoop/recruit.jar com.org,task2,
CleanJob
20/05/11 11:27:32 INFO client.RMProxy: Connecting to ResourceManager at
/0.0.0.0:8032
20/05/11 11:27:33 WARN mapreduce.JobResourceUploader: Hadoop command-line
option parsing not performed. Implement the Tool interface and execute your
application with ToolRunner to remedy this.
20/05/11 11:27:34 INFO input.FileInputFormat: Total input paths to process :
1
20/05/11 11:27:34 INFO mapreduce.JobSubmitter: number of splits:2
20/05/11 11:27:34 INFO mapreduce.JobSubmitter: Submitting tokens for job:
job_1589167350629_0002
20/05/11 11:27:40 INFO impl.YarnClientImpl: Submitted application
application_1589167350629_0002
20/05/11 11:27:40 INFO mapreduce.Job: The url to track the job:
http://hadoop:8088/proxy/application_1589167350629_0002/
20/05/11 11:27:40 INFO mapreduce.Job: Running job: job_1589167350629_0002
20/05/11 11:27:51 INFO mapreduce.Job: Job job_1589167350629_0002 running
in uber mode : false
20/05/11 11:27:51 INFO mapreduce.Job:  map 0% reduce 0%
20/05/11 11:28:07 INFO mapreduce.Job:  map 50% reduce 0%
20/05/11 11:28:09 INFO mapreduce.Job:  map 71% reduce 0%
20/05/11 11:28:11 INFO mapreduce.Job:  map 78% reduce 0%
20/05/11 11:28:15 INFO mapreduce.Job:  map 83% reduce 0%
20/05/11 11:28:19 INFO mapreduce.Job:  map 88% reduce 0%
20/05/11 11:28:21 INFO mapreduce.Job:  map 100% reduce 0%
20/05/11 11:28:34 INFO mapreduce.Job:  map 100% reduce 70%
20/05/11 11:28:37 INFO mapreduce.Job:  map 100% reduce 97%
20/05/11 11:28:39 INFO mapreduce.Job:  map 100% reduce 100%
20/05/11 11:28:40 INFO mapreduce.Job: Job job_1589167350629_0002 completed
successfully
20/05/11 11:28:40 INFO mapreduce.Job: Counters: 51
File System Counters
    FILE: Number of bytes read=288578686
    FILE: Number of bytes written=441874014
```

```
        FILE: Number of read operations=0
        FILE: Number of large read operations=0
        FILE: Number of write operations=0
        HDFS: Number of bytes read=151340654
        HDFS: Number of bytes written=151336320
        HDFS: Number of read operations=9
        HDFS: Number of large read operations=0
        HDFS: Number of write operations=2
    Job Counters
        Killed map tasks=1
        Launched map tasks=3
        Launched reduce tasks=1
        Data-local map tasks=3
        Total time spent by all maps in occupied slots (ms)=51368
        Total time spent by all reduces in occupied slots (ms)=29385
        Total time spent by all map tasks (ms)=51368
        Total time spent by all reduce tasks (ms)=29385
        Total vcore-milliseconds taken by all map tasks=51368
        Total vcore-milliseconds taken by all reduce tasks=29385
        Total megabyte-milliseconds taken by all map tasks=52600832
        Total megabyte-milliseconds taken by all reduce tasks=30090240
    Map-Reduce Framework
        Map input records=113577
        Map output records=113577
        Map output bytes=152472090
        Map output materialized bytes=152926410
        Input split bytes=238
        Combine input records=0
        Combine output records=0
        Reduce input groups=113577
        Reduce shuffle bytes=152926410
        Reduce input records=113577
        Reduce output records=113577
        Spilled Records=329553
        Shuffled Maps =2
        Failed Shuffles=0
        Merged Map outputs=2
        GC time elapsed (ms)=1087
        CPU time spent (ms)=13170
        Physical memory (bytes) snapshot=568848384
        Virtual memory (bytes) snapshot=6302265344
        Total committed heap usage (bytes)=326156288
    Shuffle Errors
        BAD_ID=0
        CONNECTION=0
        IO_ERROR=0
        WRONG_LENGTH=0
```

```
        WRONG_MAP=0
        WRONG_REDUCE=0
    com.org.task2.ReportUpdata
        Updata_number=17
    File Input Format Counters
        Bytes Read=151340416
    File Output Format Counters
        Bytes Written=151336320
```

执行 hadoop 命令，查看 HDFS 文件系统上是否已生成输出文件。命令如下。

```
[hadoop@master ~]# hdfs dfs  -ls /recruitoutput2
Found 2 items
-rw-r--r--   1 hadoop supergroup      0 2020-05-11 11:24 /recruitoutput2/_
SUCCESS #成功标记
-rw-r--r--   1 hadoop supergroup  151336320 2020-05-11 11:24 /recruitoutput2
/part-r-00000 #输出文件
```

执行 MapReduce 任务，完成统一日期格式的数据清洗任务。命令如下。

```
[hadoop@master  ~]#  hadoop  jar  /home/hadoop/recruit.jar  com.org,task3,
CleanJob
20/05/11 11:29:28 INFO client.RMProxy: Connecting to ResourceManager at
/0.0.0.0:8032
20/05/11 11:29:29 WARN mapreduce.JobResourceUploader: Hadoop command-line
option parsing not performed. Implement the Tool interface and execute your
application with ToolRunner to remedy this.
20/05/11 11:29:30 INFO input.FileInputFormat: Total input paths to process :
1
20/05/11 11:29:30 INFO mapreduce.JobSubmitter: number of splits:2
20/05/11 11:29:30 INFO mapreduce.JobSubmitter: Submitting tokens for job:
job_1589167350629_0003
20/05/11  11:29:31  INFO  impl.YarnClientImpl:  Submitted  application
application_1589167350629_0003
20/05/11  11:29:31  INFO  mapreduce.Job:  The  url  to  track  the  job:
http://hadoop:8088/proxy/application_1589167350629_0003/
20/05/11 11:29:31 INFO mapreduce.Job: Running job: job_1589167350629_0003
20/05/11 11:29:47 INFO mapreduce.Job: Job job_1589167350629_0003 running
in uber mode : false
20/05/11 11:29:47 INFO mapreduce.Job:  map 0% reduce 0%
20/05/11 11:30:04 INFO mapreduce.Job:  map 50% reduce 0%
20/05/11 11:30:05 INFO mapreduce.Job:  map 59% reduce 0%
20/05/11 11:30:08 INFO mapreduce.Job:  map 71% reduce 0%
20/05/11 11:30:11 INFO mapreduce.Job:  map 75% reduce 0%
20/05/11 11:30:14 INFO mapreduce.Job:  map 80% reduce 0%
20/05/11 11:30:18 INFO mapreduce.Job:  map 83% reduce 0%
20/05/11 11:30:20 INFO mapreduce.Job:  map 100% reduce 0%
20/05/11 11:30:37 INFO mapreduce.Job:  map 100% reduce 91%
20/05/11 11:30:38 INFO mapreduce.Job:  map 100% reduce 100%
20/05/11 11:30:39 INFO mapreduce.Job: Job job_1589167350629_0003 completed
successfully
```

```
20/05/11 11:30:40 INFO mapreduce.Job: Counters: 50
 File System Counters
     FILE: Number of bytes read=288567422
     FILE: Number of bytes written=441857118
     FILE: Number of read operations=0
     FILE: Number of large read operations=0
     FILE: Number of write operations=0
     HDFS: Number of bytes read=151340654
     HDFS: Number of bytes written=151330688
     HDFS: Number of read operations=9
     HDFS: Number of large read operations=0
     HDFS: Number of write operations=2
 Job Counters
     Killed map tasks=1
     Launched map tasks=3
     Launched reduce tasks=1
     Data-local map tasks=3
     Total time spent by all maps in occupied slots (ms)=61871
     Total time spent by all reduces in occupied slots (ms)=31048
     Total time spent by all map tasks (ms)=61871
     Total time spent by all reduce tasks (ms)=31048
     Total vcore-milliseconds taken by all map tasks=61871
     Total vcore-milliseconds taken by all reduce tasks=31048
     Total megabyte-milliseconds taken by all map tasks=63355904
     Total megabyte-milliseconds taken by all reduce tasks=31793152
 Map-Reduce Framework
     Map input records=113577
     Map output records=113577
     Map output bytes=152466458
     Map output materialized bytes=152920778
     Input split bytes=238
     Combine input records=0
     Combine output records=0
     Reduce input groups=113577
     Reduce shuffle bytes=152920778
     Reduce input records=113577
     Reduce output records=113577
     Spilled Records=329553
     Shuffled Maps =2
     Failed Shuffles=0
     Merged Map outputs=2
     GC time elapsed (ms)=1586
     CPU time spent (ms)=15730
     Physical memory (bytes) snapshot=570970112
     Virtual memory (bytes) snapshot=6299836416
     Total committed heap usage (bytes)=328450048
 Shuffle Errors
```

```
        BAD_ID=0
        CONNECTION=0
        IO_ERROR=0
        WRONG_LENGTH=0
        WRONG_MAP=0
        WRONG_REDUCE=0
    File Input Format Counters
        Bytes Read=151340416
    File Output Format Counters
        Bytes Written=151330688
```

执行 hadoop 命令，查看 HDFS 文件系统上是否已生成输出文件。命令如下。

```
    [hadoop@master ~]# hdfs dfs  -ls /recruitoutput3
    Found 2 items
    -rw-r--r--  1 hadoop supergroup  0 2020-05-11 11:24 /recruitoutput3/_SUCCESS
#成功标记
    -rw-r--r--  1 hadoop supergroup 151336320 2020-05-11 11:24 /recruitoutput3/
part-r-00000 #输出文件
```

17.4.4 数据进入数据仓库

若要将清洗后的数据存储到数据文件中，需要将数据的不同字段使用某种分隔符分隔开后，再写入数据文件中。后续将数据文件再导入数据库时，同样以该分隔符进行字段划分。根据题目具体参数要求，将清洗后的数据以指定数据分隔符进行分隔，存入指定数据文件中，再使用数据转移工具将数据导入数据库中。（本节将以 17.4.3 节的输出结果作为数据源。）

本节将清洗分析之后存放在 HDFS 中的数据，通过 Sqoop 组件导入 Hive 数据仓库，如图 17-4 所示。

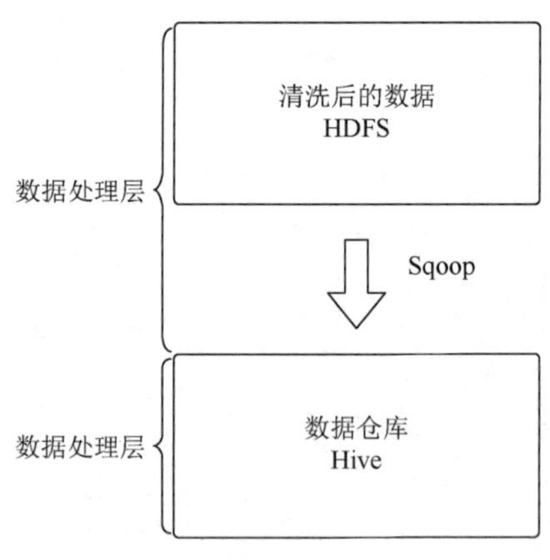

图 17-4 数据进入数据仓库

（1）启动 Hadoop 集群之后，进入 hive 命令终端。

创建 Hive 数据库，命名为 recruitdata。

（2）创建表 rawdata，数据中包含字段，清洗后的职位数据以“|”分隔，如表 17-4 所示。

表 17-4　数据源

字　段	中文解析
com_name	公司名称
city	工作城市
requirement	工作要求
number	招聘人数
salary	工资
skill	技能要求
time	发布时间
gender	性别
intro	公司描述
edu	学历要求
name	岗位名称

（3）将前面 17.4.3 节清洗之后输出到 HDFS 中/recruitoutput3 的数据导入新建的 rawdata 表中，在 Hive 中 inpath 参数后面添加的是数据源的数据路径，默认情况下读取的是 HDFS 文件系统上的数据，使用 hive 命令查看导入的数据源总行数。

```
hive> select count(*) from rawdata;

WARNING: Hive-on-MR is deprecated in Hive 2 and may not be available in the future versions. Consider using a different execution engine (i.e. spark, tez) or using Hive 1.X releases.
Query ID = hadoop_20200518131919_f0e8ba3c-9ef8-4204-9a35-49fd000d2344
Total jobs = 1
Launching Job 1 out of 1
Number of reduce tasks determined at compile time: 1
In order to change the average load for a reducer (in bytes):
  set hive.exec.reducers.bytes.per.reducer=<number>
In order to limit the maximum number of reducers:
  set hive.exec.reducers.max=<number>
In order to set a constant number of reducers:
  set mapreduce.job.reduces=<number>
Starting Job = job_1589776556088_0002, Tracking URL = http://hadoop:8088/proxy/application_1589776556088_0002/
Kill Command = /usr/local/src/hadoop/bin/hadoop job -kill job_1589776556088_0002
Hadoop job information for Stage-1: number of mappers: 1; number of reducers: 1
2020-05-18 13:19:43,441 Stage-1 map = 0%,  reduce = 0%
2020-05-18 13:19:59,446 Stage-1 map = 100%,  reduce = 0%, Cumulative CPU 5.15 sec
2020-05-18 13:20:17,732 Stage-1 map = 100%,  reduce = 100%, Cumulative CPU 8.04 sec
MapReduce Total cumulative CPU time: 8 seconds 40 msec
```

```
Ended Job = job_1589776556088_0002
MapReduce Jobs Launched:
Stage-Stage-1: Map: 1  Reduce: 1  Cumulative CPU: 8.04 sec  HDFS Read:
151343731 HDFS Write: 106 SUCCESS
Total MapReduce CPU Time Spent: 8 seconds 40 msec
OK
113577
Time taken: 60.788 seconds, Fetched: 1 row(s)
```

17.4.5 业务应用层大数据分析

本章重点在大数据业务处理系统的业务应用层的数据分析模块，17.4.4 节已经将处理好的数据存放到了 Hive 中，使用 Hadoop 生态组件 Hive 进行数据分析。

业务需求中有一项为：统计“大数据”相关岗位的招聘信息。统计相关岗位的招聘信息，可以得出该岗位的招聘热度，从而为求职者提供应聘的提示“什么岗位比较容易被录取，什么岗位比较容易多人同时竞争”，同时也为招聘者提供招聘提示“什么岗位的应聘者最稀缺，什么岗位的应聘者较多”。以下将对“大数据”相关岗位的招聘信息进行分析、统计。

（1）rawdata 为数据源，统计“大数据”相关岗位的招聘信息。字段信息如表 17-4 所示。

创建新表用来存放数据。hive 命令如下。

```
hive> create table bigdata_work
> (name STRING, com_name STRING, city STRING, requirement STRING,
> number STRING, salary STRING, skill STRING, time STRING, gender STRING,
    > intro STRING, edu STRING)
    > row format delimited fields terminated by "|" stored as textfile;

OK
Time taken: 0.386 seconds
```

（2）hive 查询将结果保存到新表中。hive 命令如下。

```
hive> insert overwrite table bigdata_work select * from rawdata where name
like '%大数据%';

Query ID = hadoop_20200425222626_403811b5-cd59-42e3-a05b-9ddfe12e9af4
Total jobs = 3
Launching Job 1 out of 3
Number of reduce tasks is set to 0 since there's no reduce operator
Starting Job = job_1585553665184_0010, Tracking URL =
http://master:8088/proxy/application_1585553665184_0010/
Kill Command = /usr/local/src/hadoop/bin/hadoop job -kill job_1585553665184_
0010
Hadoop job information for Stage-1: number of mappers: 3; number of reducers:
0
2020-04-25 22:26:11,674 Stage-1 map = 0%,  reduce = 0%
2020-04-25 22:26:20,366 Stage-1 map = 33%,  reduce = 0%, Cumulative CPU 1.68
sec
```

```
2020-04-25 22:26:21,402 Stage-1 map = 67%,  reduce = 0%, Cumulative CPU 4.28 sec
2020-04-25 22:26:22,425 Stage-1 map = 100%,  reduce = 0%, Cumulative CPU 6.95 sec
MapReduce Total cumulative CPU time: 6 seconds 950 msec
Ended Job = job_1585553665184_0010
Stage-4 is filtered out by condition resolver.
Stage-3 is selected by condition resolver.
Stage-5 is filtered out by condition resolver.
Launching Job 3 out of 3
Number of reduce tasks is set to 0 since there's no reduce operator
Starting Job = job_1585553665184_0011, Tracking URL = http://master:8088/proxy/application_1585553665184_0011/
Kill Command = /usr/local/src/hadoop/bin/hadoop job -kill job_1585553665184_0011
Hadoop job information for Stage-3: number of mappers: 1; number of reducers: 0
2020-04-25 22:26:31,875 Stage-3 map = 0%,  reduce = 0%
2020-04-25 22:26:36,013 Stage-3 map = 100%,  reduce = 0%, Cumulative CPU 1.23 sec
MapReduce Total cumulative CPU time: 1 seconds 230 msec
Ended Job = job_1585553665184_0011
Loading data to table hive_data_jobs.test
Table hive_data_jobs.test stats: [numFiles=1, numRows=197754, totalSize=2551545, rawDataSize=2353791]
MapReduce Jobs Launched:
Stage-Stage-1: Map: 3   Cumulative CPU: 6.95 sec   HDFS Read: 622031566 HDFS Write: 2551792 SUCCESS
Stage-Stage-3: Map: 1   Cumulative CPU: 1.23 sec   HDFS Read: 2553835 HDFS Write: 2551545 SUCCESS
Total MapReduce CPU Time Spent: 8 seconds 180 msec
OK
Time taken: 32.788 seconds
```

（3）查询结果。hive 分析的结果总条数。

```
hive> select count(*) from bigdata_work;
OK
9911
Time taken: 0.662 seconds, Fetched: 1 row(s)
```

17.4.6　数据仓库数据导出数据访问层

本教材搭建的大数据业务处理系统中各个业务层面的数据传输都使用 Hadoop 生态组件 Sqoop 完成，17.4.4 节已经将统计分析出的结果存放到了 Hive 新数据表中。

该流程通过 Sqoop 组件将 Hive 数据仓库中的数据导出到 MySQL 数据库中，用于数据可视化，如图 17-5 所示。

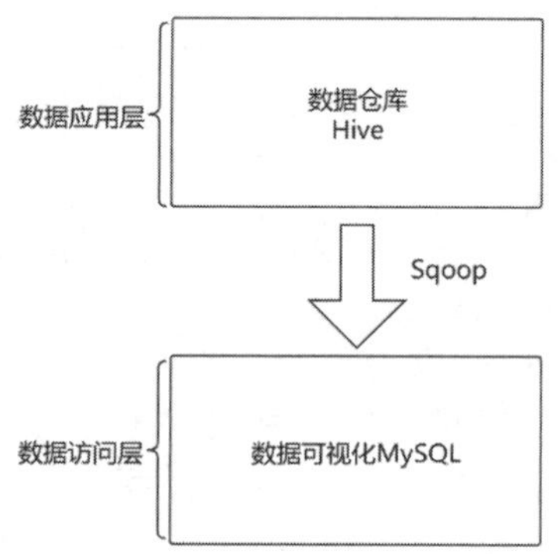

图 17-5　数据仓库数据导出数据访问层

（1）实验之前需要启动 MySQL 服务，启动 Hadoop 集群，输入 sqoop 命令，Sqoop 组件会调用 MapReduce，将 Hive 数据导入 MySQL。

注意：数据被导入 MySQL 之后，Hive 的数据会被清空，参数解析如表 17-5 所示。

表 17-5　Sqoop 传输参数

export	表示 sqoop 操作用于将数据导出
connect	MySQL 连接地址
username	MySQL 用户名
password	MySQL 连接密码
table	MySQL 表
--input-fields-terminated-by	设置分隔符
--export-dir	hive 表的数据位置

```
[hadoop@master ~]# sqoop export \
 --connect  "jdbc:mysql://localhost:3306/vision_data?useUnicode=  true&
characterEncoding= utf8"  \
--username root --password Password123$ --table bigdata_work \
-input-fields-terminated-by "|" --export-dir /user/hive/warehouse/ recruitdata.
db/bigdata_work


20/04/27 15:24:54 INFO sqoop.Sqoop: Running Sqoop version: 1.4.5
20/04/27 15:24:56 INFO manager.MySQLManager: Preparing to use a MySQL
streaming resultset.
INFO orm.CompilationManager: Writing jar file: /tmp/sqoop-hadoop/compile/
cebe706d23ebb1fd99c1f063ad51ebd7/emp.jar
-------------------------------------------------------
0 mapreduce.Job: map 0% reduce 0%
20/04/27 15:28:08 INFO mapreduce.Job: map 100% reduce 0%
20/04/27 15:28:16 INFO mapreduce.Job: Job job_1419242001831_0001 completed
successfully
-------------------------------------------------------
-------------------------------------------------------
20/04/27 15:28:17 INFO mapreduce.ImportJobBase: Transferred 145 bytes in
```

```
177.5849 seconds (0.8165 bytes/sec)
    20/04/27 15:28:17 INFO mapreduce.ImportJobBase: Retrieved 5 records.
```

（2）查看数据是否导出 MySQL。启动 MySQL，命令如下。

```
    [hadoop@master ~]$ mysql -u root -pPassword123$

    mysql: [Warning] Using a password on the command line interface can be
insecure.
    Welcome to the MySQL monitor.  Commands end with ; or \g.
    Your MySQL connection id is 10
    Server version: 5.7.18 MySQL Community Server (GPL)

    Copyright (c) 2000, 2020, Oracle and/or its affiliates. All rights reserved.

    Oracle is a registered trademark of Oracle Corporation and/or its
    affiliates. Other names may be trademarks of their respective
    owners.

    Type 'help;' or '\h' for help. Type '\c' to clear the current input statement.

    mysql>
```

使用数据库，命令如下。

```
    mysql> use vision_data;

    Reading table information for completion of table and column names
    You can turn off this feature to get a quicker startup with -A

    Database changed
```

查询导入的数据库表。至此数据已经成功从业务应用层导出到了数据访问层，也为后续数据可视化或者其他业务需求提供了较为合理的参考数据。通过 mysql 命令查询导入数据的总条数：

```
    mysql> select count(*) from bigdata_work;
    OK
    9911
```

17.4.7 数据访问层大数据可视化

数据访问层的数据是解决业务需求的重要参考，但是存放在 MySQL 的数据不便于业务部门直观查看并快速得出结论，大数据可视化技术的引入可以解决这个问题。大数据可视化是借助于图形化手段，清晰有效地传达与沟通信息。

通过前面章节的步骤之后，已经完成了大数据平台业务处理的基本应用，最后将 17.4.6 节中 MySQL 的数据作为数据源，通过编写运行 Flask 程序访问大数据平台里面的 MySQL 数据库，读取 Sqoop 导出的业务访问层数据，完成实际生产环境的最后一个步骤——大数据可视化。

1. Flask 简介

Flask 是一个轻量级的可定制框架，使用 Python 语言编写，较其他同类型框架更为灵活、轻便、安全。它可以很好地结合 MVC 模式进行开发，开发人员分工合作，小型团队在短时间内就可以完成功能丰富的中小型网站或 Web 服务的实现。Flask 还有很强的定制性，用户可以根据需求来添加相应的功能，在保持核心功能简单的同时实现功能的丰富与扩展，其强大的插件库可以让用户实现个性化的网站定制，开发出功能强大的网站。

2．ECharts 简介

ECharts 是一个商业级数据图表，它是一个纯 JavaScript 的图表库，兼容绝大部分的浏览器，底层依赖轻量级的 Canvas 类库 ZRender，提供直观、生动、可交互、可高度个性化定制的数据可视化图表。创新的拖拽重计算、数据视图、值域漫游等特性大大增强了用户体验，赋予了用户对数据进行挖掘、整合的能力。

3．大数据可视化业务需求

分析业务应用层 Hive 统计分析之后的数据，统计了“大数据”相关职位招聘信息，由于业务部门希望了解 2018 年及 2019 年上半年“大数据”相关职位每个月的招聘情况，从而总结 2018 年及 2019 年上半年的大数据岗位行情，为企业 2019 年下半年招聘计划提供准备，为应聘者 2019 年下半年应聘计划提供参考，所以为了让企业和应聘者能直观、便捷地看到实际情况，应用 Flask 程序完成相关数据的展示。

4．运行 Flask 程序

本教材提供一个已经编写好的 Flask 可视化项目，使用安装 PyCharm 工具运行该项目即可完成数据可视化。

（1）编译、运行编写好的 Flask 程序。打开 PyCharm 的 Terminal 命令栏，若控制台返回如下信息，说明 Flask 启动成功。结果如图 17-6 所示。

```
\home\hadoop\ViewData> python manage.py runserver

 * Serving Flask app "app" (lazy loading)
 * Environment: production
   WARNING: This is a development server. Do not use it in a production deployment.
   Use a production WSGI server instead.
 * Debug mode: on
 * Restarting with stat
 * Debugger is active!
 * Debugger PIN: 283-891-031
 * Running on http://127.0.0.1:5000/ (Press CTRL+C to quit)
```

```
Terminal
C:\Users\lenovo\Desktop\ViewData>python manage.py runserver
 * Serving Flask app "app" (lazy loading)
 * Environment: production
   WARNING: This is a development server. Do not use it in a production deployment.
   Use a production WSGI server instead.
 * Debug mode: on
 * Restarting with stat
 * Debugger is active!
 * Debugger PIN: 283-891-031
 * Running on http://127.0.0.1:5000/ (Press CTRL+C to quit)
```

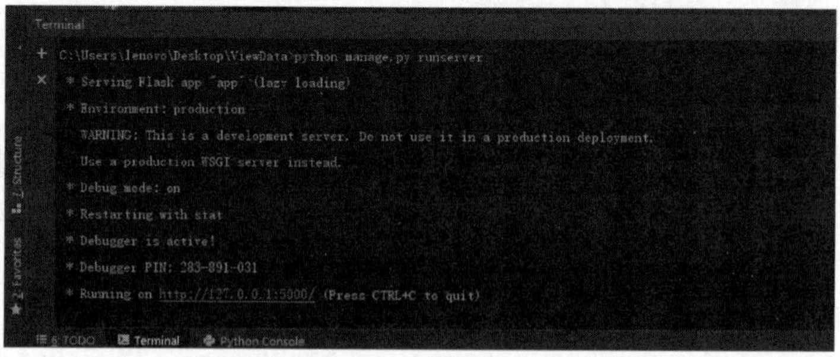

图 17-6　Flask 启动

（2）打开浏览器，输入 Web 可视化项目的 URL：

```
http://127.0.0.1:5000/index/
```

当网站地址被客户端浏览器访问时，触发 Flask 程序查询到的数据结合 ECharts 前端大数据可视化组件，将数据清楚地展示在浏览器中。如图 17-7 所示，图形标题为"'大数据'相关职位招聘数量（按月份分组）"，并且饼形图的左边为 2018 年度各个岗位的招聘情况，右边为 2019 年上半年各个岗位的招聘情况。

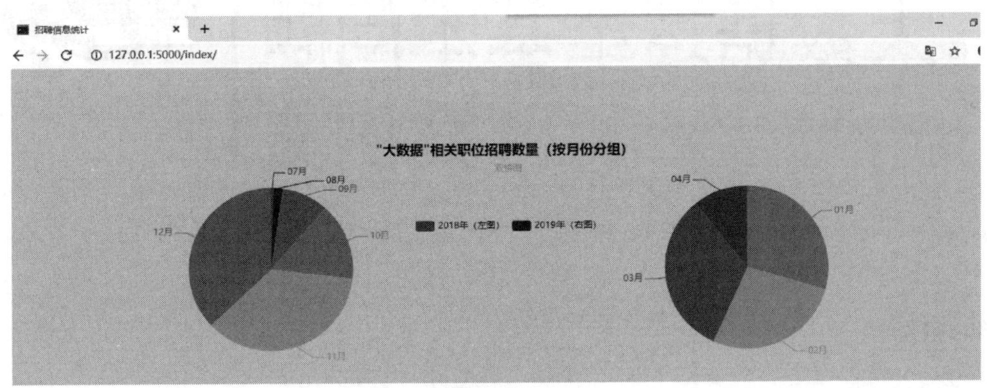

图 17-7　可视化

17.5 本章小结

本章着重于数据处理层（数据清洗）和数据应用层（数据分析）的介绍和应用，此外还包含部分数据访问层（数据可视化）的使用。

第 18 章 大数据运维基本问题案例集

学习目标

- 掌握大数据平台问题分析处理流程
- 熟悉解决基础环境的基本问题
- 熟悉解决组件配置的基本问题
- 熟悉解决平台运行的基本问题

通过前面的项目实施及项目案例，我们已经完成客户大数据平台搭建，期间可能遇到了很多的问题，既有经典的内存溢出问题，也有 HDFS 启动问题；既有权限配置问题，也有安全模式问题，遇到的这些问题有些是 Hadoop 自身的缺陷，有些则是使用不当。本章主要讲解大数据平台及相关组件基本问题的处理。

18.1 大数据平台问题分析处理流程

Hadoop 大数据平台运维工程师需要负责 Hadoop 平台相关的日常运行维护、故障排查、集群监控和配置调优工作。大数据平台问题处理流程图如图 18-1 所示。

通过对 Hadoop 集群进行日常管理，保障系统正常运行，完成 Hadoop 集群运行维护、监控、故障处理、异常排查等基本工作。依据以下步骤对大数据平台问题进行处理：

（1）系统日志文件查看。

（2）基础环境配置与排查。

（3）平台组件配置与排查。

（4）平台启动故障处理。

（5）平台运行异常排查。

以上是企业生产环境中常规的处理大数据平台问题的方法，本章内容是对大数据平台生产环境或学习环境中经常遇到的问题及其解决方法的汇总，仅供参考，希望能为大家提供解决问题的思路。

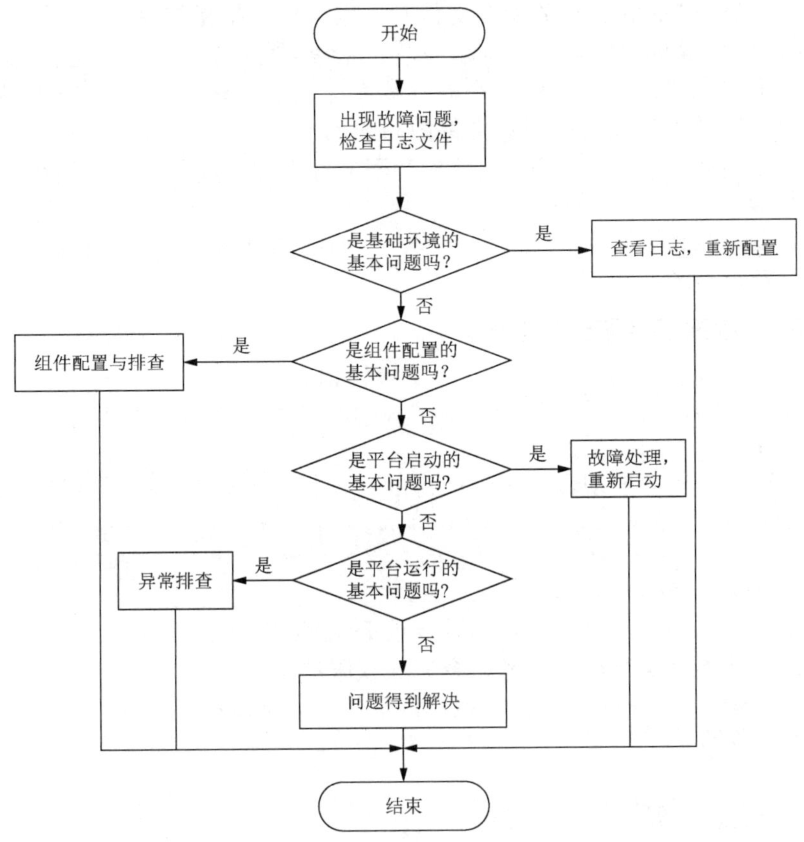

图 18-1　大数据平台问题处理流程图

18.2　解决基础环境的基本问题案例

18.2.1　权限配置问题

若在安装时遇到问题，或者安装完后不能运行 Hadoop，则建议仔细查看日志信息。Hadoop 记录了详尽的日志信息，日志文件保存在 logs 文件夹内。下面介绍几个典型的由于权限配置问题导致安装或运行失败的参考案例。

1．未对 Hadoop 安装文件夹授权导致操作失败

问题现象：在 Hadoop 集群搭建配置中运行命令，出现以下报错信息。

```
[hadoop@master ~]$ hadoop fs -mkdir input
mkdir: 'input': No such file or directory
```

问题分析：这是由于权限不足导致的问题，在安装过程中未对 Hadoop 安装文件夹进行写权限授权。

解决方法：使用命令进行授权，参考命令如下。

```
[root@master ~] chmod -R a+w /usr/local/src/hadoop
```

再次执行配置命令验证结果。

2. 修改 Hadoop 相关配置文件时权限不足

问题现象：在修改 Hadoop 相关配置文件时，出现以下报错信息。

```
E45: 'readonly' option is set (add ! to override)
```

问题分析：上述报错信息提示权限不够导致无法更改，这是用户操作的权限不足导致的问题，该错误为当前用户没有权限对文件做修改。

解决方法：使用命令修改 hadoop 文件夹及子文件夹的所属用户和归属组为 hadoop 用户，参考命令如下。

```
[root@master ~]chown -R hadoop:hadoop  /usr/local/src/hadoop
```

再次执行配置命令验证结果。

3. DataNode 权限不足导致无法启动

问题现象：DataNode 无法启动，出现以下报错信息。

```
ERROR org.apache.hadoop.hdfs.server.datanode.DataNode: All directories in dfs.data.dir are invalid
```

问题分析：通过分析，发现以上错误信息的前一行出现有 WARN 的警告信息。

```
WARN org.apache.hadoop.hdfs.server.datanode.DataNode: Invalid directory in dfs.data.dir: Incorrect permissi on for /home/hadoop/dfs/data, expected: rwxr-xr-x, while actual: rwxrwxr-x
```

通过以上错误日志判断是目录权限问题导致 DataNode 无法启动。

解决方法：具体通过执行如下参考命令完成权限的配置。

```
[hadoop@master ~]$chown -R hadoop:hadoop /home/hadoop/dfs/data
```

再次执行配置命令验证结果。

18.2.2 SELinux 问题

问题现象：从本地往 HDFS 文件系统上传文件时，出现以下报错信息。

```
INFO hdfs.DFSClient: Exception in createBlockOutputStream java.io.IOException: Bad connect ack with firstBadLink
```

问题分析：这是 SELinux 没有禁用的原因。需要禁用 SELinux。

解决方法：通过 vi 编辑/etc/selinux/config 文件，设置“SELINUX=disabled”关闭 SELinux，并重新启动使其生效。

再次执行配置命令验证结果。

18.2.3 Hadoop 安全模式问题

问题现象：Hadoop 安全模式配置导致系统出现以下报错信息。

```
org.apache.hadoop.dfs.SafeModeException: Cannot delete ..., Namenode is in safe mode
```

问题分析：当 Hadoop 处于安全模式下时，文件系统中的内容不允许修改，也不允许删除，直到安全模式结束。

解决方法：关闭 Hadoop 安全模式。

```
[hadoop@master ~]$hadoop dfsadmin -safemode leave #退出安全模式
```

再次执行配置命令验证结果。

18.2.4 主机名配置造成问题

问题现象：当打开系统输入 Hadoop 启动命令 start-all.sh 时，出现以下报错信息。

```
[root@master ~]#start-all.sh                    #启动 Hadoop 的系统服务
starting NameNode, logging to /usr/local/hadoop/libexec/../logs/hadoop-root-NameNode-Master.out
Master: ssh: connect to host Master port 22: Network is unreachable
Master: ssh: connect to host Master port 22: Network is unreachable
starting jobtracker, logging to /usr/local/hadoop/libexec/../logs/hadoop-root-jobtracker-Master.out
Master: ssh: connect to host Master port 22: Network is unreachable
```

问题分析：通过 jps 命令查看进程，具体命令如下。

```
[root@master ~]# jps    #查看进程信息
2739 Jps
```

进程显示 Hadoop 没有启动。先查看当前系统的 IP 地址是否正确。

```
[root@master ~]# ifconfig    #查看网络配置
eth1      Link encap:Ethernet  HWaddr 00:0C:29:4E:BC:7A
          inet addr:192.168.1.6  Bcast:192.168.1.255  Mask:255.255.255.0
          inet6 addr: fe80::20c:29ff:fe4e:bc7a/64 Scope:Link
          UP BROADCAST RUNNING MULTICAST  MTU:1500  Metric:1
          RX packets:127 errors:0 dropped:0 overruns:0 frame:0
          TX packets:134 errors:0 dropped:0 overruns:0 carrier:0
          collisions:0 txqueuelen:1000
          RX bytes:12497 (12.2 KiB)  TX bytes:14291 (13.9 KiB)
          Interrupt:19 Base address:0x2024
lo        Link encap:Local Loopback
          inet addr:127.0.0.1  Mask:255.0.0.0
          inet6 addr: ::1/128 Scope:Host
          UP LOOPBACK RUNNING  MTU:16436  Metric:1
          RX packets:24 errors:0 dropped:0 overruns:0 frame:0
          TX packets:24 errors:0 dropped:0 overruns:0 carrier:0
          collisions:0 txqueuelen:0
          RX bytes:1616 (1.5 KiB)  TX bytes:1616 (1.5 KiB)
```

然后查看/etc/hosts 文件中的配置：

```
127.0.0.1 localhost localhost.localdomain localhost4 localhost4.localdomain4
::1 localhost localhost.localdomain localhost6 localhost6.localdomain6
192.168.1.100 master          #Hadoop 的错误 IP 配置
"/etc/hosts" 3L, 180C
```

可以看到 master 的 IP 配置为：192.168.1.100，与当前系统的 IP 地址不一致。

解决方法：通过 vi 编辑配置文件（/etc/hosts），将 IP 地址修改为正确地址。

```
127.0.0.1 localhost localhost.localdomain localhost4 localhost4.localdomain4
::1 localhost localhost.localdomain localhost6 localhost6.localdomain6
192.168.1.6 master            #Hadoop 的正确 IP 配置
"/etc/hosts" 3L, 180C
```

再次重新启动 start-all.sh：

```
[root@master ~]# start-all.sh          #启动 Hadoop 系统服务
starting NameNode, logging to /usr/local/hadoop/libexec/../logs/hadoop-root-NameNode-Master.out
Master: Warning: Permanently added the RSA host key for IP address '192.168.1.6' to the list of known hosts.
Master: starting datanode, logging to /usr/local/hadoop/libexec/../logs/hadoop-root-datanode-Master.out
Master: starting secondaryNameNode, logging to /usr/local/hadoop/libexec/../logs/hadoop-root-secondaryNameNode-Master.out
starting jobtracker, logging to /usr/local/hadoop/libexec/../logs/hadoop-root-jobtracker-Master.out
Master: starting tasktracker, logging to /usr/local/hadoop/libexec/../logs/hadoop-root-tasktracker-Master.out
```

再次执行配置命令验证结果。

18.3 解决组件配置的基本问题案例

18.3.1 Hive 组件异常问题

1. Hive 脚本执行错误问题

问题现象：在执行 Hive 脚本时，hive.log 出现以下报错信息。

```
Exception in thread "main" java.lang.RuntimeException: java.lang.RuntimeException: Unable to instantiate org.apache.hadoop.Hive.ql.metadata.SessionHiveMetaStoreClient
    at
org.apache.hadoop.Hive.ql.session.SessionState.start(SessionState.java:552)
    ... 8 more
......
    at java.lang.reflect.Method.invoke(Method.java:498)
    at org.apache.hadoop.util.RunJar.run(RunJar.java:233)
    at org.apache.hadoop.util.RunJar.main(RunJar.java:148)
```

问题分析：这是因为线程在等待过程中长期获取不到资源被终止，用于处理 RPC 请求 Hive 的 MetaStore 启动后又自动停止而出现的错误。

解决方法：修改 hive-site.xml 配置中 Hive 客户端连接 9083 端口为 10000。

再次执行配置命令验证结果。

2. Hive jar 包安装错误问题

问题现象：在进行 Hive 组件配置时，jar 包冲突导致异常，出现以下报错信息。

```
Failed to set setXIncludeAware(true) for parser
```

问题分析：这是 jar 包冲突问题。向 Java 的 lib 目录添加了 Hive 的 jar 包导致 Hadoop 引用 jar 包冲突。

解决方法：删除此 jar 包，修改系统环境变量 CLASSPATH，指定 jar 包路径。

再次执行配置命令验证结果。

3. Hive 创建表错误问题

问题现象：Hive 创建数据表失败，搭建 Hive 服务时出现无法创建数据表。

问题分析：在 Hive 日志中无法找到/user/hive/warehouse。正常情况下创建一张数据表时会在 HDFS 中创建一个/user/hive/warehouse 的文件夹，而现在 HDFS 中没有这个目录。

解决方法：首先在/user/hive/下手动添加 warehouse 文件夹。具体命令如下。

```
[hadoop@master ~]$hadoop fs  -p -mkdir /user/hive/warehouse
```

创建成功后，通过 vi 修改 hive-site.xml 文件路径。

```
<property>
  <name>hive.metastore.warehouse.dir</name>
  <value> hdfs://192.168.1.6:9000/user/hive/warehouse</value>#修改创建路径
</property>
```

再次执行配置命令验证结果。

4. Hive 元数据库编码格式错误问题

问题现象：Hive 创建表错误，出现以下报错信息。

```
com.mysql.jdbc.exception.jdbc4.MySQLSyntaxErrorException:Specified   ket
was too long;max key length is 767 bytes
```

问题分析：这是 Hive 元数据 MySQL 配置编码格式错误导致的。

解决方法：登录 MySQL，修改 Hive 元数据数据库编码格式。

```
mysql:alter database Hive character set latin1;
```

再次执行配置命令验证结果。

5. Hive 元数据缺少 MySQL 驱动包问题

问题现象：Hive 启动运行，出现以下报错信息。

```
Caused                                                                by:
org.datanucleus.store.rdbms.connectionpool.DatastoreDriverNotFoundException:
The specified datastore driver ("com.mysql.jdbc.Driver") was not found in the
CLASSPATH. Please check your CLASSPATH specification, and the name of the driver.
    at
org.datanucleus.store.rdbms.connectionpool.AbstractConnectionPoolFactory.lo
adDriver(AbstractConnectionPoolFactory.java:58)
    at
org.datanucleus.store.rdbms.connectionpool.BoneCPConnectionPoolFactory.crea
teConnectionPool(BoneCPConnectionPoolFactory.java:54)
    at
org.datanucleus.store.rdbms.ConnectionFactoryImpl.generateDataSources(Conne
ctionFactoryImpl.java:213)
```

问题分析：这是在 Hive 中采用外部数据库 MySQL，未添加 MySQL 的 jar 包导致的。

解决方法：下载相应的数据包 mysql-connector-java-5.1.32.tar.gz，并将其复制到 Hive 的 lib 目录下。

```
[hadoop@master ~]$ cp mysql-connector-java-5.1.34-bin.jar /usr/local/src/
hive/lib/
```

再次执行配置命令验证结果。

6. Hive 元数据 MySQL 初始化问题

问题现象：Hive 采用元数据库 MySQL 初始化，运行./hive 脚本时出现以下报错信息。

```
Exception in thread "main" java.lang.RuntimeException: Hive metastore database is not initialized. Please use schematool (e.g. ./schematool -initSchema -dbType ...) to create the schema. If needed, don't forget to include the option to auto-create the underlying database in your JDBC connection string (e.g. ?createDatabaseIfNotExist=true for mysql)
```

问题分析：在 scripts 目录下运行 schematool -initSchema -dbType mysql 命令，进行 Hive 元数据库的初始化分析。

```
[root@master ~]$  schematool -initSchema -dbType mysql
SLF4J: Class path contains multiple SLF4J bindings.
SLF4J: Found binding in [jar:file:/home/xiaosi/opt/Hive-2.1.0/lib/log4j-slf4j-impl-2.4.1.jar!/org/slf4j/impl/StaticLoggerBinder.class]
SLF4J: Found binding in [jar:file:/home/xiaosi/opt/hadoop-2.7.1/share/hadoop/common/lib/slf4j-log4j12-1.7.10.jar!/org/slf4j/impl/StaticLoggerBinder.class]
SLF4J: See http://www.slf4j.org/codes.html#multiple_bindings for an explanation.
SLF4J: Actual binding is of type [org.apache.logging.slf4j.Log4jLoggerFactory]
Metastore connection URL:        jdbc:mysql://localhost:3306/Hive_meta?createDatabaseIfNotExist=true
Metastore Connection Driver :    com.mysql.jdbc.Driver
Metastore connection User:     root
Starting metastore schema initialization to 2.1.0
Initialization script Hive-schema-2.1.0.mysql.sql
Initialization script completed
schemaTool completed
Exception in thread "main" java.lang.IllegalArgumentException: java.net.URISyntaxException: Relative path in absolute URI: ${system:java.io.tmpdir%7D/$%7Bsystem:user.name%7D
...
Caused by: java.net.URISyntaxException: Relative path in absolute URI: ${system:java.io.tmpdir%7D/$%7Bsystem:user.name%7D
    at java.net.URI.checkPath(URI.java:1823)
    at java.net.URI.<init>(URI.java:745)
    at org.apache.hadoop.fs.Path.initialize(Path.java:202)
#没有 Java 配置变量
    ... 12 more
```

产生上述问题的原因是使用了没有配置的变量。

解决方法：通过 vi 配置文件 hive-site.xml 中 system:user.name 和 system:java.io.tmpdir 两个变量，参考操作如下。

```
<property>
    <name>system:user.name</name>
    <value>h3cu</value> #设置变量名称
</property>
<property>
```

```
    <name>system:java.io.tmpdir</name>  #设置 Java 目录
    <value>/home/${system:user.name}/tmp/hive/</value>
</property>
```

再次执行配置命令验证结果。

18.3.2 Sqoop 组件异常问题

1. Sqoop 将 MySQL 数据导入错误问题

问题现象：使用 Sqoop 将 MySQL 数据导入 Hive 时，出现以下报错信息。

```
Hive does not support the SQL type for column ssl_cipher
```

问题分析：报这个错是因为 Hive 不支持 MySQL 表中的某些字段类型。

解决方法：Sqoop 脚本中 String 类型的多个字段中间以逗号隔开，参考配置如下。

```
--map-column-Hive
ssl_cipher=string,x509_issuer=string,x509_subject=string
```

2. Sqoop 导入字符异常错误问题

问题现象：Sqoop 从 MySQL 中导入数据到 Hive 中，出现以下报错信息。

```
ERROR tool.ImportTool:Imported Failed:Character 8216 is an out-of-range
delimiter.
```

问题分析：经过检查分析，发现此问题是由指令中中文状态的单引号引起的。

解决方法：切换输入法，在英文状态下输入 Sqoop 命令中的单引号。

再次执行配置命令验证结果。

3. Sqoop 与 MySQL 连接不上问题

问题现象：在 Sqoop 与 MySQL 连接时，出现以下报错信息。

```
ERROR tool.ImportTool:Encountered IOException running import
job:java.io.IOException:No column to generate for classWriter
```

问题分析：该错误一般是数据库的连接地址配置错误导致的。

解决方法：重新连接正确数据库地址，参考命令如下。

```
sqoop list-databases --connect jdbc:mysql://127.0.0.1:3306/ --username
root -P    # Sqoop 连接 MySQL 数据库
```

再次执行配置命令验证结果。

4. Sqoop 导入表主键问题

问题现象：在使用 Sqoop 导入表时出现以下报错信息。

```
ERROR tool.ImportTool: Error during import: No primary key could be found
for table TRANS_GJJY02. Please specify one with -split-by or perform a
sequential import with '-m 1'.
```

问题分析：根据错误提示可以知道这是因为表中的数据没有设置主键。

解决方法：针对这个问题有以下两种解决方法。

（1）在表中设置主键，然后再执行这个导入语句。

（2）某些数据无法设置主键，可使用-split-by 对数据进行分行，参考命令如下。

```
-split-by column1
```

再次执行配置命令验证结果。

18.3.3 HBase 组件异常问题

1. HBase 无法启动问题

问题现象：启动 HBase 时，regionserver.log 里出现以下报错信息。

```
FATAL org.apache.hadoop.hbase.regionserver.HRegionServer: ABORTING region server 10.210.70.57,60020,1340088145399: Initialization of RS failed. Hence aborting RS.
```

问题分析：执行过强行 kill daemon 的过程，导致缓存数据受到影响。

解决方法：检查各个节点是否有残留 HBase 进程，结束 HBase 进程，重启 HBase。再次执行配置命令验证结果。

2. 执行 HBase 的 MapReduce 时错误问题

问题现象：执行 HBase 的 MapReduce 作业时，节点有以下报错信息。

```
Status : FAILED java.lang.NullPointerException
```

问题分析：查看 tasktracker 的 log 日志，有以下报错信息。

```
WARN org.apache.zookeeper.ClientCnxn: Session 0x0 for server null, unexpected error, closing socket connection and attempting reconnect
caused by java.net.ConnectException: Connection refused.
```

通过以上错误日志判断该错误是未配置 ZooKeeper 服务导致的。

解决方法：执行任务的节点都配置 ZooKeeper。先启动 ZooKeeper，再启动 HBase。再次执行配置命令验证结果。

18.3.4 ZooKeeper 组件异常问题

问题现象：在启动 ZooKeeper 的单个节点时出现以下报错信息。

```
# bin/zkServer.sh status
JMX enabled by default
Using config: /usr/local/zookeeper-3.4.8/bin/../conf/zoo.cfg
Error contacting service. It is probably not running.
```

问题分析：先检查是否安装 JDK。

```
#java -version
java version "1.8.0_112"
Java(TM) SE Runtime Environment (build 1.8.0_112-b15)
Java HotSpot(TM) 64-Bit Server VM (build 25.112-b15, mixed mode)
```

再查看 ZooKeeper 的端口 2181 是否已经被占用。

```
[root@master zookeeper-3.4.8]# netstat -apn | grep 2181
tcp        0      0 :::2181             :::*              LISTEN      1403/java
```

如上所示，可以看到 2181 端口被占用。

解决方法：结束 1403 进程即可。命令如下。

```
[root@master zookeeper-3.4.8]# kill -9 1403
[root@master zookeeper-3.4.8]# netstat -apn | grep 2181
```

再次执行配置命令验证结果。

如果上面的操作还未解决问题，切换到 zookeeper-3.4.8 的 data 目录下，删除 version-2 和 zookeeper_server.pid 两个文件。

```
[root@master data]# ll
```

```
总用量 12
-rw-r--r--. 1 root root    2 4 月  26 05:31 myid
drwxr-xr-x. 2 root root 4096 4 月  26 07:03 version-2
-rw-r--r--. 1 root root    4 4 月  28 04:25 zookeeper_server.pid
```

通过以下命令删除文件。

```
[root@master data]# rm -rf  version-2
[root@master data]# rm -rf  zookeeper_server.pid
```

再次执行配置命令验证结果。

18.4 解决平台启动的基本问题案例

18.4.1 HDFS 服务启动问题

1. HDFS 启动问题

问题现象：启动 HDFS 时出现以下报错信息。

```
[hadoop@master ~]$ start-dfs.sh
Incorrect configuration: NameNode address dfs.NameNode.servicerpc-address
or dfs.NameNode.rpc-address is not configured.
Starting NameNodes on []
Error: Cannot find configuration directory: /etc/hadoop
Error: Cannot find configuration directory: /etc/hadoop
Starting secondary NameNodes [0.0.0.0]
Error: Cannot find configuration directory: /etc/hadoop
hadoop@daixiang-virtual-machine:/usr/local$ jps
15782 Jps
```

问题分析：在/etc/hadoop 下找不到配置目录，并且没有成功启动进程。

解决方法：在/usr/local/hadoop/etc/hadoop/hadoop-env.sh 文件中指明一个 Hadoop 配置文件所在的目录。

```
export HADOOP_CONF_DIR=/usr/local/hadoop/etc/hadoop
```

再次执行配置命令验证结果。

2. NameNode 无法启动问题

问题现象：在启动 HDFS 时，出现以下报错信息。

```
2020-04-25 14:36:09,293 - Retrying after 10 seconds. Reason: Execution of
'/usr/hdp/current/hadoop-hdfs-NameNode/bin/hdfs dfsadmin -fs hdfs://Master:
8020 -safemode get | grep 'Safe mode is OFF'' returned 1. safemode: Call From
Master/192.168.1.6 to Master:8020 failed on connection exception: java.net.
ConnectException: Connection refused; For more details see: http://
wiki.apache.org/hadoop/ConnectionRefused
safemode: Call From Master/192.168.1.6 to Master:8020 failed on connection
exception: java.net.ConnectException: Connection refused; For more details see:
http://wiki.apache.org/hadoop/ConnectionRefuse
```

问题分析：NameNode 在安全模式下无法进行修改和删除操作。

解决方法：切换到 hdfs 用户，让 NameNode 离开安全模式，参考命令如下。

```
[root@master ~]# su hdfs   //切换 hdfs 用户
[root@master ~]# hadoop dfsadmin -safemode leave    #离开安全模式
```

再次执行配置命令验证结果。

18.4.2 NameNode 格式化异常问题

1. 格式化 HDFS 问题

问题现象：NameNode 格式化时，出现以下报错信息。

```
19/05/12 14:56:33 WARN namenode.NameNode: Encountered exception during format:
org.apache.hadoop.hdfs.qjournal.client.QuorumException: Unable to check if JNs are ready for formatting. 1 exceptions thrown:
192.168.1.134:8485: Call From HMaster0/127.0.0.1 to HSlave2:8485 failed on connection exception: java.net.ConnectException: Connection refused; For more details see:
```

问题分析：查看 hadoop-root-datanode-master.log 日志，出现以下报错信息。

```
ERROR org.apache.hadoop.hdfs.server.datanode.DataNode: java.io.IOException: Incompatible namespaceIDs in
```

每次 NameNode format 会重新创建一个 NameNodeId，而 dfs.data.dir 参数配置的目录中包含的是上次 format 创建的 id，和 dfs.name.dir 参数配置的目录中的 id 不一致。

解决方法：每次 format 之前，清空 core-site.xml 中 dfs.data.dir 参数配置的目录。

```
<property>
 <name>hadoop.tmp.dir</name>
 <value>/home/hadoop/hadooptmp</value>  #需清空
 <description>namenode 上本地的 hadoop 临时文件夹</description>
 </property>
```

再次执行配置命令验证结果。

2. 防火墙导致 DataNode 无法启动

问题现象：DataNode 连接不上 NameNode，导致 DataNode 无法启动。出现以下报错信息。

```
ERROR org.apache.hadoop.hdfs.server.datanode.DataNode: java.io.IOException: Call to ... failed on local exception: java.net.NoRouteToHostException: No route to host
```

问题分析：因为机器重启后，防火墙还会开启，导致启动失败，所以需要关闭系统防火墙。

解决方法：关闭防火墙的参考命令如下。

```
[root@master ~]systemctl stop firewalled
```

再次执行配置命令验证结果。

3. NameNode 文件配置错误问题

问题现象：在启动 Hadoop 时，NameNode 出现以下报错信息。

```
Incorrect configuration: NameNode address dfs.NameNode.servicerpc-address or dfs.NameNode.rpc-address is not configured.
```

问题分析：查看 core-site.xml 文件，发现在配置中缺少 fs.default.name，导致无法启动。

解决方法：在 core-site.xml 文件中添加 fs.default.name，参考配置如下。

```
<property>
    <name>fs.default name </name>
    <value>hdfs://mycluster</value>
</property>
```

并复制 core-site.xml 到集群其他节点。

再次执行配置命令验证结果。

4．NameNode 重新初始化问题

问题现象：执行 start-all.sh 时 JPS NameNode 没启动，每次开机都得重新格式化才能启动。

问题分析：查看/usr/local/src/hadoop/logs/hadoop-hadoop-NameNode-master.log 文件。发现日志报错信息为“不存在这个 hadoop tmp 文件夹”。原因是 core-site.xml 文件中 hadoop.tmp.dir 参数未配置。

解决方法：在 core-site.xml 文件中添加配置 hadoop.tmp.dir 参数。参考配置如下。

```
<property>
    <name>hadoop.tmp.dir</name>
    <value> /usr/local/src/hadoop/tmp</value>
</property>
```

再次执行配置命令验证结果。

5．使用 root 用户操作 Hadoop 导致 NameNode 无法启动问题

问题现象：在 root 用户下操作 Hadoop 运行 bin/start-all.sh，发现 NameNode 没启动，日志报错信息如下。

```
    2020-04-29   02:30:22,388   ERRORorg.apache.hadoop.hdfs.server.NameNode.
FSNamesystem:FSNamesysteminitialization failed.java.io.FileNotFoundException:/
usr/local/hadoop/hdfs/  name/  in_use.lock(Permission  denied)  at  java.io.
RandomAccessFile.open(Native Method)
    at java.io.RandomAccessFile.<init>(RandomAccessFile.java:236)
```

同样通过查看日志文件，报错信息如下。

```
    java.io.IOException:Failed on local exception:java.net.SocketException;
    Unresolved address;Host Details:local host is : "master";destination host
is;(unknown):0;
```

问题分析：初步分析是启动服务时用 root 操作 Hadoop 导致的。

解决方法：修改新建的缓存文件夹权限和日志文件权限。参考命令如下。

```
[root@localhost ~]# chown -R hadoop:hadoop /usr/local/src/hadoop/hdfs/*
[root@localhost ~]# chown -R hadoop:hadoop  /usr/local/src/hadoop/logs
```

再次执行配置命令验证结果。

18.4.3　DataNode 进程启动问题

1．DataNode 进程没启动问题

问题现象：配置 Hadoop 集群，并使用启动命令之后，发现 DataNode 进程未启动，出现以下报错信息。

```
[root@master ~]# jps    #查看进程
1896 SecondaryNameNode
18960 Jps
3146 NodeManager
2843 NameNode
3260 ResourceManager
```

问题分析：多次格式化，再启动 Hadoop，造成 NameNode 和 DataNode 的版本号不一致。

解决方法：在格式化之前，将设置的缓存 Hadoop 信息目录清空，或直接删除 Hadoop 缓存目录，然后新建一个。接着重启格式化。

再次执行配置命令验证结果。

2．强制关机导致 Hadoop 异常问题

问题现象：强制关机或 Hadoop 意外中断会出现异常，出现以下报错信息。

```
    not start task tracker because java.io.IOException: Failed to set permissions of path: \app\hadoop\tmp\mapred\local\ttprivate to 0700
    source name ugi already exists
```

问题分析：强制关机时 Hadoop 节点的 data 临时目录已存在，导致出现异常。

解决方法：删除 Hadoop 节点的 data 临时目录，即 core-site.xml 的 hadoop.tmp.dir 配置的文件目录，重新启动 Hadoop。

再次执行配置命令验证结果。

3．DataNode 权限导致异常问题

问题现象：在启动 DataNode 进程时，出现以下报错信息。

```
    ERROR NameNode.NameNode: java.io.IOException: Cannot create directory /export/home/dfs/name/current
    ERROR NameNode.NameNode: java.io.IOException: Cannot remove current directory: /usr/local/hadoop/hdfsconf/name/current
```

问题分析：/usr/hadoop/tmp 文件的权限没有设置，导致出现异常。

解决方法：设置/usr/hadoop/tmp 文件的权限，参考命令如下。

```
chown -R hadoop:hadoop /usr/hadoop/tmp
sudo chmod -R a+w /usr/local/hadoop
```

再次执行配置命令验证结果。

4．DataNode 无法启动异常问题

问题现象：启动 Hadoop 后，发现 DataNode 无法启动，出现以下报错信息。

```
    ERROR org.apache.hadoop.hdfs.server.datanode.DataNode:
java.io.IOException:Incompatible namespaceIDs in /home/hadoop/ hadoop-1.0.3/
data: NameNodenamespaceID = 691360530; datanode namespaceID = 2008526552
      atorg.apache.hadoop.hdfs.server.datanode.DataStorage.doTransition
    (DataStorage.java:232)
            atorg.apache.hadoop.hdfs.server.datanode.DataStorage
    .recoverTransitionRead(DataStorage.java:147)
            atorg.apache.hadoop.hdfs.server.datanode.DataNode
    .startDataNode(DataNode.java:385)
            atorg.apache.hadoop.hdfs.server.datanode.DataNode
```

```
.<init>(DataNode.java:299)
        at org.apache.hadoop.hdfs.server.datanode.DataNode.
makeInstance(DataNode.java:1582)
        atorg.apache.hadoop.hdfs.server.datanode.DataNode
.instantiateDataNode(DataNode.java:1521)
        atorg.apache.hadoop.hdfs.server.datanode.DataNode
.createDataNode(DataNode.java:1539)
        atorg.apache.hadoop.hdfs.server.datanode.DataNode
.secureMain(DataNode.java:1665)
        atorg.apache.hadoop.hdfs.server.datanode.DataNode
.main(DataNode.java:1682)
```

问题分析：出问题的 DataNode 节点上存在 data 目录，导致出现异常。

解决方法：参考解决方法思路如下。

（1）停止集群服务：sbin/stop-all.sh。

（2）在出问题的 DataNode 节点上删除 data 目录。

（3）格式化 NameNode：bin/hadoop NameNode -format。

（4）重新启动集群：sbin/start-all.sh。

再次执行配置命令验证结果。

18.4.4　SecondaryNameNode 启动问题

问题现象：配置好 Hadoop 集群，并使用启动命令之后，发现 SecondaryNameNode 进程没有被命令启动。出现以下报错信息。

```
   2020-05-20 21:52:38,501 INFO org.apache.hadoop.metrics2.impl.MetrisstemImpl:
Stopping NameNode metrices system......
   2020-05-20 21:52:38,502 INFO org.apache.hadoop.metrics2.impl.MetrisstemImpl:
NameNode metrices system stopped.
   2020-05-20 21:52:38,503 INFO org.apache.hadoop.metrics2.impl. MetrisstemImpl:
NameNode metrices system shutdown complete.
   2020-05-20 21:52:38,508 FATAL org.apache.hadoophdfs,server,namenode.Namenode:
Failed start namenode.
   java.net.bindException:Problem  bindind  to  [localhost:9000]  java.net.
BindEception:地址已在使用; For more detail see:http:
   Bindexception
         at  sun.replect.NativeConstructorAccessorImpl.newInstance0(Natice
method)
         ......
         13 more
```

问题分析：经过查看日志，发现 SecondaryNameNode 端口被占用，导致无法启动。

解决方法：修改配置文件中定义的端口，参考配置如下。

停止集群服务 sbin/stop-all.sh，再重新启动集群 sbin/start-all.sh。

再次执行配置命令验证结果。

18.5 解决平台运行的基本问题案例

1．Hadoop 运行警告问题

问题现象：Hadoop 启动过程中会出现一些警告信息，但不影响平常的操作，为了避免后续业务需求受到该警告的影响，本节将提出并给出解决方法。Hadoop 启动过程中出现以下报错信息。

```
Hadoop 2.7.1 - warning: You have loaded library /home/hadoop/2.7.1/lib/native/libhadoop.so.1.0.0 which might have disabled stack guard.
```

问题分析：通过阅读该报错信息，推断出是用户环境变量配置不完整导致该问题出现。

解决方法：在/etc/profile 中添加配置。参考配置如下。

```
export HADOOP_COMMON_LIB_NATIVE_DIR=$HADOOP_HOME/lib/native
export HADOOP_OPTS="-Djava.library.path=$HADOOP_HOME/lib"
```

再次执行配置命令验证结果。

2．Hadoop 内存过载问题

问题现象：Hadoop 内存过载。NameNode 出现报错信息。

```
java.lang.OutOfMemoryError: GC overhead limit exceeded
```

问题分析：经查看 Hadoop 堆内存只有 4GB，而文件+块数有 2000 万个，每个占用 300B，需要 6GB 左右内存，导致该问题出现。

解决方法：调整 conf/hadoop-env.sh 中的堆内存大小。

```
export HADOOP_HEAPSIZE=6000
export HADOOP_NameNode_INIT_HEAPSIZE=6000
```

然后重启 Hadoop NameNode。

```
/usr/local/src/hadoop/sbin/hadoop-daemon.sh start NameNode
```

再次执行配置命令验证结果。

3．YARN 启用日志汇聚问题

问题现象：当自定义 container 日志存放指定位置时，出现以下报错信息。

```
Logs not available for attempt_1506090137795_0001_m_000000_0. Aggregation may not be complete, Check back later or try the nodemanager at slave2:10929
```

问题分析：日志存储指定位置错误导致该问题出现。

解决方法：采取默认目录/tmp/logs，然后重启所有 HDFS+YARN 服务后生效。

再次执行配置命令验证结果。

4．NameNode 节点元数据丢失问题

问题现象：NameNode 节点运行过程中关机，系统重启后直接进入安全模式。

问题分析：由于 NameNode 节点异常关机，导致元数据丢失。经分析需要对元数据进行恢复。

解决方法：复制 SecondaryNameNode 中的数据到原 NameNode 存储数据目录中。参考配置如下。

```
$ scp -r passwd@hadoop:/usr/local/hadoop/data/tmp/dfs/namesecondary/* ./name/
```

再次执行配置命令验证结果。

18.6　本章小结

本章主要介绍了 Hadoop 平台出现问题之后的分析和处理方法，通过问题定位解决基础环境基本问题、组件配置基本问题、平台启动基本问题和平台运行基本问题，通过问题解决有利于集群运维和管理，提高了大数据平台的稳健性。

附录 虚拟化软件的使用

学习目标

- 掌握虚拟机的基本概念
- 了解 H3C CAS 云管理平台
- 掌握 H3C CAS 云管理平台上虚拟机的使用方法

Hadoop 是一个处理海量数据的分布式软件平台。生产环境下的 Hadoop 都是部署在多台计算机组成的集群上的，这种运行方式称为完全分布式。这里的计算机可以是物理主机，也可以是云计算平台根据用户需要分配的虚拟机，使用虚拟机方式更加常见。本附录将介绍虚拟机的基本概念、H3C CAS 云管理平台、CAS 云管理平台上虚拟机的使用方法、H3C 教学与实践管理平台的使用方法。

A.1 虚拟机的概念、用途及常用软件

虚拟机（Virtual Machine，VM）这个概念在实际应用中有两种含义：第一种是“虚拟主机”的概念，第二种是“运行环境”的概念。这两种概念是不同的。

（1）“虚拟主机”指的是在一台物理主机的操作系统内用软件模拟一台计算机（就是虚拟主机），这台虚拟主机像真正的主机一样可以安装操作系统，让用户像使用真正的计算机一样使用它。

（2）“运行环境”指的是为了让一个软件运行而在计算机中安装的支撑软件。最常见的例子就是 Java 虚拟机，为了让 Java 程序不做任何修改地在各种计算机和操作系统上运行，就需要先安装 Java 虚拟机。

本教材使用的是第一种“虚拟主机”的概念，后面提到的虚拟机都是指虚拟主机。

A.1.1 虚拟机的概念

虚拟机是通过软件模拟的具有完整硬件系统功能的、运行在一个完全隔离环境中的完整计算机系统。每台虚拟机都是一个完整的系统，它具有 CPU、内存、网络设备、存储设

备和 BIOS（当然都是软件模拟的），因此操作系统和应用程序在虚拟机中的运行方式与它们在物理计算机上的运行方式没有任何区别，在物理计算机中能够完成的工作，在虚拟机中都能够实现。当然在虚拟机中运行的软件被局限在虚拟机提供的资源里，不能超出虚拟世界。

虚拟机在本质上就是一个应用程序软件，就像在 Windows 操作系统上运行的其他应用软件一样，只是它的作用功能不一样。因此，虚拟机在运行时会和其他的虚拟机、物理机上的运行软件一起共享物理机的 CPU、内存、硬盘和网络设备，不运行时就是物理磁盘上的一些文件。

1．虚拟机管理器

模拟和管理虚拟机的软件称为虚拟机管理器（Hypervisor），是一种运行在虚拟操作系统与物理主机之间的一个中间层软件，它允许多个操作系统和应用共享一套基础物理硬件。根据其与物理主机的关系，Hypervisor 分为以下两大类：

一种类型是本地或裸机 Hypervisor，虚拟机管理程序运行在裸机上，直接控制硬件和管理虚拟机。这类 Hypervisor 就是物理主机的操作系统，这种运行模式称为原生架构，如图 A-1 所示。它的运行效率高。

另一种是托管 Hypervisor，虚拟机管理程序运行在传统的操作系统上，就像其他计算机程序那样运行，这种运行模式称为寄居架构，如图 A-2 所示。它的运行效率比前一种低。

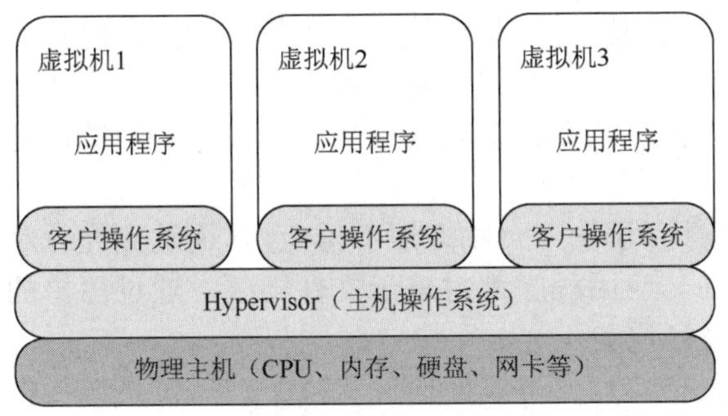

图 A-1　原生架构

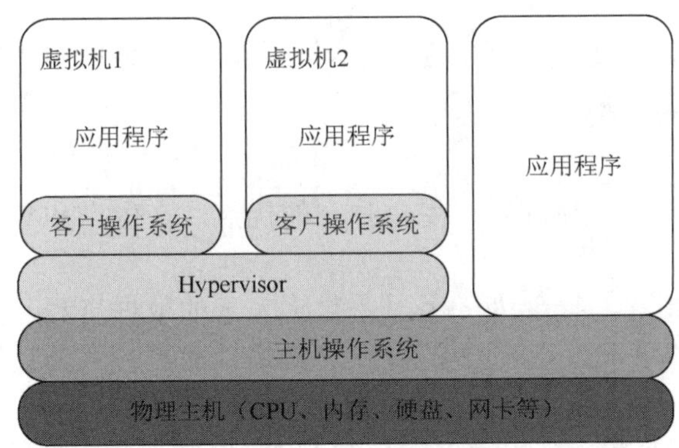

图 A-2　寄居架构

2．与虚拟机相关的术语

宿主（主机、Host Machine）：它是用于承载虚拟机的物理主机，其上运行某种虚拟机管理程序。

客户机（来宾、Guest Machine）：在虚拟机管理器之上运行的操作系统和与其相关联的虚拟硬件。来宾和 VM 通常是可互换的术语。

虚拟机管理器（Hypervisor）：支持虚拟化的软件。它运行在主机上并支持客户机。在第一种运行模式下，Hypervisor 也是主机操作系统，直接管理物理主机。在第二种运行模式下，Hypervisor 只是主机操作系统之上的应用程序之一。

主机操作系统（Host Operating System、主操作系统）：安装在物理主机上的操作系统，负责管理物理主机的运行，它的指令由物理主机负责执行。

客户操作系统（Guest Operating System、从操作系统）：安装在虚拟机上的操作系统，负责管理虚拟机的运行，它的指令由虚拟机管理器 Hypervisor 负责执行。

A.1.2 虚拟机的用途

虚拟机是一种严密隔离且内含操作系统和应用的软件容器。每个虚拟机都是完全独立的。通过将多台虚拟机放置在一台计算机上，可仅在一台物理服务器或主机上运行多个操作系统和应用。

1. 虚拟机的优势

与物理主机相比，虚拟机具有如下优势。

（1）虚拟机与物理主机相比，更具有性价比优势。例如，能降低占用空间、降低购买硬件设备的成本、节省能源和更低的维护成本等。

（2）默认情况下，虚拟机之间完全隔离，从而实现安全的数据处理、网络连接和数据存储。

（3）可与其他虚拟机共存于同一台物理服务器上，从而达到充分利用硬件资源的目的。

（4）虚拟机镜像文件与应用程序都封装于文件之中，通过简单的文件复制便可实现虚拟机的快速部署、备份及还原。

（5）具有可移动的灵巧特点，可以便捷地将整个虚拟机系统（包括虚拟硬件、操作系统和配置好的应用程序）在不同的物理服务器之间进行迁移，甚至还可以在虚拟机正在运行的情况下进行迁移。

（6）可将分布式资源管理与高可用性结合到一起，从而为应用程序提供比静态物理基础架构更高的服务安全级别。

2. 虚拟机的应用

虚拟机具有方便管理、快捷部署、完全独立的优点，在生产和学习环境中都有广泛的应用。

（1）将物理设备虚拟化，抽象为一个一个数字表示的数据资源，然后按不同的用户和应用需要，按需分配具备不同资源的虚拟机，这就是目前流行的云计算，也是虚拟机目前在生产中的最大应用。

（2）搭建不同的学习环境。在实际工作与学习中，经常要学习新的系统、语言和软件，需要不同的运行环境，在只有一台计算机的情况下，使用虚拟机是最方便和最具性价比的选择。

（3）搭建各种测试环境。在实际工作与学习中，需要测试和运行不同的软件，也就需要不同的运行环境。特别是测试运行网络软件，还需要使用多台计算机，而测试病毒软件时，更是需要一台完全隔离的计算机。而这些需求虚拟机都可以满足。

（4）搭建各种演示环境。通过虚拟机可以方便地安装各种演示环境，便于做各种软件产品的演示。

A.1.3　常用虚拟机软件

虚拟机自诞生以来，有多家企业推出了自己的虚拟化软件，目前比较流行的有下面几种。

1. VMware 系列虚拟化软件

VMware 是全球桌面到数据中心虚拟化解决方案的领导厂商，提供基于 VMware 虚拟化软件的解决方案，使得企业能通过数据中心改造和公有云整合业务，实现任意云端和设备上运行、管理、连接及保护自己的商业应用。VMware 的主要产品有 VMware Workstation、VMware Fusion 和 VMware vSphere。

（1）VMware Workstation：面向单一主机的虚拟化软件，允许用户同时创建和运行多个 x86 虚拟机。属于托管 Hypervisor。

（2）VMware Fusion：与 VMware Workstation 类似，面向苹果计算机的虚拟化软件。

（3）VMware vSphere：一整套虚拟化应用产品，面向服务器和数据中心。属于本地 Hypervisor。

VMware 虚拟化软件的特点是非常稳定，有非常多的商业公司使用。

2. 微软公司的虚拟化软件

微软公司除在桌面操作系统方面占据统治地位，在虚拟化软件方面也有很强的技术实力，其公有云排名世界第二。微软的虚拟化产品有 Virtual PC 和 Hyper-V。

（1）Virtual PC：类似 VMware Workstation，面向单一主机的虚拟化软件，属于托管 Hypervisor。特点是需要安装在 Windows 操作系统上，与 Windows 操作系统兼容性最好，目前免费。

（2）Hyper-V：类似 VMware vSphere，面向服务器和数据中心，属于本地 Hypervisor。

3. Citrix 公司的虚拟化软件

Citrix 即美国思杰公司，是一家致力于云计算虚拟化、虚拟桌面和远程接入技术领域的高科技企业，是桌面虚拟化解决方案的领导厂商。桌面虚拟化是移动办公的基础，通过基于云计算技术的虚拟桌面，人们可以在任何时间、任何地点使用任何设备接入自己的工作环境，在各种不同的场景间无缝切换，使办公无处不在，轻松易行。Citrix 的虚拟化产品有 Citrix XenDesktop 和 XenServer。

（1）Citrix XenDesktop：一套桌面虚拟化解决方案，Windows 操作系统和应用程序运行在服务器上的虚拟机中，Windows 操作系统和应用的桌面和窗口推送到远程终端设备上。通过这套解决方案将 Windows 操作系统和应用转变为一种按需服务，可以向任何地点、使用任何设备的任何用户交付，为用户提供优质体验。

（2）XenServer：一种全面并易于管理的服务器虚拟化平台，面向服务器和数据中心，属于本地 Hypervisor。

4. Oracle 公司的 VirtualBox

Oracle VM VirtualBox 是 Oracle 公司出品的面向单一主机的虚拟化软件。VirtualBox 是

开源软件，免费，属于托管 Hypervisor。其特点是小巧精悍，安装起来占用的硬盘空间小。

5．KVM

KVM 是当前主流的开源服务器虚拟化技术。从 2007 年起，KVM 作为一个模块被集成到 Linux 2.6.20 版内核中，所以目前 Linux 的主要发行版本都带有 KVM 模块。KVM 可以直接将 Linux 内核转换为 Hypervisor，从而使得 Linux 内核能够直接管理虚拟机。

A.2 H3C CAS 云计算管理平台

A.2.1 H3C CAS 云计算管理平台简介

H3C CAS 云计算管理平台（以下简称 CAS 云平台）是 H3C 公司基于 KVM 开发的面向企业和行业数据中心的虚拟化和云计算管理软件，通过整合数据中心 IT 基础设施资源，精简 IT 操作，提高管理效率，达到提高物理资源利用率和降低整体拥有成本的目的。同时，CAS 云平台利用先进的云管理理念，建立安全的、可审核的数据中心环境，为业务部门提供成本更低、服务水平更高的基础架构，从而能够针对业务部门的需求做出快速响应。

CAS 云平台架构如图 A-3 所示，由 CVK、CVM 和 CIC 三个组件构成。

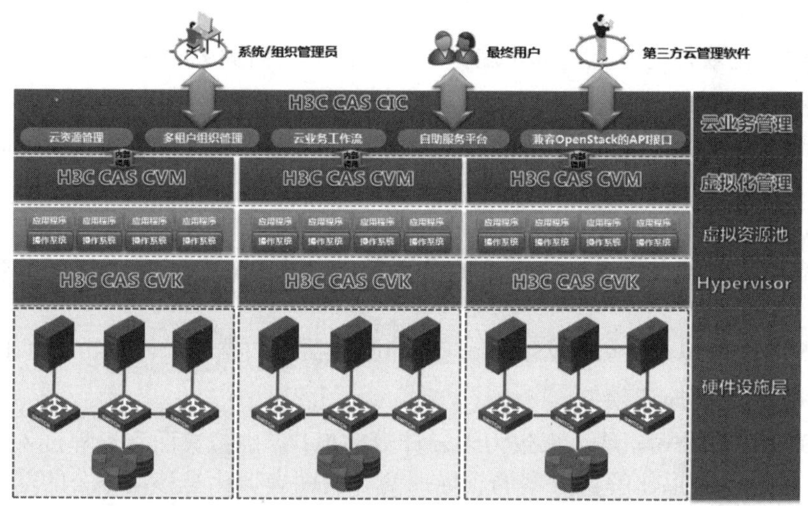

图 A-3　CAS 云平台架构

（1）CVK（Cloud Virtualization Kernel，虚拟化内核平台）。运行在基础硬件设施层和上层客户操作系统之间的虚拟化内核软件。针对上层客户操作系统对底层硬件资源的访问，CVK 用于屏蔽底层异构硬件之间的差异性，消除上层客户操作系统对硬件设备及驱动的依赖，同时增强了虚拟化运行环境中的硬件兼容性、高可靠性、高可用性、可扩展性、性能优化等功能。

（2）CVM（Cloud Virtualization Manager，虚拟化管理系统）。主要实现对数据中心内的计算、网络和存储等硬件资源的虚拟化管理，对上层应用提供自动化服务。其业务范围包括：虚拟计算、虚拟网络、虚拟存储、高可用性、动态资源调度、虚拟机容灾与备份、虚拟机模板管理、集群文件系统、虚拟交换机策略等。

（3）CIC（Cloud Intelligence Center，云业务管理中心）。由一系列云基础业务模块组成，通过将基础架构资源（包括计算、存储和网络）及其相关策略整合成虚拟数据中心资源池，并允许用户按需消费这些资源，从而构建安全的多租户混合云。其业务范围包括：组织（虚拟数据中心）、多租户数据和业务安全、云业务工作流、自助式服务门户、兼容 OpenStack 的 REST API 接口等。

CAS 云平台可以集中管理数千台物理服务器和数万台虚拟机，通过一个统一的管理平台来对所有相关任务进行集中管理，管理员仅需要键盘和鼠标便可实现虚拟机的部署、配置和远程访问等操作。CAS 云平台主界面如图 A-4 所示。

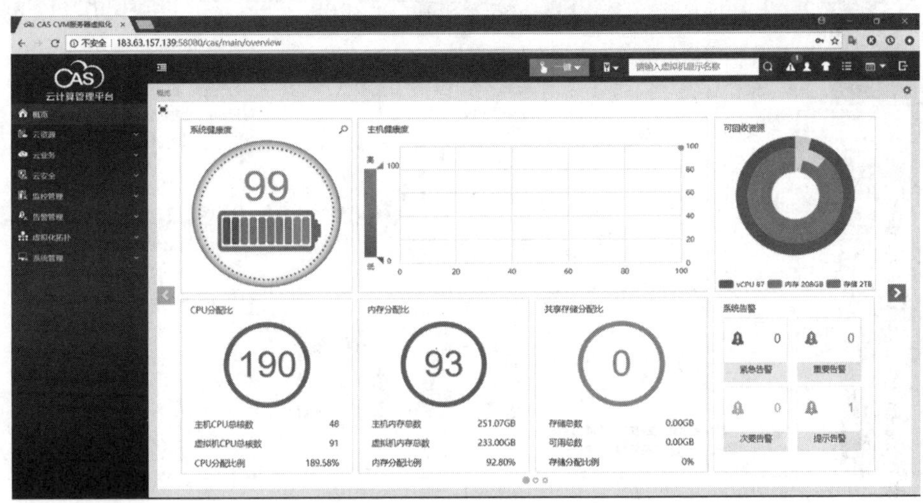

图 A-4　CAS 云平台主界面

登录 CAS 云平台需要先输入用户名和密码，如图 A-5 所示。如果输入正确就会进入图 A-4 所示的云平台管理主界面。

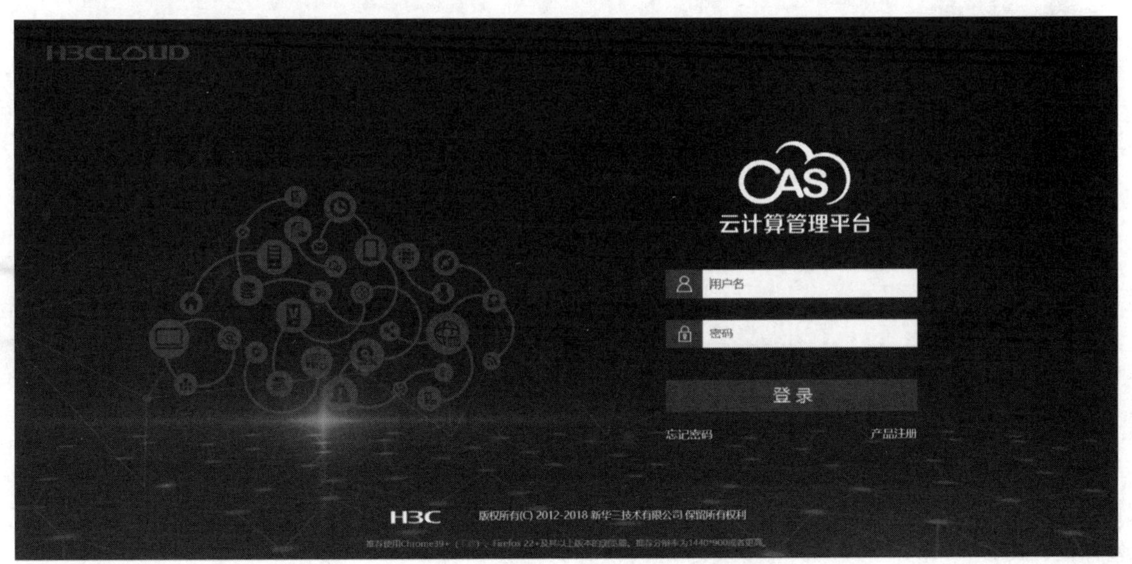

图 A-5　CAS 云平台登录界面

在 CAS 云平台中使用虚拟机非常简单，下面分别介绍虚拟机的创建、修改、使用和删除。

A.2.2 创建虚拟机

（1）登录 CAS 云平台之后，选择云资源，然后单击 cvknode 集群（这是系统管理员已经搭建好的集群），在右边的基本信息窗口可以查看集群的物理配置和资源使用率，如图 A-6 所示。在建立虚拟机之前需要选择一个有足够空闲资源的集群。

（2）右击 cvknode 集群名，在弹出的快捷菜单中选择“增加虚拟机”选项（或者单击左上角的“增加虚拟机”按钮），如图 A-7 所示。

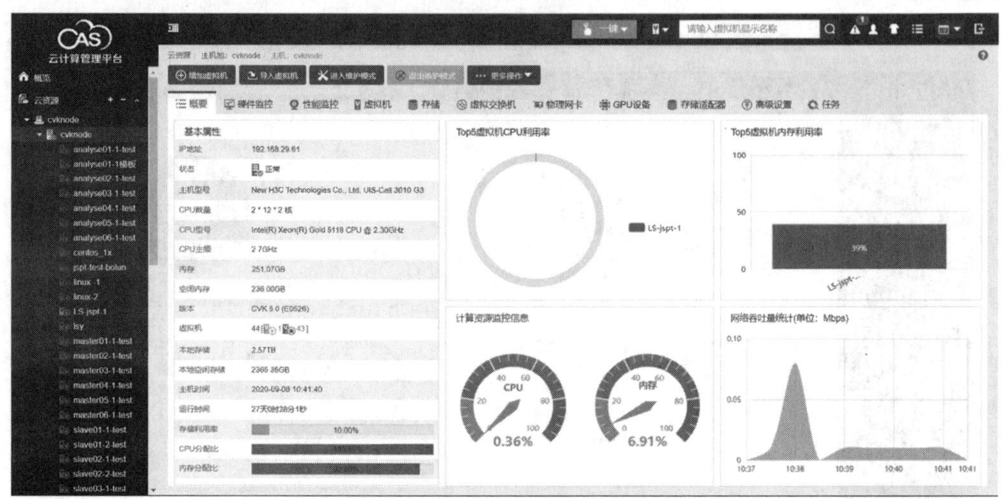

图 A-6 查看集群的基本信息

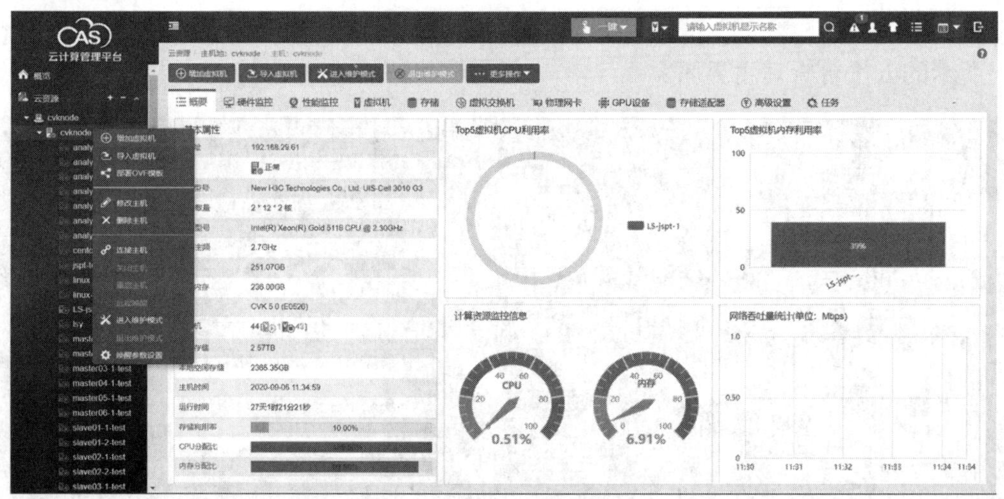

图 A-7 增加虚拟机

（3）出现虚拟机基本信息填写对话框，如图 A-8 所示。这时可在“显示名称”文本框中填写虚拟机名，在“描述”文本框中填写虚拟机用途，“操作系统”选择 Linux，“版本”选择 CentOS 6/7(64 位)，其他选项为默认设置，单击“下一步”按钮。

（4）出现虚拟机硬件信息填写对话框，如图 A-9 所示。这时可以根据虚拟机的用途配置 CPU、内存、网络和磁盘大小，软驱保持默认设置即可。单击光驱的“搜索”按钮，选择操作系统的 ISO 镜像文件（操作系统的安装文件）。

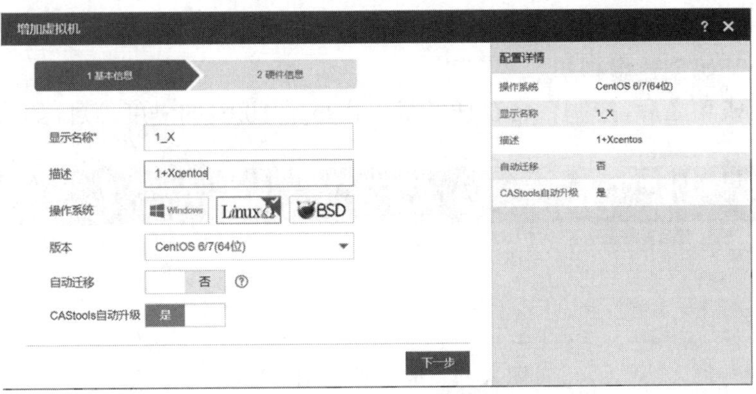

图 A-8　虚拟机基本信息

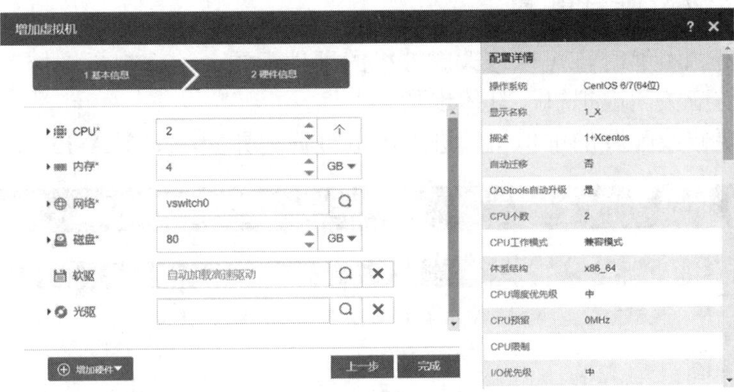

图 A-9　虚拟机硬件信息

（5）出现“选择存储”对话框，如图 A-10 所示。先选择“isopool”选项，再选择“CentOS-7.4.iso”镜像文件，单击“确定”按钮。

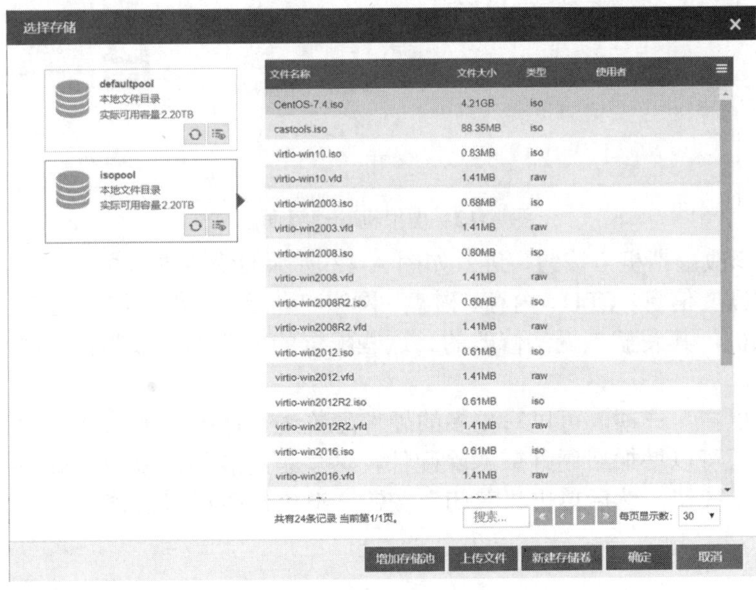

图 A-10　选择 ISO 镜像文件

（6）返回虚拟机硬件信息填写对话框，如图 A-9 所示。检查硬件配置无误后，单击“完成”按钮，系统开始创建虚拟机。

虚拟机创建成功之后，控制台会在任务状态栏显示 100%的进度信息，如图 A-11 所示。

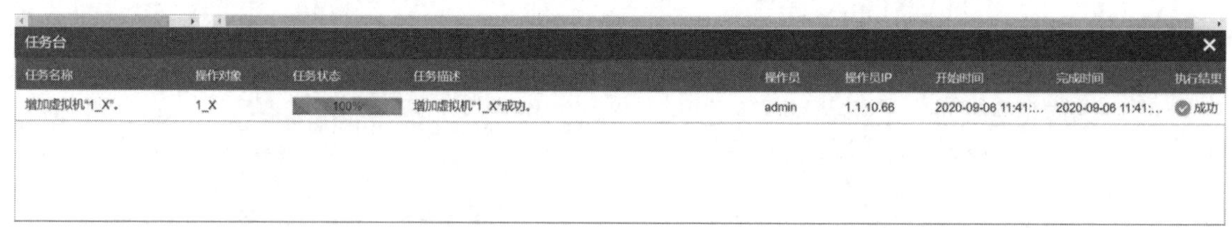

图 A-11　成功创建虚拟机

A.2.3　修改虚拟机硬件配置

当虚拟机的资源不够时，可以修改虚拟机的硬件配置，给虚拟机增加资源。在修改虚拟机的硬件配置前应关闭虚拟机，具体步骤如下。

（1）单击需要修改配置的虚拟机，进入虚拟机管理界面，如图 A-12 所示。

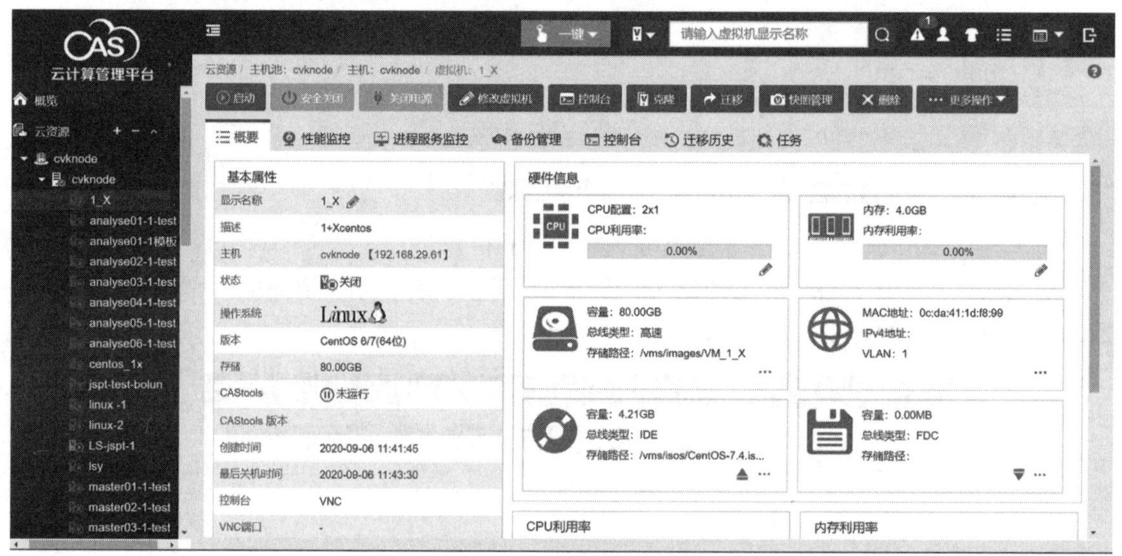

图 A-12　虚拟机管理界面

（2）单击“修改虚拟机”按钮，进入如图 A-13 所示的修改虚拟机对话框。这里可以选择修改虚拟机的概要信息、CPU、内存、磁盘、网络、光驱等。需要注意的是，安装 CentOS 操作系统的虚拟机，其硬盘是无法修改的。这些配置的修改都比较简单，限于篇幅，这里就不一一介绍了。

（3）选择“更多”选项，可以对更多的硬件配置进行修改，如图 A-14 所示。

在上述界面还可以增加新硬件或删除硬件，这里不再叙述。修改完虚拟机的硬件后，需要单击“应用”按钮，然后单击“关闭”按钮，退出修改虚拟机窗口。

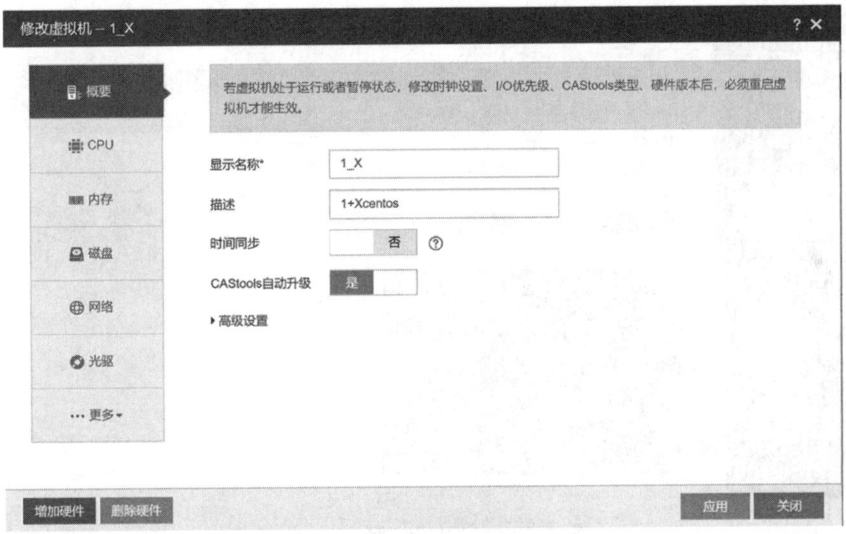

图 A-13 修改虚拟机

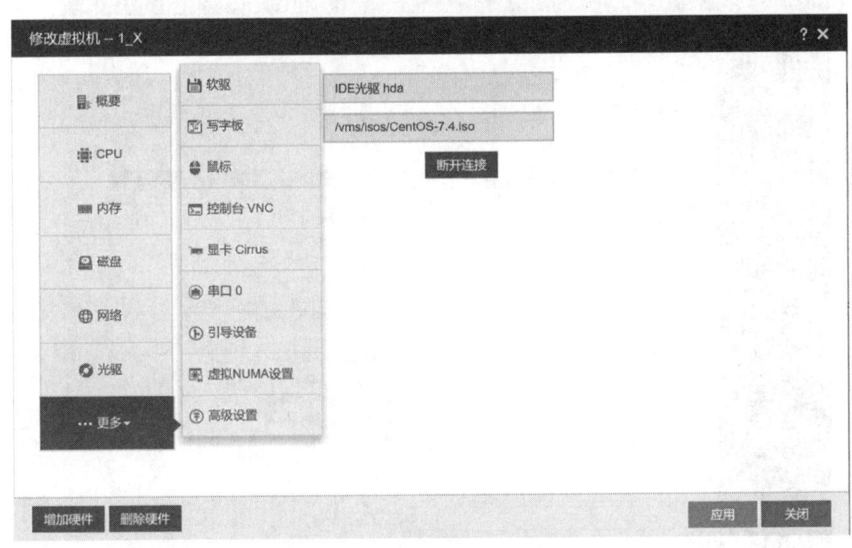

图 A-14 修改虚拟机的更多硬件

A.2.4 基于 CAS 云平台使用虚拟机

新生成的虚拟机首先需要在 CAS 云平台安装操作系统才能使用，具体步骤如下。

（1）在图 A-12 所示的虚拟机管理界面中单击左上角的“启动”按钮，启动虚拟机。启动成功后，在任务状态栏会显示 100%的启动进度信息。

（2）在图 A-12 所示的虚拟机管理界面中单击“控制台”按钮，显示控制台窗口。可以看到虚拟机正在进行 Linux 操作系统安装，如图 A-15 所示。

（3）单击“打开 Java 控制台”按钮，打开虚拟机 Java 控制台，就可以通过这个控制台对虚拟机进行操作了。例如，进行安装配置，如图 A-16 所示。当然通过 Java 控制台对虚拟机进行操作有些不太方便，这时可以在 Linux 操作系统安装完毕后，通过配置 Linux 操作系统的 SSH 服务，使用 SSH 客户端远程登录 Linux 操作系统来操作虚拟机。

图 A-15　虚拟机控制台界面

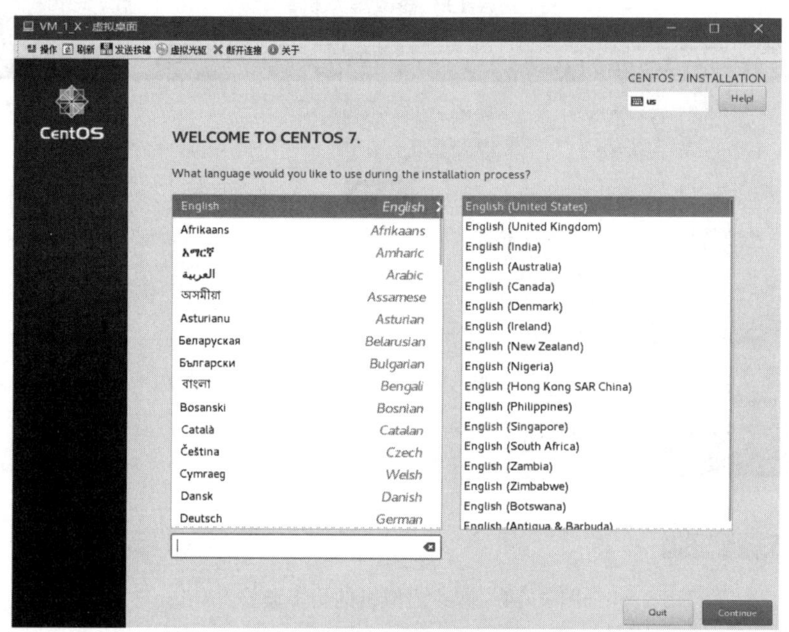

图 A-16　虚拟机 Java 控制台

A.2.5　删除虚拟机

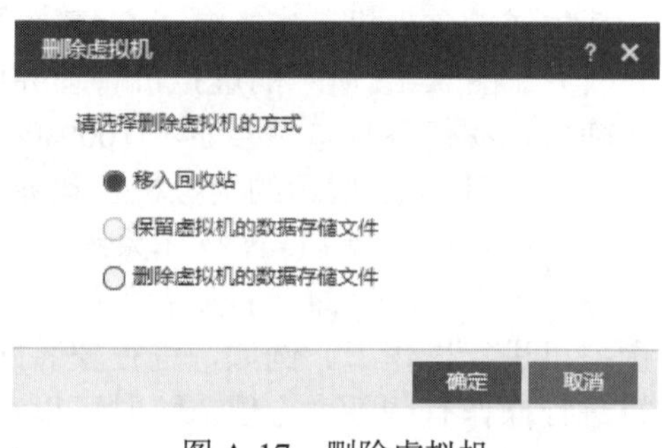

图 A-17　删除虚拟机

在图 A-15 所示的控制台页面单击“安全关闭”按钮，关闭虚拟机。也可在图 A-12 所示的虚拟机管理界面单击“安全关闭”按钮来关闭虚拟机。关闭虚拟机之后，在图 A-12 所示的虚拟机管理界面单击“删除”按钮，就可以删除虚拟机。这时出现如图 A-17 所示的“删除虚拟机”对话框。

选中“移入回收站”单选按钮，会保留数据；

选中“删除虚拟机的数据存储文件”单选按钮，就是彻底删除虚拟机，无法恢复。单击“确定”按钮就开始删除虚拟机。同样，在删除完成之后，可以在任务状态栏看到100%的进度信息。

A.3　H3C 教学与实践管理平台

A.3.1　H3C 教学与实践管理平台简介

H3C 教学与实践管理平台（以下简称平台）基于先进的虚拟化和云计算技术，将底层计算、存储、网络资源集中虚拟化管理，结合课程相关教学资源、实验场地形成统一开放式的教学资源池。

用户通过灵活便捷的资源使用模式实现实验配套资源的自动化整合、调度，将实验资源精准、高效地提供给教师、学生进行不同层次的教学活动，有效解决传统终端机实验环境投入高、维护难、复杂环境限制的问题，弥补实验资源的不足，提升资源综合管理效益，并通过线上化对传统教学形式与内容的改造，解决以往实验实训教学过程监控难、互动差、结果难以评测等问题，提升教学质量。学生使用平台随时随地获取实验资源进行学习，达到提升专业技能、培养探索创新学习能力的目的。

1. 使用环境

平台采用 B/S 结构，配合统一身份认证、访问控制等安全策略控制，用户通过网络即可随时随地登录平台，使用完善的实验环境和教学管理功能。

用户终端配置：

操作系统：Windows 操作系统。

浏览器：谷歌、火狐、IE9 及以上浏览器。

2. 平台操作说明

平台的操作员主要分为管理员、教师、学生 3 个角色。本教材面向学生，这里只介绍学生如何在平台上进行操作完成相关学习任务。学生要完成一个课程实验的学习，需要使用平台依次完成以下事务，如图 A-18 所示。

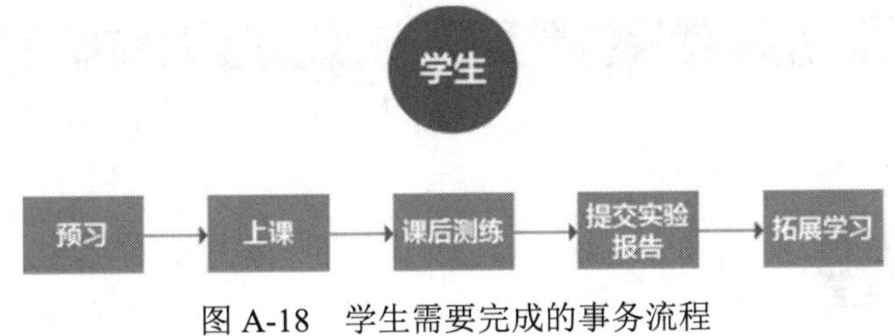

图 A-18　学生需要完成的事务流程

A.3.2　预习

（1）学生登录到平台，在“个人中心”界面，通过“课程表”查看到近期的上课安排，如图 A-19 所示。在上课开始前，单击课程图标可以进入课程详情页，学习实验指导内容和相关的课程课件，如图 A-20 所示。

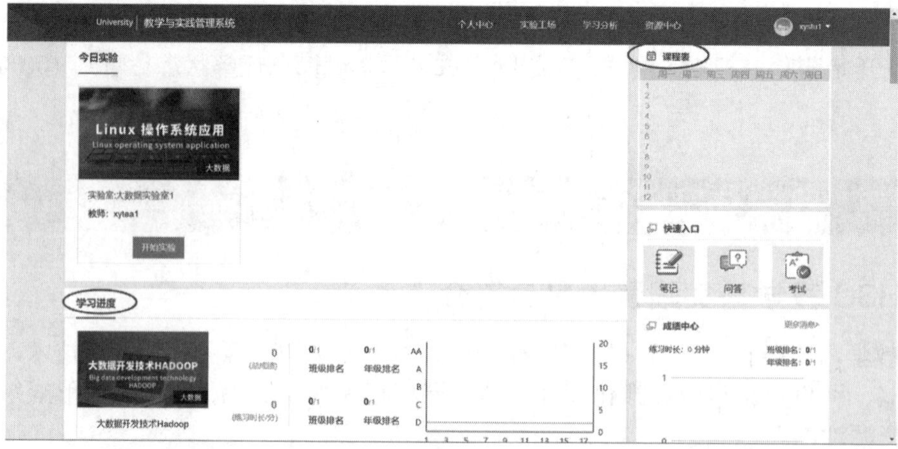

图 A-19　个人中心

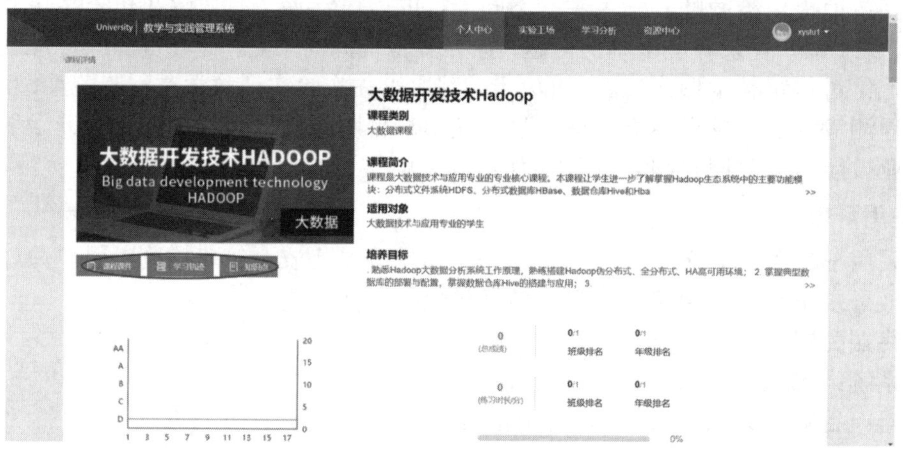

图 A-20　课程详情

（2）学生可以在宿舍等实验室以外的地方（视具体项目的网络要求），先在“实验工场”页面中选择“预约资源”功能，预约使用上课实验的配套环境，预先熟悉实验内容，如图 A-21 所示。

图 A-21　预约资源

说明：新增个人预约时，平台会自动判断资源是否充足。如果管理员设置的预约流程是需要审核的，那么预约提交之后是处于“待审核”状态，需要管理员审核通过之后预约才会生效。

A.3.3 上课学习

（1）上课开始前，在“个人中心”中的“今日实验”模块会出现当天的实验上课安排，学生单击“开始实验”按钮，一键进入虚拟机开始学习，如图 A-22 所示。

（2）上课中，学生可以根据界面提供的实验步骤方便地对照操作，一步一步地完成实验任务，如图 A-23 所示。

图 A-22 个人中心

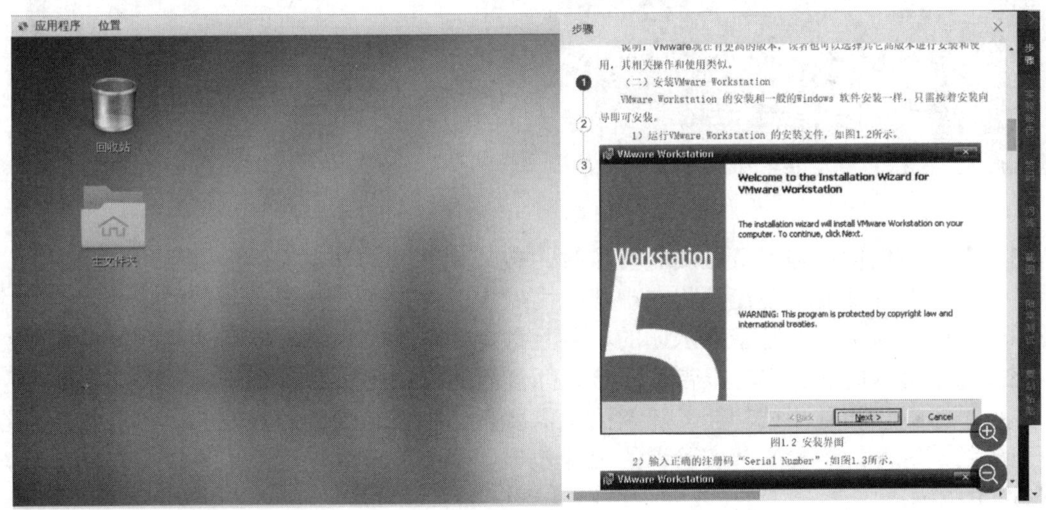

图 A-23 课程实验

（3）遇到难以理解的知识点或者有了相关的感悟，可以通过“笔记”功能记录起来，课后再进行消化、提炼，如图 A-24 所示。

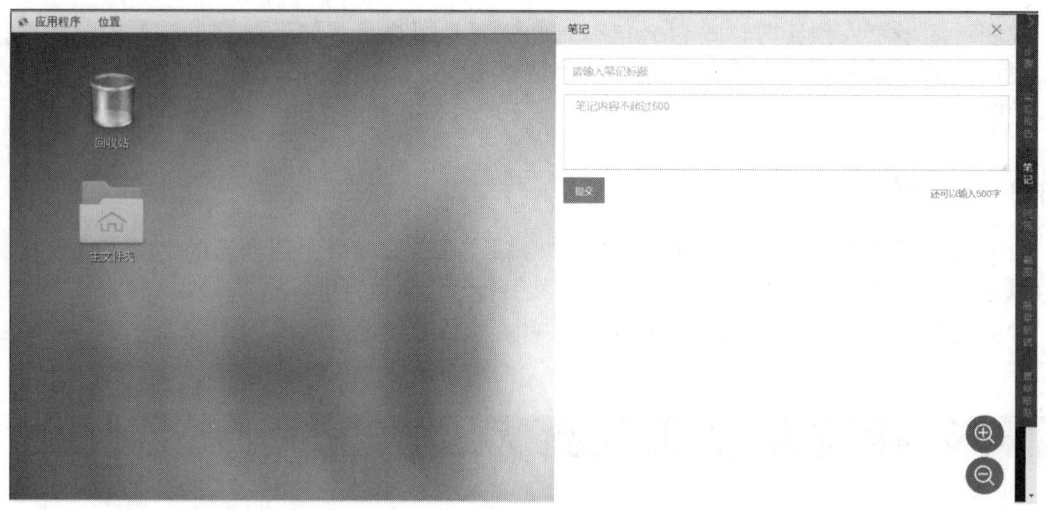

图 A-24 笔记

（4）遇到有疑问的地方，学生可以使用“问答”功能，直接向教师提问去获取帮助，如图 A-25 所示。

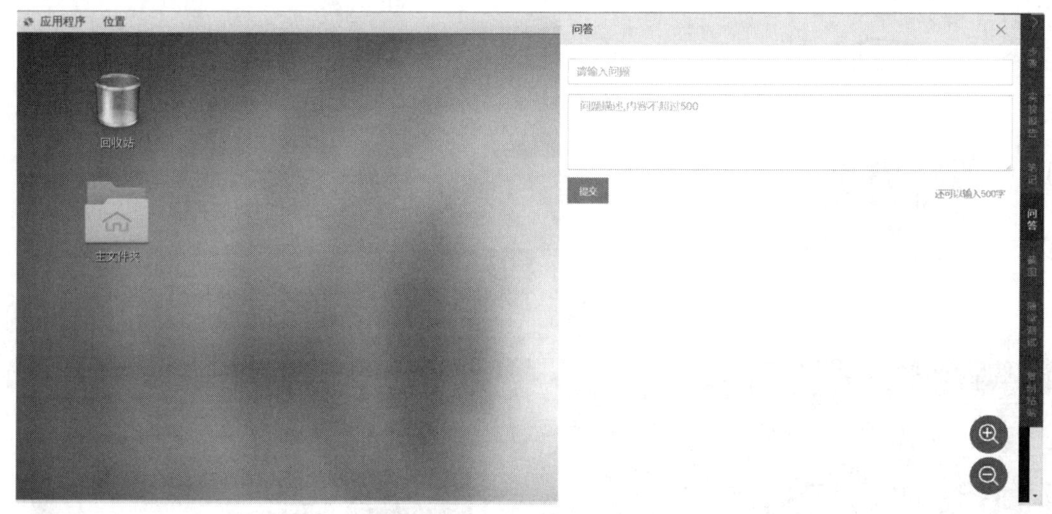

图 A-25 问答

（5）为了避免使用虚拟机做实验操作时，教师无法管控学生实验的实际过程情况，平台提供了“截图”功能，便捷地将在虚拟机内做实验的过程、结果以截图的形式保存在个人资源中心中。这个截图是带有水印的，并且截完图之后可以预看能否达到预期的截图效果。该截图是可以提交到实验报告里面给教师查验的，如图 A-26 所示。

（6）平台提供随堂测试功能。随堂测试需要教师端在上课的时候发布，可以让学生在课中完成测试练习，检验本节实验课的上课效果。学生完成测试题后，系统会自动评分，如图 A-27 所示。

（7）实验过程中，如有需要可以使用“上传资料”功能，将本机中的资料上传到虚拟机里面，上传目录由自己选定。使用该功能时，一定要确保把虚拟机的防火墙关掉，否则无法进行文件的传输，如图 A-28 所示。

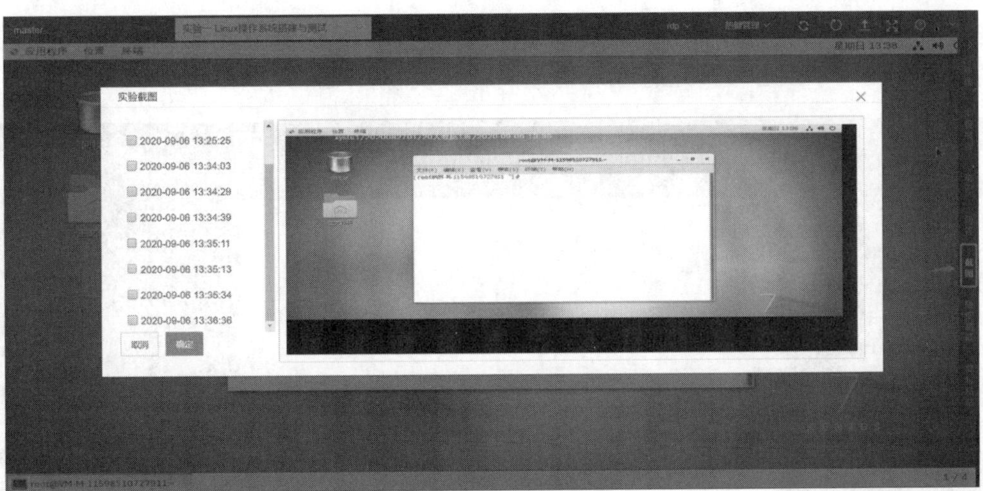

图 A-26 截图

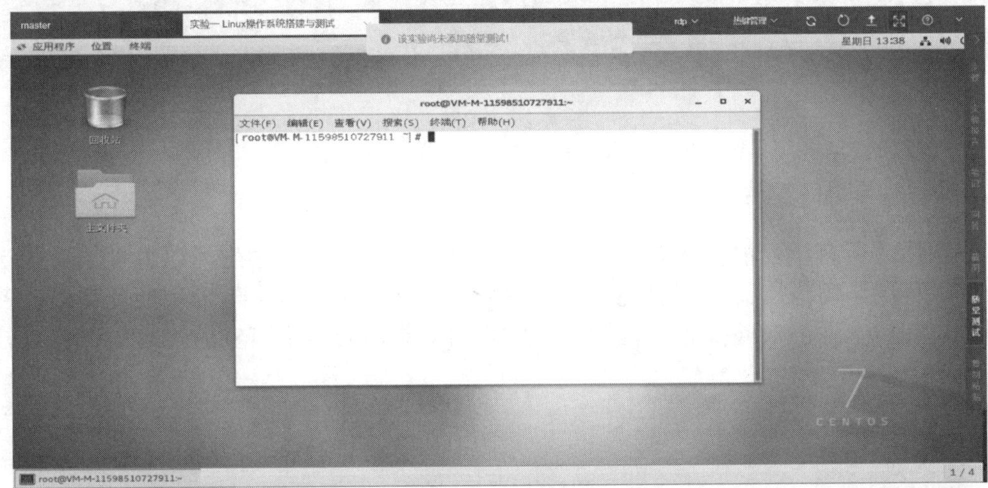

图 A-27 随堂测试

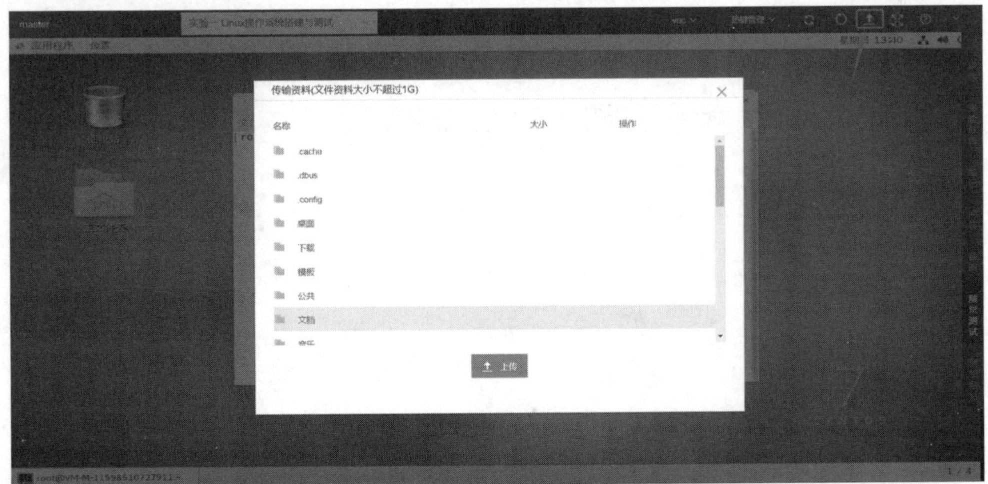

图 A-28 上传资料

（8）实验过程中学生遇到了无法解决的问题难点，可以直接在虚拟机里面使用求助功能，请求在线的同学或者教师远程控制自己的计算机解答难点，如图 A-29 所示。

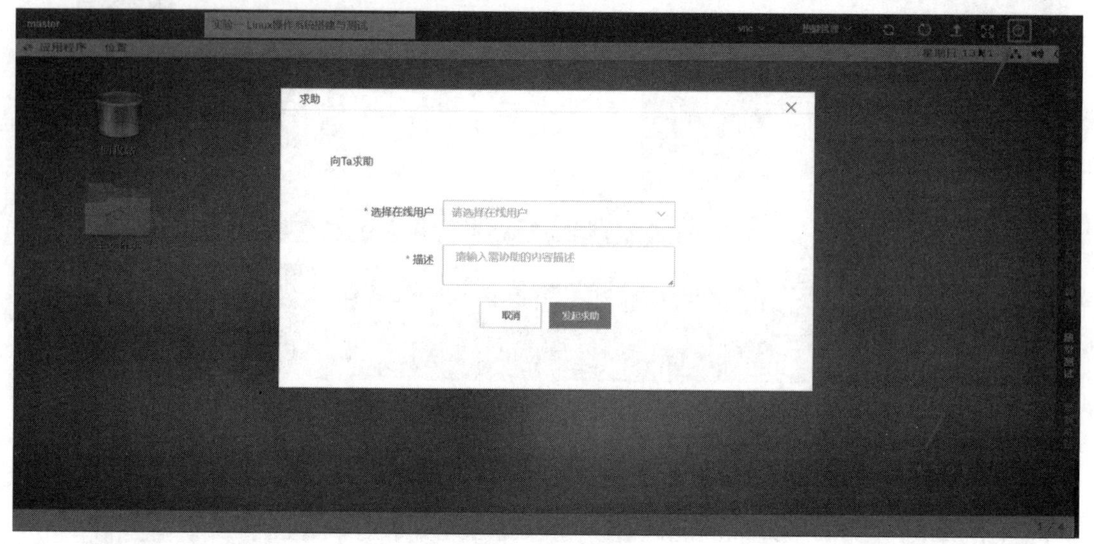

图 A-29　求助

A.3.4　巩固学习效果

（1）课后，所有学习情况都会汇总到“学习分析”页面中，学生可以直观地看到当前学期各个课程的学习进度；还可以通过“学习分析”→“学习落实”模块便捷地进入各种学习任务，完成上课的实验报告，检测自己的学习效果。若学生有实验没有做，可以补做实验，如图 A-30 所示。

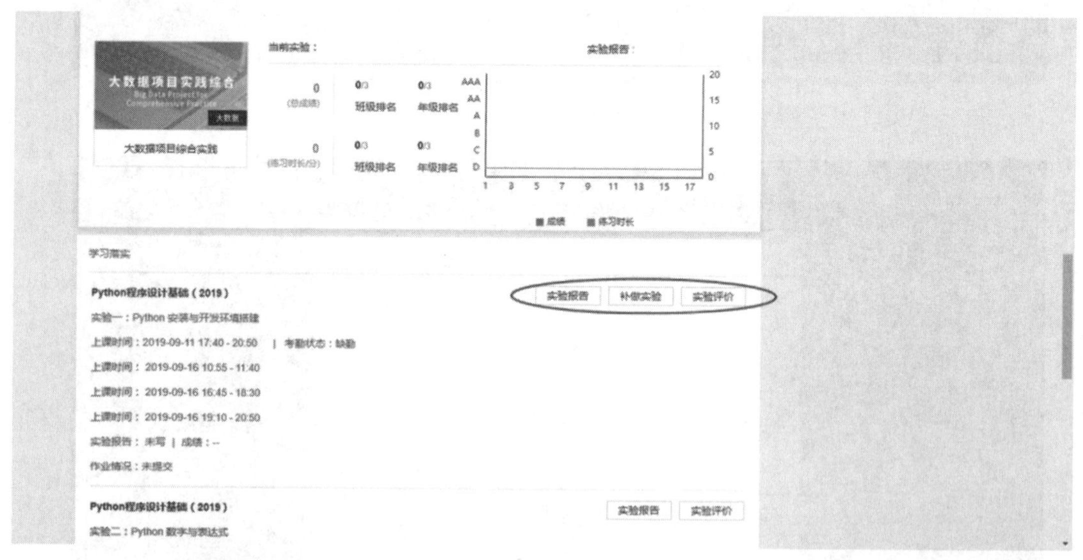

图 A-30　学习落实

（2）针对掌握薄弱的地方，学生可以在“实验工场”页面中选择“预约资源”功能操作，预约实验课的配套环境进行练习，巩固学习效果，如图 A-31 所示。

如果在课后预约资源学习过程中遇到难以解决的问题，可以发起远程协助，请求同学、教师远程操控自己的虚拟机，解决学习上的问题，如图 A-29 所示。

（3）除了提供问答功能解决学习疑问外，平台还提供了笔记分享的功能，学生可以在“个人中心”页面（见图 A-19）单击“笔记”按钮，进入笔记管理界面，可以将笔记分享给同学，促进同学之间的学习交流，如图 A-32 所示。

（4）在“学习分析”→“学习轨迹”功能栏，单击相关课程进入课程详情，方便学生对自己的学习行为进行追溯，总结自己的学习计划，调整自己的学习习惯，如图 A-33 所示。

（5）如果教师有阶段性测试的要求，学生在期中或期末可以使用“考试”功能进行考试，如图 A-34 和图 A-35 所示。或者教师将试卷分享到“资源中心”，学生到“资源中心”把试卷下载下来，完成后再上交给教师批改，如图 A-36 所示。

图 A-31　预约资源

图 A-32　笔记管理

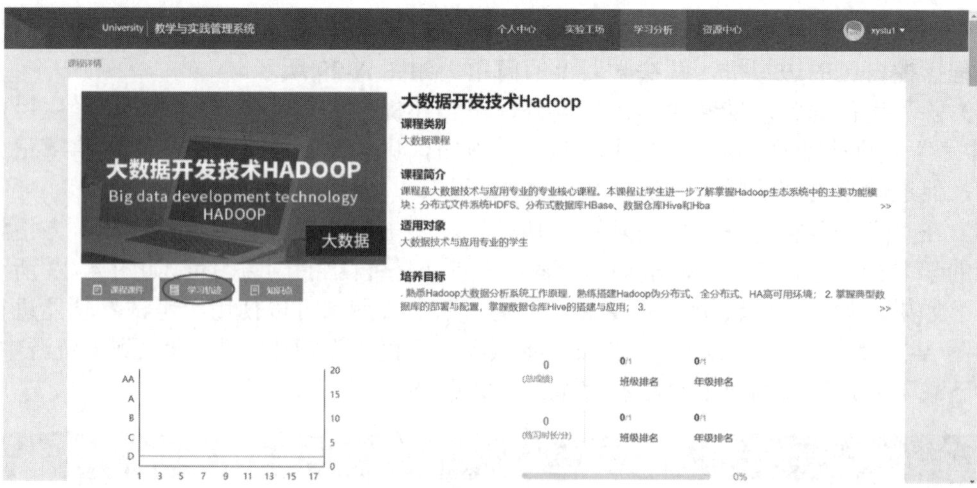

图 A-33　学习轨迹

图 A-34　个人中心

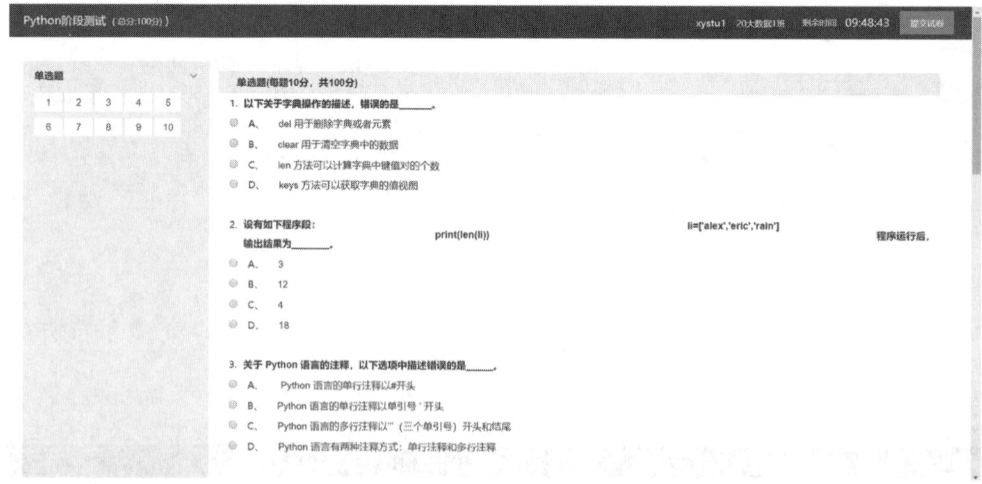

图 A-35　考试

图 A-36 资源中心

A.3.5 完成学习

（1）学生在图 A-30 所示的“学习分析”→“学习落实”界面中单击“实验报告”按钮，可以在线填写实验报告。还可以将云盘中保存的实验过程截图插入实验报告，方便教师对实验效果进行核实、评分，完成实验的学习，如图 A-37 所示。

图 A-37 实验报告

说明：如果实验报告填写不合格，被教师退回，学生需要重新编辑完善实验报告，然后再次提交给教师批阅。如果实验报告成绩为不及格，学生需要自己单独再完成一遍实验，并对实验重做情况提交实验报告。

（2）平台提供成绩汇总的功能，方便学生从专业知识体系的维度对整体学习表现有个直观的感知，如图 A-38 所示。

图 A-38　成绩汇总

A.4　小结

本附录介绍了虚拟机的基本概念、H3C CAS 云管理平台、CAS 云管理平台上虚拟机的使用方法、H3C 教学与实践管理平台的使用方法。